図解
IATF 16949
要求事項の詳細解説

これでわかる自動車産業品質マネジメントシステム規格

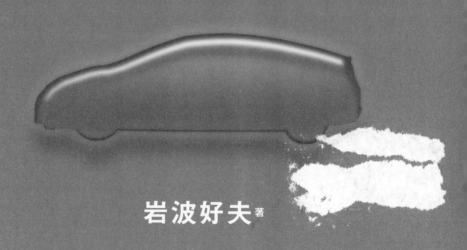

岩波好夫 著

日科技連

まえがき

　自動車産業の品質マネジメントシステム規格 ISO/TS 16949 認証が広まり、最近では、今までの金属関係の自動車部品メーカーに加えて、電子部品や化学素材関係企業の認証取得が増えています。その ISO/TS 16949 規格が、2016年 10 月に IATF 16949 規格として新しく生まれ変わりました。IATF 16949：2016 規格は、品質マネジメントシステムの国際規格 ISO 9001：2015 を基本規格として採用し、それに自動車産業固有の要求事項を追加した、自動車産業のセクター規格です。

　IATF 16949 では、品質マネジメントシステム規格 ISO 9001 の目的である、品質保証と顧客満足に加えて、製造工程、生産性、コストなどの、企業のパフォーマンスの改善を目的としています。IATF 16949 のねらいは、不適合の検出ではなく、不適合の予防と製造工程における、ばらつきと無駄の削減です。

　IATF 16949 規格の基本規格である ISO 9001 が改訂され、リスクを考慮した品質マネジメントシステム規格になりましたが、IATF 16949 規格は、旧規格の ISO/TS 16949 のときから、リスクを考慮した規格になっています。IATF 16949 規格は、自動車産業のみならずあらゆる製造業における、経営パフォーマンス改善のために活用できる規格といえます。

　IATF 16949 規格は、旧規格の ISO/TS 16949 に対して、多くの自動車産業固有の要求事項が追加されており、その中には難解な要求事項も数多く含まれています。本書では、IATF 16949 規格要求事項、自動車産業の顧客志向にもとづくプロセスアプローチ、プロセスアプローチ内部監査、ならびに IATF 16949 認証制度について、図解によりわかりやすく解説することを目的として、IATF 16949 で追加された要求事項で、内容がわかりにくいといわれている項目を含め、要求事項の意図とその詳細について解説します。

　本書は、次の各章で構成されています。
　第 1 章　IATF 16949 のねらいと適用範囲
　この章では、IATF 16949 のねらいと適用範囲について解説しています。

まえがき

第2章　自動車産業プロセスアプローチ

この章では、IATF 16949 で求められている自動車産業プロセスアプローチについて解説しています。

第3章　IATF 16949 規格の概要

この章では、IATF 16949 規格の概要について解説しています。

第4章　組織の状況

この章では、IATF 16949 規格箇条4 "組織の状況" の要求事項の詳細について解説しています。

第5章　リーダーシップ

この章では、IATF 16949 規格箇条5 "リーダーシップ" の要求事項の詳細について解説しています。

第6章　計　画

この章では、IATF 16949 規格箇条6 "計画" の要求事項の詳細について解説しています。

第7章　支　援

この章では、IATF 16949 規格箇条7 "支援" の要求事項の詳細について解説しています。

第8章　運　用

この章では、IATF 16949 規格箇条8 "運用" の要求事項の詳細について解説しています。

第9章　パフォーマンス評価

この章では、IATF 16949 規格箇条9 "パフォーマンス評価" の要求事項の詳細について解説しています。

第10章　改　善

この章では、IATF 16949 規格箇条10 "改善" の要求事項の詳細について解説しています。

第11章　自動車産業プロセスアプローチ内部監査

この章では、IATF 16949 で求められている、自動車産業プロセスアプローチ内部監査について解説しています。

第12章　IATF 16949 の認証プロセス

この章では，IATF 16949 の認証プロセスについて解説しています．

本書は，次のような方々に，読んでいただき活用されることを目的としています．
① 自動車産業の品質マネジメントシステム規格 IATF 16949 認証取得を検討中の企業の方々
② IATF 16949 規格要求事項の意図と詳細内容の理解を深めることによって，現在の IATF 16949/ISO 9001 品質マネジメントシステムのレベルアップを図りたいと考えておられる方々
③ ISO 9001 にも活用できる，IATF 16949 規格要求事項，自動車産業プロセスアプローチ，および品質マネジメントシステムの有効性の監査手法である，自動車産業プロセスアプローチ監査について理解したいと考えておられる方々

読者のみなさんの会社の IATF 16949 認証取得，ISO 9001 および IATF 16949 システムのレベルアップのために，本書がお役に立てば幸いです．

謝　辞

本書の執筆にあたっては，巻末にあげた文献を参考にしました．とくに，IATF 16949 規格，IATF 承認取得ルール，ISO 9001 規格，AIAG のコアツール参照マニュアルを参考にしました．それらの和訳版は，(一財)日本規格協会または(株)ジャパン・プレクサスから発行されています．詳細については，これらの書籍を参照ください．また本書の内容の一部は，マネジメントシステム月刊誌『アイソス』(システム規格社)に掲載した筆者の記事を参考にしています．

最後に本書の出版にあたり多大のご指導いただいた，日科技連出版社代表取締役社長戸羽節文氏ならびに出版部係長石田新氏に心から感謝いたします．

2018 年 10 月

岩　波　好　夫

まえがき

[第2刷発刊にあたって]

　2018年11月に、追加のIATF 16949の公式解釈集（sanctioned interpretations、SIs）が発行されました。本書の第2刷では、これらのSIを取り入れ、従来のIATF 16949規格からの変更箇所に下線を引いて示しています。

[第3刷発刊にあたって]

　本書の第3刷では、次の2点の改訂内容を反映しています。
① 2019年10月に発行された、追加のIATF 16949の公式解釈集（sanctioned interpretations、SIs）
② 2018年7月に改訂されたマネジメントシステム監査のための指針ISO 19011に伴って、2019年5月に改訂されたJIS Q 19011規格

[第5刷発刊にあたって]

　本書の第5刷では、2020年8月および12月に発行された、追加のIATF 16949の公式解釈集（SIs）の改訂内容を反映しています。

[第6刷発刊にあたって]

　本書の第6刷では、2021年4月、7月に発行された、追加のIATF 16949の公式解釈集（SIs）の改訂内容を反映しています。

[第7刷発刊にあたって]

　本書の第7刷では、2022年5月に発行された、追加のIATF 16949の公式解釈集（SIs）の改訂内容を反映しています。

本書の構成について

　第4章から第10章までは、IATF 16949規格の箇条4から箇条10までの、いわゆる要求事項について解説しています。

　これらの章では、次のように記載しています。

① ［要求事項］、［用語の定義］、［要求事項の解説］、および［旧規格からの変更点］について述べています。

② ［要求事項］は、ISO 9001規格要求事項およびIATF 16949規格追加要求事項をまとめて、それぞれ次のように書体を区別して表しています。

　・明朝体(細字)：ISO 9001：2015の要求事項

　・ゴシック体(太字)：IATF 16949：2016の追加要求事項

　　また、IATF 16949規格において、"〜しなければならない"(shall)と表現されている箇所(要求事項)は、本書では、"〜する"と表しています。

③　本書は、IATF 16949の要求事項となる、IATF公式解釈集(sanctioned interpretations、SIs)の内容を含みます。

　本書の発行時点で、すでに下記のSIが発行されており、本書ではこれらの内容が織り込まれています。SIによる変更箇所には、［要求事項］欄に下線を引いて示しています。

　・2017年10月：SI-1〜SI-9

　・2018年4月：SI-10〜SI-11

　・2018年6月：SI-8改、SI-10改、SI-12〜SI-13

　なお、要求事項およびいくつかの図は、拙著『図解よくわかるIATF 16949』および『図解IATF 16949よくわかるコアツール』(いずれも日科技連出版社)から転載しています。

目　　次

まえがき　3
本書の構成について　7

第1章　IATF 16949のねらいと適用範囲 …… 11
1.1　IATF 16949とは　12
1.2　IATF 16949のねらい　18
1.3　適用範囲　21

第2章　自動車産業プロセスアプローチ …… 25
2.1　プロセスアプローチ　26
2.2　自動車産業プロセスアプローチ　34

第3章　IATF 16949規格の概要 …… 45
3.1　ISO 9001：2015改訂の概要　46
3.2　IATF 16949：2016の概要　51

第4章　組織の状況 …… 67
4.1　組織およびその状況の理解　68
4.2　利害関係者のニーズおよび期待の理解　70
4.3　品質マネジメントシステムの適用範囲の決定　71
4.4　品質マネジメントシステムおよびそのプロセス　76

第5章　リーダーシップ …… 85
5.1　リーダーシップおよびコミットメント　86
5.2　方針　92
5.3　組織の役割、責任および権限　94

第6章　計画 …… 99
6.1　リスクおよび機会への取組み　100
6.2　品質目標およびそれを達成するための計画策定　110
6.3　変更の計画　113

第7章　支援 …… 115
7.1　資源　116

目　次

 7.2　力　量　133
 7.3　認　識　140
 7.4　コミュニケーション　142
 7.5　文書化した情報　143

第 8 章　運　用　151
 8.1　運用の計画および管理　152
 8.2　製品およびサービスに関する要求事項　156
 8.3　製品およびサービスの設計・開発　164
 8.4　外部から提供されるプロセス、製品およびサービスの管理　194
 8.5　製造およびサービス提供　212
 8.6　製品およびサービスのリリース　248
 8.7　不適合なアウトプットの管理　255

第 9 章　パフォーマンス評価　265
 9.1　監視、測定、分析および評価　266
 9.2　内部監査　280
 9.3　マネジメントレビュー　288

第 10 章　改　善　295
 10.1　一　般　296
 10.2　不適合および是正処置　297
 10.3　継続的改善　305

第 11 章　自動車産業プロセスアプローチ内部監査　309
 11.1　監査プログラム　310
 11.2　プロセスアプローチ内部監査　321

第 12 章　IATF 16949 の認証プロセス　333
 12.1　認証申請から第一段階審査まで　334
 12.2　第二段階審査から認証取得まで　338

 参考文献　343
 索　引　345

装丁＝さおとめの事務所

第1章
IATF 16949 のねらいと適用範囲

　本章では、IATF 16949 規格制定の経緯、および IATF 16949 のねらいと適用範囲について、IATF 16949 規格のまえがき、序文および適用範囲の内容をもとに解説します。

　この章の項目は、次のようになります。

- 1.1 　　IATF 16949 とは
- 1.1.1 　IATF 16949 規格制定の経緯
- 1.1.2 　IATF の役割
- 1.1.3 　IATF 16949 要求事項
- 1.1.4 　IATF 16949 関連規格および IATF 公式解釈集(SI)
- 1.1.5 　顧客固有要求事項
- 1.2 　　IATF 16949 のねらい
- 1.2.1 　品質マネジメントシステムの目的
- 1.2.2 　品質マネジメントの原則
- 1.2.3 　IATF 16949 のねらい
- 1.3 　　適用範囲
- 1.3.1 　対象組織
- 1.3.2 　対象製品

1.1 IATF 16949 とは

1.1.1 IATF 16949 規格制定の経緯

　品質マネジメントシステム規格 ISO 9001 の第 2 版が、1994 年に発行されたのを受けて、欧米各国において自動車産業の品質マネジメントシステム規格が制定されました。QS-9000（アメリカ）、VDA6.1（ドイツ）、EAQF（フランス）、AVSQ（イタリア）などです。これらのなかで最も普及したのは、米国自動車メーカーのビッグスリー（big three、ゼネラルモーターズ、フォードおよびクライスラー）によって、1994 年に制定された QS-9000 です。

　これらの欧米各国の自動車産業の品質マネジメントシステム規格を統合した国際規格として、1999 年に ISO/TS 16949 規格の第 1 版が制定されました。これは ISO 9001：1994 を基本規格として採用し、それに自動車産業固有の要求事項を追加した自動車産業のセクター規格です。その後 ISO 9001 規格が 2000 年と 2008 年に改訂されたのを受けて、ISO/TS 16949 規格も 2002 年と

	ISO 9001	QS-9000（アメリカ）	ISO/TS 16949、IATF 16949
1987 年	ISO 9001 第 1 版発行		
1994 年	ISO 9001 第 2 版発行	QS-9000 第 1 版発行	
1995 年		QS-9000 第 2 版発行	
1998 年		QS-9000 第 3 版発行	
1999 年			ISO/TS 16949 第 1 版発行
2000 年	ISO 9001 第 3 版発行		
2002 年			ISO/TS 16949 第 2 版発行
2006 年		QS-9000 廃止	
2008 年	ISO 9001 第 4 版発行		
2009 年			ISO/TS 16949 第 3 版発行
2015 年	ISO 9001 第 5 版発行		
2016 年			IATF 16949 第 1 版発行

図 1.1　IATF 16949 規格制定の経緯

2009 年に改訂されました。

そして ISO/TS 16949 規格は、ISO 9001 規格が 2015 年に改訂されたのを受けて、名称も変わって、IATF 16949 規格の第 1 版が 2016 年に制定されました。"IATF 16949：2016 自動車産業品質マネジメントシステム規格－自動車産業の生産部品および関連するサービス部品の組織に対する品質マネジメントシステム要求事項"は、ISO 9001：2015 を基本規格として、それに自動車産業固有の要求事項を追加した、品質マネジメントシステムに関する自動車産業のセクター規格です（図 1.1 参照）。

1.1.2　IATF の役割

IATF 16949 は、IATF（international automotive task force、国際自動車業界特別委員会）によって制定されました。IATF は、アメリカのフォードおよびゼネラルモーターズ、ならびにヨーロッパなどの BMW、ダイムラー、ステランティス、ルノー、フォルクスワーゲン、ジャガーおよびジーリーの自動車メーカー 9 社と、これらの自動車メーカーの本社がある、AIAG（アメリカ、automotive industry action group、全米自動車産業協会）、ANFIA（イタリア）、FIEV（フランス）、SMMT（イギリス）および VDA（ドイツ、verband der automobilindustrie、ドイツ自動車工業会）の欧米 5 か国の自動車業界団体で構成されています。残念ながら日本は参加していません（図 1.2 参照）。

		アメリカ	ヨーロッパなど
IATF メンバー	自動車メーカー（9 社）	フォード、ゼネラルモーターズ	BMW、ダイムラー、ステランティス、ルノー、フォルクスワーゲン、ジャガー、ジーリー
	自動車業界団体（5 カ国）	AIAG	ANFIA（イタリア）、FIEV（フランス）、SMMT（イギリス）、VDA（ドイツ）
IATF 監督機関		IAOB	ANFIA（イタリア）、FIEV（フランス）、SMMT（イギリス）、VDA（ドイツ）

図 1.2　IATF メンバー

図 1.3　IATF 16949 認証制度

　ISO 9001 と IATF 16949 の認証制度を比較すると、ISO 9001 では、各国の認定機関が認証機関(審査会社)の認定を行っていますが、IATF 16949 では、認証機関の認定を IATF が行うシステムになっています(図 1.3 参照)。

　IATF 16949 認証の管理は、IATF の監督機関(oversight office、オーバーサイトオフィス)によって、IATF 承認取得ルール(自動車産業認証スキーム IATF 16949 − IATF 承認取得および維持のためのルール)に従って行われています。IATF 監督機関は、IATF メンバーのある 5 か国に設置されています。日本を含むアジア地区は、IAOB(international automotive oversight bureau、米国国際自動車監督機関)が管理しています(図 1.2 参照)。

1.1.3　IATF 16949 要求事項

　IATF 16949 規格は、ISO 9001 規格を基本規格とし、これに自動車産業固有の要求事項を追加した、品質マネジメントシステム規格です。IATF 16949 認証審査の際の基準としては、図 1.4 に示すように、IATF 16949 規格要求事項以外に、顧客(自動車メーカー)固有の要求事項(customer-specific requirements、CSR)および IATF 公式解釈集(SI)が含まれます。

IATF 16949 要求事項(認証審査の基準)				
IATF 16949 規格要求事項		公式解釈集(SI)	顧客(自動車メーカー)固有の要求事項(CSR)
ISO 9001 規格要求事項	自動車産業固有の要求事項		

図 1.4　IATF 16949 の要求事項

1.1.4 IATF 16949関連規格およびIATF公式解釈集(SI)

　IATF 16949には、図1.5に示すような、各種関連規格があります。
　また、IATF 16949規格やIATF承認取得ルールに対する補足の要求事項として、IATF公式解釈集(sanctioned interpretations、SI)があります。SIの情報は、IATFのウェブサイトで確認することができます。

分　類	規格名称とポイント
IATF 16949 規格	・『対訳 IATF 16949：2016　自動車産業品質マネジメントシステム規格－自動車産業の生産部品および関連するサービス部品の組織に対する品質マネジメントシステム要求事項』 ・IATF 16949：2016は、ISO 9001：2015の要求事項を基本規格として採用し、それに自動車産業共通の要求事項を加えたもの
ISO 9001 規格	・『ISO 9001：2015(JIS Q 9001：2015)品質マネジメントシステム－要求事項』。ISO 9001も、IATF 16949の重要な要求事項
IATF 承認取得 ルール	・『自動車産業認証スキーム IATF 16949－IATF承認取得および維持のためのルール』(automotive certification scheme for IATF 16949－rules for achieving and maintaining IATF recognition) ・IATF 16949認証に対するIATFの承認取得のルールを示した、IATF 16949認証機関(審査機関)に対する要求事項の規格
公式解釈集(SI) および よくある質問 (FAQ)	・SI(sanctioned interpretations、公式解釈集) 　－ IATF 16949規格およびIATF承認取得ルールに対する補足。要求事項となる。 ・FAQ(frequently asked questions、よくある質問) 　－ IATF 16949規格およびIATF承認取得ルールに対する解説をしたもの。要求事項ではない。
顧客固有 要求事項	・IATF 16949規格に記載された自動車産業共通の要求事項以外に、顧客固有の要求事項(CSR)として、各自動車メーカー個別の要求事項がある。
顧客固有の参照 マニュアル	・顧客固有のレファレンスマニュアル(reference manual、参照マニュアル)で、コアツールと呼ばれており、AIAG(全米自動車産業協会)などから発行されている、APQP、PPAP、FMEA、SPCおよびMSAなどの参照マニュアルがある。
IATF 16949 審査員ガイド	・IATF 16949の審査員に対するガイド

図1.5　IATF 16949の関連規格

1.1.5 顧客固有要求事項

1.1.3項に述べたように、IATF 16949では、顧客(自動車メーカー各社)固有の要求事項(customer-specific requirements、CSR)も要求事項となります。顧客固有要求事項については、4.3.2項で詳しく説明します。顧客固有要求事項の例として、フォードの要求事項の一部を図1.7に示します。

またIATF 16949には、図1.6にその一部を示すように、IATF 16949規格の附属書Bにおいて、コアツールなどの種々の文書が紹介されています。これらは参考文献ですが、顧客から要求された場合は要求事項となることがあります。

区分	発行	参考文献
製品設計	AIAG	APQP and Control Plan
	AIAG	CQI-24 DRBFM
	VDA	Volume VDA-RGA-Maturity Level Assurance for New Parts
製品承認	AIAG	Production Part Approval Process(PPAP)
	VDA	Volume 2 Production Process and Product Approval(PPA)
FMEA	AIAG	Potential Failure Mode & Effect Analysis(FMEA)
	VDA	Volume 4 Chapter Product and Process FMEA
	ANFIA	AQ 009 FMEA
統計的ツール	AIAG	Statistical Process Control(SPC)
	ANFIA	AQ 011 SPC
測定システム解析	AIAG	Measurement Systems Analysis(MSA)
	VDA	Volume 5 Capability of Measuring Systems
	ANFIA	AQ 024 Measurement Systems Analysis
リスク分析	VDA	Volume 4 Ring-binder
問題解決	AIAG	CQI-20 Effective Problem Solving Practitioner Guide
	VDA	Field Failures Analysis
ソフトウェア評価	SEI	Capability Maturity Mode Integration(CMMI)
	VDA	Automotive SPICE
内部監査	AIAG	CQI-8 Layered Process Audit
	VDA	Volume 6 part 3 Process Audit
	VDA	Volume 6 part 5 Product Audit

[備考] AIAG:全米自動車産業協会　VDA:ドイツ自動車工業会
　　　 ANFIA:イタリア自動車工業会　SEI:ソフトウェア工学研究所(アメリカ)

図1.6　IATF 16949規格附属書Bで紹介されている参考文献の例

1.1 IATF 16949 とは

項　目	要求事項
第三者認証登録	・フォードへのティア 1 サプライヤ(直接供給組織)は、IATF 16949 第三者認証されている。
Q1 への適合	・フォード Q1 システムに適合する。
適用範囲	・Q1 では、組織の施設の一部分のみが IATF 16949 の認証を行うことは認められない。
設計・開発のレビュー、検証	・製品設計・開発のレビューは、GPDS(グローバル製品開発システム)を用いる。 ・車両設計仕様(VDS)およびシステム設計仕様(SDS)への適合性を検証する。
製品承認プロセス	・組織および供給者は、PPAP 要求事項を満たす。 ・生産事業所および設計・工程の変更は、SREA(サプライヤ技術承認申請)手順に従って、フォードの承認を得る。
供給者の QMS 構築	・供給者は、第三者審査機関から、IATF 16949 または ISO 9001 認証を取得する、または STA(サプライヤ技術支援担当)承認第二者監査員による供給者評価に合格する。
FMEA、コントロールプラン	・FMEA およびコントロールプランは、フォードの承認を得る。
保存、保管、在庫	・資材計画および物流管理(MP&L)の要求事項を満たす。 ・MMOG(資材マネジメント実践ガイドライン)に適合する。
測定システム解析	・コントロールプランで規定されたすべてのゲージに対して、MSA 参照マニュアルに従ったゲージ R&R 調査を行う。
製造工程の監視・測定	・工程管理では、6σ またはその他の適切な方法を用いて、変動を低減させる到達目標を有する。
製品の監視・測定	・ES 試験で不合格が発生した場合、組織はただちに製品の出荷を停止し、ロットを特定する。
寸法検査・機能試験	・寸法検査および機能検証は、1 年に 1 度実施する。
不適合製品の管理	・品質不合格に対して、5 営業日以内またはフォード工場の指示どおりに、封じ込めと根本原因の分析を行い、8D 問題解決書式を用いて報告する。 ・完全な 8D 調査を、10 営業日以内またはフォード工場の指示どおりに実施する。

図 1.7　顧客固有要求事項の例：フォード

1.2　IATF 16949 のねらい

1.2.1　品質マネジメントシステムの目的

　自動車産業の品質マネジメントシステム規格 IATF 16949 の基本を構成する ISO 9001 規格では、その序文において、次のように述べています。

---

① 組織は、この規格にもとづいて品質マネジメントシステムを実施することで、次のような便益を得る可能性がある。
　a） 顧客要求事項および適用される法令・規制要求事項を満たした製品およびサービスを一貫して提供できる。
　b） 顧客満足を向上させる機会を増やす。
　c） 組織の状況および目標に関連したリスクおよび機会に取り組む。
　d） 品質マネジメントシステム要求事項への適合を実証できる。
② この規格は、Plan-Do-Check-Act（PDCA）サイクルおよびリスクにもとづく考え方を組み込んだ、プロセスアプローチを用いている。
③ 組織は、プロセスアプローチによって、組織のプロセスおよびそれらの相互作用を計画することができる。
④ 組織は、PDCA サイクルによって、組織のプロセスに適切な資源を与え、マネジメントすることを確実にし、かつ、改善の機会を明確にし、取り組むことを確実にすることができる。
⑤ 組織は、リスクにもとづく考え方によって、自らのプロセスおよび品質マネジメントシステムが、計画した結果から乖離(かいり)することを引き起こす可能性のある要因を明確にすることができ、また、好ましくない影響を最小限に抑えるための予防的管理を実施することができ、さらに機会が生じたときにそれを最大限に利用することができる。

　すなわち、PDCA サイクルおよびリスクにもとづく考え方を取り入れたプロセスアプローチによって、品質保証と顧客満足の向上および組織のプロセスの改善に取り組むことができることを述べています。

1.2.2　品質マネジメントの原則

　IATF 16949(ISO 9001)規格では、品質マネジメントシステムを運用する際の原則(品質マネジメントの原則)について述べています。IATF 16949 規格はこの原則にもとづいて作成されています。品質マネジメントの原則の内容と、IATF 16949 規格の要求事項との関係を図 1.8 に示します。なお、ISO 9000 規格(品質マネジメントシステム－基本および用語)では、品質マネジメントの原則の各項目について、内容の説明、その根拠、およびおもな便益と取りうる行動について説明しています。詳細は、ISO 9000 規格を参照ください。

1.2.3　IATF 16949 のねらい

　IATF 16949 規格では、その到達目標(ねらい)について、その"まえがき"において、

　次のように述べています。

> ①　この自動車産業品質マネジメントシステム規格の到達目標は、不具合の予防、ならびにサプライチェーンにおけるばらつきと無駄の削減を強調した、継続的改善をもたらす品質マネジメントシステムを開発することである。

すなわち、IATF 16949 のねらいは、次のようになります。
- 不適合の検出ではなく、不適合の予防と製造工程のばらつきと無駄の削減を強調した、品質マネジメントシステムの開発と継続的改善
- IATF 16949 認証組織だけでなく、サプライチェーン(supply chain、顧客-組織-供給者のつながり)全体を対象とする。サプライチェーンには、直接の供給者だけでなくその先の供給者も含まれる(図 1.9 参照)。

原　則	説　明	主な IATF 16949 規格項目	
① 顧客重視	・品質マネジメントの主眼は顧客の要求事項を満たすことおよび顧客の期待を超える努力をすることにある。	4.3.2	顧客固有要求事項
		5.1.2	顧客重視
		9.1.2	顧客満足
② リーダーシップ	・すべての階層のリーダーは、目的と目指す方向を一致させ、人々が組織の品質目標の達成に積極的に参加している状況を作り出す。	5.1	リーダーシップおよびコミットメント
		5.2	方針
		9.3	マネジメントレビュー
③ 人々の積極的参加	・組織内のすべての階層の、力量があり、権限を与えられ、積極的に参加する人々が、価値を創造し提供する組織の実現能力を強化するために必須である。	7.2	力量
		7.3	認識
		7.4	コミュニケーション
④ プロセスアプローチ	・活動を、首尾一貫したシステムとして機能する相互に関連するプロセスであると理解し、マネジメントすることによって、矛盾のない予測可能な結果が、より効果的かつ効率的に達成できる。	4.4	品質マネジメントシステムおよびそのプロセス
		9.1.1	監視・測定・分析・評価・一般
		9.2	内部監査
⑤ 改善	・成功する組織は、改善に対して、継続して焦点を当てている。	10	改善
⑥ 客観的事実にもとづく意思決定	・データと情報の分析と評価にもとづく意思決定によって、望む結果が得られる可能性が高まる。	9.1.3	分析・評価
⑦ 関係性管理	・持続的成功のために、組織は、例えば提供者のような、密接に関連する利害関係者との関係をマネジメントする。	4.2	利害関係者のニーズ・期待の理解
		8.4	外部提供プロセス・製品・サービスの管理

図1.8　品質マネジメントの原則と IATF 16949 要求事項

ISO 9001 のねらい		IATF 16949 のねらい	
顧客満足	品質保証	組織の製造工程パフォーマンスの改善	供給者の製造工程パフォーマンスの改善
・品質の改善 ・納期の改善	・不良品の出荷防止 ・不適合の再発防止 ・不適合の予防	・製造工程のばらつきと無駄の削減 ・生産性の向上	・供給者の製造工程の改善

図 1.9　ISO 9001 と IATF 16949 のねらい

1.3　適用範囲

1.3.1　対象組織

　IATF 16949 規格では、適用範囲について、次のように述べています(箇条 1.1　適用範囲 – ISO 9001:2015 に対する自動車産業補足)。

> ①　この自動車産業品質マネジメントシステム規格は、顧客規定生産部品、サービス部品、およびアクセサリー部品の製造を行う組織のサイトに適用する。

　すなわち、IATF 16949 認証は、顧客が規定する生産部品(production part)、サービス部品(survice part)、およびアクセサリー部品(accessory part)を製造する、組織のサイト(site)に対して与えられます。
　サイトとは、製造工程のある生産事業所すなわち工場のことです。また"製造"とは、次のものを製作または仕上げるプロセス(製造工程)をいいます。
　①　生産材料、生産部品、サービス部品または組立製品の生産
　②　熱処理、溶接、塗装、めっきなどの自動車関係部品の仕上げサービス
　　　(熱処理、溶接、塗装、めっきなども、サービスと呼んでいます。)
　設計センター、本社および配送センターのような、製造サイトを支援する業務を行っている部門を支援部門(支援機能、support function)といいます。支

援部門は、IATF 16949認証を単独で取得することはできませんが、サイトの認証の範囲に含めることが必要です。このことは、支援部門が、サイト内にある場合も、サイトから離れた場所にある場合(遠隔地の支援事業所、remote location)も同じです。日本の本社に設計機能があり、その海外生産拠点(サイト)がIATF 16949認証を取得する場合には、日本の設計部門が海外サイトの支援部門という扱いになります。

サイトが、IATF 16949の第三者認証を要求する自動車産業の顧客に顧客規定の自動車部品を供給している場合、そのサイトのすべての自動車産業顧客を審査範囲に含めることが必要です。IATF 16949の第三者認証を要求しない顧客向けの製品を除外することはできません。そのサイトは、一部の製品に限定してIATF 16949認証を取得することはできません(図1.10参照)。

一方、組織に自動車部品を製造するサイトが複数あって(サイトA、サイトBなど)、そのうちサイトBで製造している自動車部品の顧客がIATF 16949認証を要求していない場合は、サイトBは、IATF 16949認証範囲から除外してもよいことになります(図1.10参照)。

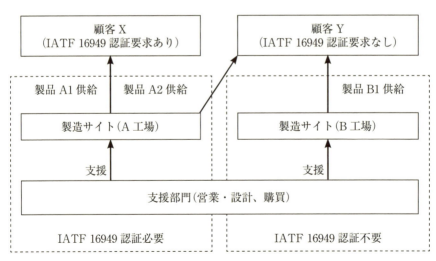

図1.10　IAF16949認証の対象範囲

1.3.2 対象製品

IATF 16949 認証は、顧客が規定する生産部品、サービス部品、およびアクセサリー部品を製造する、製造サイトに対して与えられることを述べました。これらの各部品の定義は、それぞれ図 1.11 に示すようになります。

アフターマーケット部品(aftermarket part)は、サービス用部品として自動車メーカーが調達・リリースするものではない交換部品で、自動車メーカーの仕様どおり製造されるものとそうでないものがあります。アフターマーケット部品だけを製造するサイトは、IATF 16949 認証の対象にはなりません(図 1.11 参照)。

IATF 16949 認証対象の自動車には、乗用車、小型商用車、大型トラック、バスおよび自動二輪車が含まれます。一方、産業用車両、農業用車両、オフハイウェイ車両(公道を走らない鉱業用、林業用、建設業用など)は、IATF 16949 認証の対象から除外されます。なお、特殊車(レースカー、ダンプトラック、トレーラー、セミトレーラー、現金輸送車、救急車、RV など)は、IATF の OEM(original equipment manufacturer、自動車メーカー)によって装着される場合を除き、IATF 16949 認証対象から除外されます。また、自動車用以外の製品も IATF 16949 認承対象に含まれません。

IATF 16949 認証対象製品			IATF 16949 認証対象外製品
生産部品	サービス部品	アクセサリー部品	アフターマーケット部品
・自動車メーカー(OEM)の自動車の生産用に使用される部品	・(自動車メーカーの仕様どおり製造され)サービス部品として使用される部品	・(自動車メーカーの仕様どおり製造され)最終顧客への自動車の引渡しに際して、自動車に組み込んで使用される追加部品 ・例 特注フロアマット、トラックベッドライナー、ホイールカバー、音響システム機能強化装置、サンルーフ、スポイラー、スーパーチャージャなど	・サービス用部品として自動車メーカーが調達・リリースするものではない交換部品 ・自動車メーカーの仕様どおり製造されるものと、そうでないものがある。

図 1.11　IATF 16949 認証の対象製品

第2章
自動車産業プロセスアプローチ

　本章では、ISO 9001 でも要求事項となっているプロセスアプローチ、および IATF 16949 で求められている、自動車産業のプロセスアプローチについて解説します。
　この章の項目は、次のようになります。

2.1		プロセスアプローチ
2.1.1		品質マネジメントシステムとプロセス
2.1.2		プロセスの大きさおよび部門・要求事項との関係
2.1.3		リスクにもとづく考え方とプロセスアプローチ
2.2		自動車産業プロセスアプローチ
2.2.1		IATF 16949 のプロセス
2.2.2		自動車産業のプロセスのタートル図

2.1 プロセスアプローチ

2.1.1 品質マネジメントシステムとプロセス

　IATF 16949（ISO 9001）規格の基本について述べている ISO 9000 規格では、プロセス（process）は、"インプットを使用して、意図した結果を生み出す、相互に関連する、または相互に作用する一連の活動"と定義されています。

　また ISO 9000 規格では、プロセスについて次のように述べています。

> ① プロセスとは、資源を使って、インプット（input）を使用して、意図した結果が生み出す一連の活動である。プロセスの意図した結果は、アウトプット（output）、製品またはサービスと呼ばれる。
> ② プロセスのアウトプットは、次のプロセスのインプットとなる。各プロセスは、お互いに関連している。

　すなわち、組織内の各活動が、それぞれプロセスということになります。そして、プロセスにはインプットとアウトプットがあり、各プロセスはお互いにつながっていることを述べています。IATF 16949 規格の基本規格である ISO 9001 規格では、プロセスの要素について、図 2.1 のように示しています。製品設計プロセスについて、インプットとアウトプットの例を図 2.2 に示します。

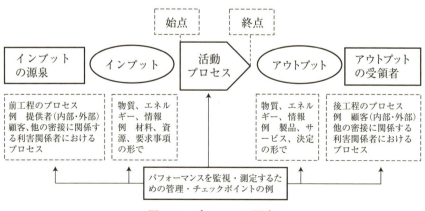

図 2.1　プロセスの要素

2.1 プロセスアプローチ

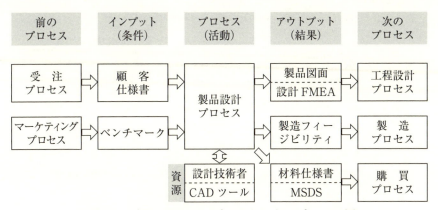

図2.2 プロセスのインプットとアウトプットの例

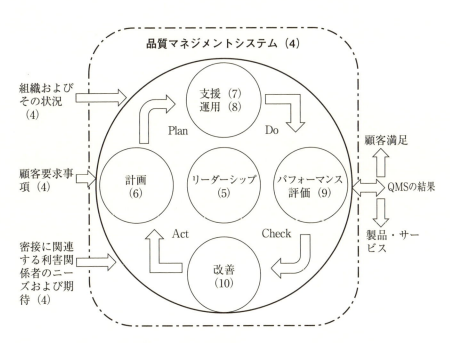

［備考］（　）内の数字はISO 9001規格の箇条番号を示す。

図2.3 品質マネジメントシステム全体のPDCAサイクル

ISO 9001 規格では、"PDCA（Plan 計画 - Do 実行 - Check 検証 - Act 改善）サイクルは、あらゆるプロセスおよび品質マネジメントシステム全体に適用できる"と述べています。

この PDCA サイクルを品質マネジメントシステム全体に適用した例は図 2.3 となります。この図は、ISO 9001 規格の構造を表しています。中央の大きな円が、組織の品質マネジメントシステムを表しています。この図のリーダーシップ（箇条 5）、計画（箇条 6）、支援（箇条 7）、運用（箇条 8）、パフォーマンス評価（箇条 9）および改善（箇条 10）という ISO 9001 規格の各要求事項が、PDCA サイクルで構成されていることを表しています。またこの図は、組織の品質マネジメントシステムのインプットは、組織およびその状況と、利害関係者のニーズおよび期待にもとづいた顧客要求事項（箇条 4）などの品質マネジメントシステムの要求事項であり、アウトプットは、品質マネジメントシステムの結果としての製品・サービスと顧客の満足であることを示しています。

また、PDCA サイクルを品質マネジメントシステムの一つのプロセスに適用した例は、図 2.4 のようになります。ここでプロセスのインプットは、このプロセスに対する要求事項となります。一般的には、プロセスのインプットは材料で、プロセスのアウトプットは製品といわれていますが、このように、プロセスのインプットにはプロセスに対する要求事項（顧客の要求、組織の要

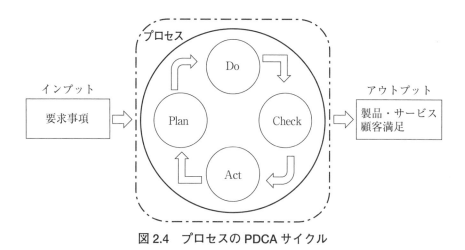

図 2.4　プロセスの PDCA サイクル

求・目標)であり、プロセスのアウトプットはこのプロセスの顧客満足があるというのが、顧客満足を目的とするIATF 16949(ISO 9001)の考え方です。

2.1.2　プロセスの大きさおよび部門・要求事項との関係

プロセスの大きさについて考えてみましょう。図2.5(a)は、品質マネジメントシステムのプロセスが、マネジメントプロセス、運用(製品実現)プロセスおよび支援プロセスという、3つの大きなプロセスで構成されていることを示しています。また(b)は、運用プロセスを少し小さく分けた、受注プロセス、設計・開発プロセス、購買プロセスおよび製造プロセスという中程度のプロセスのつながりを示します。そして(c)は、設計・開発プロセスをさらに小さく分けた、設計計画、基本設計、デザインレビュー、詳細設計、設計検証、試作および妥当性確認という小さなプロセス(サブプロセスまたはプロセスのステップ)のつながりを示しています。これらの大きなプロセス、中程度のプロセス、および小さなプロセスは、いずれもPDCAサイクルで運用されることが必要です。すなわち、大きなPDCAと小さなPDCAがあることになります。

品質マネジメントシステムのプロセスとして特定したプロセスは、管理すること(監視・測定、分析、改善)、すなわちPDCAサイクルで運用することが必要です。したがって、プロセスの大きさを決める場合は、次のことを考慮することになります。

① そのプロセスは管理する必要があるか？
② そのプロセスは改善する必要があるか？
③ そのプロセスはPDCAサイクルによって管理しやすいか？

例えば、種々の製品グループの製品を設計・開発している組織で、製品グループによって設計・開発手法が異なるような場合に、1つの設計・開発プロセスとしてしまうと複雑になり管理が困難になります。そのような場合は、例えば設計・開発プロセスA、設計・開発プロセスBのように、設計・開発プロセスを分けた方がよいでしょう。逆に、プロセスを小さくしすぎても、管理が困難になることがあります。プロセスアプローチの運用を効果的なものにするためには、この点を考慮して、プロセスの大きさを決めることが必要です。

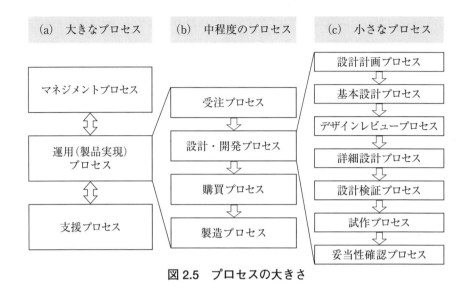

図 2.5　プロセスの大きさ

　IATF 16949（ISO 9001）規格（箇条 4.4）では、プロセスに関して、次の事項を明確にすることを述べています。
① 組織の品質マネジメントシステムのプロセス
② 品質マネジメントシステムのプロセスと部門との関係
③ 品質マネジメントシステムのプロセスと規格要求事項との関係
　これらの詳細については、本書の 2.2.1 項で説明します。
　なおプロセスは、部門名や要求事項と混同されることがあり、注意が必要です。プロセスの名称が部門名と同じとなる場合もありますが、一般的には、組織の部門や機能はプロセスではありません。プロセスは通常、複数の部門にまたがっており、また 1 つの部門の中に複数のプロセスが存在することがあります。
　IATF 16949 規格の条項（規格要求事項の項目名、箇条）もプロセスではありません。要求事項はプロセスで満たされます。まず組織のプロセスを明確にし、次にプロセスに要求事項を適用することが必要です。
　また、手順に関する要求事項もプロセスに関する要求事項とは異なります。手順とは、一般的にプロセスを満たす方法のことであり、ある手順は 1 つのプ

ロセスで、あるいは複数のプロセスで使われる場合があります。

　品質マネジメントシステムのプロセスとは、品質マネジメントシステムに関して、PDCAサイクルの対象となる活動と考えるとよいでしょう。

2.1.3　リスクにもとづく考え方とプロセスアプローチ

　IATF 16949（ISO 9001）規格では、リスクにもとづく考え方について、次のように述べています。

---

① ISO 9001規格の要求事項に適合するために、リスクおよび機会への取組みを計画し、実施する。
② リスクおよび機会の双方への取組みによって、次のための基礎を確立できる。
　・品質マネジメントシステムの有効性の向上
　・改善された結果の達成
　・好ましくない影響の防止
③ 機会（opportunity）とは、意図した結果を達成するための、好ましい状況をいう。例えば、
　・顧客の引きつけ
　・新たな製品・サービスの開発
　・無駄の削減
　・生産性の向上
④ リスク（risk）とは、
　・不確かさの影響をいう。
　・不確かさは、好ましい影響または好ましくない影響の両方をもちうる。
　・リスクから生じる、好ましい方向への乖離（かいり）は、機会を提供しうる。

　また、IATF 16949（ISO 9001）規格では、リスクにもとづく考え方を採用したプロセスアプローチ（process approach）について、次のように述べています。

第2章　自動車産業プロセスアプローチ

> ① ISO 9001 規格は、次の2つを取り入れたプロセスアプローチを採用している。
> ・PDCA サイクル
> ・リスクにもとづく考え方
> ② リスクにもとづく考え方を採用することによって、次のことができる。
> ・自らのプロセスおよび品質マネジメントシステムが、計画した結果から乖離(かいり)する可能性のある要因を明確にする。
> ・好ましくない影響を最小限に抑えるための、予防的管理を実施する。
> ・機会が生じたときに、それを最大限に利用する。

上記①は、プロセスの計画を策定する際に、リスク分析を行い、リスク低減を考慮したプロセスの計画を策定することを意味します。
さらに、IATF 16949(ISO 9001)規格では、その序文において、プロセスアプローチについて、次のように述べています。

> ① ISO 9001 の目的は、顧客要求事項を満たすことによる、顧客満足の向上である。そのために、品質マネジメントシステムを構築し、実施し、その有効性を改善する。品質マネジメントシステムの有効性改善のために、プロセスアプローチを採用する。
> ② **プロセスアプローチに不可欠な要求事項を箇条 4.4 に規定している。**
> ③ プロセスとそのつながりを理解し、マネジメントすることによって、有効的かつ効率的に意図した結果を達成するのに役立つ。プロセスアプローチによって、組織のパフォーマンスを向上させることができる。
> ④ PDCA サイクルを、機会の利用および望ましくない結果の防止を目指す、リスクにもとづく考え方に全体的な焦点を当てることによって、プロセスとシステム全体をマネジメントすることができる。

上記②のように、プロセスアプローチは要求事項であり、その内容は、箇条 4.4 に規定されていることが明確になりました。プロセスアプローチとは、品

質マネジメントシステムのプロセスに関して、箇条 4.4.1 の a) ～ h) に示す事項を実施することを述べています。詳細については、箇条 4.4.1 (p.76) を参照ください。

箇条 4.4 の a) ～ h) を図示すると、図 4.12 (p.78) のような PDCA サイクルの図として表すことができます。すなわち、プロセスアプローチとは、組織の目標を達成するために、品質マネジメントシステムの各プロセス (組織の活動) を、PDCA サイクルで運用することといえます。

プロセスアプローチ → プロセスを PDCA サイクルで運用すること

また、箇条 4.4.1 の a) ～ h) を図示すると、図 2.6 に示すようなプロセス分析図として表すこともできます。これが IATF 16949 で"タートル図"と呼ばれているものです。

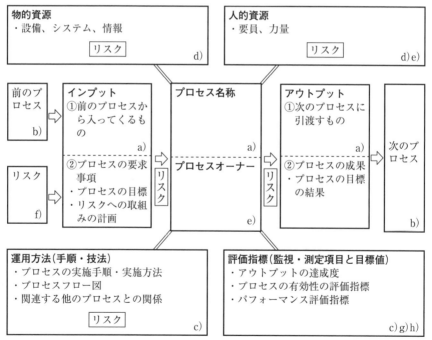

［備考］a) ～ h) は ISO 9001：2015 規格箇条 4.4 の項目を表す。

図 2.6　タートル図 (プロセス分析図)

2.2 自動車産業プロセスアプローチ

2.2.1 IATF 16949 のプロセス

　IATF 16949 では、品質マネジメントシステムをプロセスアプローチによって運用管理することを求めており、このことは基本的に ISO 9001 と同じです。IATF 16949 では、品質マネジメントシステムのプロセスを、顧客志向プロセス(customer oriented process、COP)、支援プロセス(support process、SP)およびマネジメントプロセス(management process、MP)の3つに分類しています。顧客志向プロセスは、顧客から直接インプットがあり、顧客に直接アウトプットする、顧客満足のために顧客とのつながりが強いプロセスです。そして支援プロセスは、顧客志向プロセスを支援するプロセス、マネジメントプロセスは、品質マネジメントシステム全体を管理するプロセスで、IATF 16949(ISO 9001)規格の運用(製品実現)プロセスに相当します。(図2.7、図2.8 参照)。

　IATF 16949 ではこれらの3種類のプロセスのうち、とくに顧客志向プロセス(COP)を重視しています。顧客志向プロセスについて、組織を中心、顧客

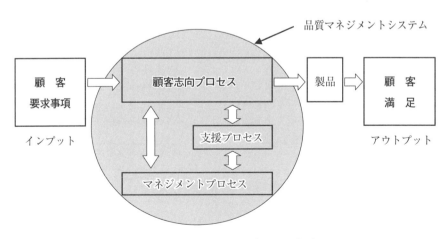

図 2.7　自動車産業のプロセス(1)

2.2 自動車産業プロセスアプローチ

を外側に図示すると図2.9のようになります。この図は、蛸のような形をしていることから、オクトパス図（octopus model）と呼ばれています。

品質マネジメントシステムのプロセスは、組織自身が決めることが必要です。顧客志向プロセスには、マーケティングプロセス、受注プロセス、製品の設計・開発プロセス、製造工程の設計・開発プロセス、製造プロセス、製品検査プロセス、製品の引渡しプロセス、および顧客からのフィードバックプロセスなどが考えられます。

プロセス	内　容
顧客志向プロセス	・顧客のために直接作用する。 ・付加価値を作り出し、顧客満足を得ることを焦点とする。
支援プロセス	・他のプロセスが機能するように、次の支援を行う。 　－必要な資源を提供する。 　－リスク管理に貢献する。
マネジメントプロセス	・目標設定、目標達成のための改善活動の計画、およびデータの分析を行うことによって、各プロセスの継続的改善を確実にする。 ・すべてのプロセスと相互に作用し合う。

図2.8　自動車産業のプロセス（2）

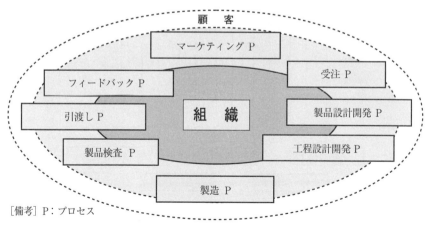

［備考］P：プロセス

図2.9　顧客志向プロセスとオクトパス図の例

第2章 自動車産業プロセスアプローチ

　顧客志向プロセスを支援する支援プロセスには、例えば、購買プロセス、生産管理プロセス、設備保全プロセス、測定機器管理プロセス、教育・訓練プロセス、および文書管理プロセスなどが、またマネジメントプロセスには、例えば、方針展開プロセス、資源提供プロセス、内部監査プロセス、顧客満足プロセス、法規制管理プロセス、および継続的改善プロセスなどが考えられます。

　IATF 16949(ISO 9001)規格(箇条4.4)では、"品質マネジメントシステムに必要なプロセスおよびプロセスの順序と相互関係を明確にしなければならない"と述べています。それを表したプロセスマップ(process map、プロセス関連図)の例を図2.10に示します。IATF 16949(ISO 9001)規格ではまた、"品質マネジメントシステムに必要なプロセスおよびそれらの組織への適用を明確にしなければならない"と述べています。品質マネジメントシステムのプロセスと関連部門との関係(プロセスオーナー表)の例を図2.11に、プロセスとIATF 16949規格要求事項との関係の例を図2.12に示します。

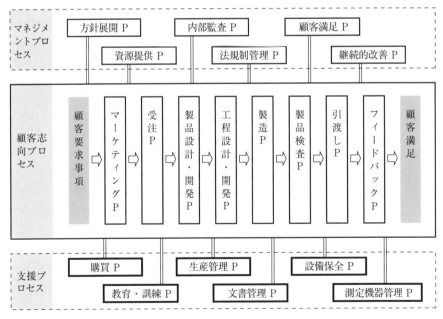

［備考］P：プロセス

図2.10　品質マネジメントシステムのプロセスマップ(プロセス関連図)の例

2.2 自動車産業プロセスアプローチ

プロセス＼要求事項	顧客志向P								支援P				マネジメントP			
	マーケティングP	受注P	製品設計・開発P	工程設計・開発P	製造P	製品検査P	引渡しP	フィードバックP	購買P	教育・訓練P	…	測定機器管理P	方針管理P	内部監査P	…	顧客満足P
経営者	○	○	○	○	○	○	○	○	○	○	…	○	◎	○	…	○
管理責任者	○	○	○	○	○	○	○	○	○	○	…	○	○	◎	…	○
営業部	◎	◎	○	○	○	○	○	○	○	○	…		○	○	…	◎
設計部	○	○	◎	○				○	○	○	…	○	○	○	…	
資材部			○	○	○			○	◎	○	…		○	○	…	
⋮								⋮								
製造部		○	○	○	◎	○	○	○	○	○	…	○	○	○	…	○
品質保証部		○	○	○	○	◎	○	○	○	○	…	◎	○	○	…	○
総務部										◎	…		○	○	…	
物流センター		○			○	○	◎	○			…		○	○	…	

［備考］P：プロセス、◎：主管部門、○：関係部門

図 2.11　プロセスオーナー表（プロセス−部門関連図）の例

2.2.2　自動車産業のプロセスのタートル図

　IATF 16949（ISO 9001）（箇条 4.4）では、基本的な要求事項として、本書の 2.1.3 項に述べたように、プロセスアプローチによって品質マネジメントシステムを確立して運用することを求めています。図 2.6（p.33）を少し簡単に表すと図 2.13 のようになります。この図は、亀のような形をしていることから、タートル図（タートルチャート、turtle chart、turtle model）と呼ばれています。タートル図は、プロセス名称と、プロセスオーナー、インプット、アウトプット、プロセスの運用のための物的資源（設備・システム・情報）、人的資源（要員・力量）、プロセスの運用方法（手順・技法）、およびプロセスの評価指標（監視・測定項目と目標値）の各要素で構成されています。

　タートル図の要素であるプロセスの評価指標は、次のように述べることがで

第2章 自動車産業プロセスアプローチ

要求事項 \ プロセス	顧客志向P								支援P				マネジメントP		
	マーケティングP	受注P	製品設計・開発P	工程設計・開発P	製造P	製品検査P	引渡しP	フィードバックP	購買P	教育・訓練P	…	測定機器管理P	方針管理P	内部監査P	顧客満足P
4 組織の状況															
4.1 組織・その状況の理解	○	○	○	○	○	○	○	○	○	○		○	◎	○	○
4.2 利害関係者のニーズ・期待	○	○	○	○	○	○	○	○	○	○		○	○	○	◎
4.3 QMSの適用範囲の決定			○	○									◎		
4.4 QMSとそのプロセス	○	○	○	○	○	○	○	○	○	○		○	◎	○	○
5 リーダーシップ															
5.1 リーダーシップ	○		○	○									◎	○	○
5.2 方針	○												◎		○
5.3 組織の役割、責任・権限	○	○	○	○	○	○	○	○	○	○		○	◎	○	○
6 計画															
6.1 リスク・機会への取組み	○	○	○	○	○	○	○	○	○	○		○	◎	○	○
6.2 品質目標…計画策定	○	○	○	○	○	○	○	○	○	○		○	◎	○	○
6.3 変更の計画	○	○	○	○	○	○	○	○	○	○		○	◎	○	○
7 支援															
7.1 資源	○	○	○	○	○	○	○	○	○	○		○	◎	○	○
7.2 力量	○	○	○	○	○	○	○	○	○	◎		○	○	○	○
7.3 認識	○	○	○	○	○	○	○	○	○	◎		○	○	○	○
7.4 コミュニケーション	○	○	○	○	○	○	○	○	○	○		○	◎	○	○
7.5 文書化した情報	○	○	○	○	○	○	○	○	○	○		○	◎	○	○
8 運用															
8.1 運用の計画・管理	○	◎	○	○	○	○	○	○	○	○		○	○	○	○
8.2 製品・サービス要求事項	◎	○	○	○	○	○	○	○					○		○
8.3 製品・サービスの設計・開発		○	◎	○					○			○	○		○
8.4 外部提供プロセスの管理			○	○	○	○			◎			○	○		
8.5 製造・サービス提供			○	○	◎	○	○		○			○	○		
8.6 製品・サービスのリリース		○	○	○	○	◎	○					○	○		○
8.7 不適合アウトプットの管理		○	○	○	○	○	◎	○	○			○	○	○	○
9 パフォーマンス評価															
9.1 監視・測定・分析・評価	○	○	○	○	○	○	○	○	○	○		○	○	○	○
9.2 内部監査	○	○	○	○	○	○	○	○	○	○		○	○	◎	○
9.3 マネジメントレビュー	○	○	○	○	○	○	○	○	○	○		○	◎	○	○
10 改善															
10.1 一般	○	○	○	○	○	○	○	○	○	○		○	○	○	○
10.2 不適合・是正処置	○	○	○	○	○	○	○	○	○	○		○	○	○	○
10.3 継続的改善	○	○	○	○	○	○	○	○	○	○		○	○	○	○
顧客固有の要求事項	○	○	◎	○	○	○	○	○	○	○		○	○	○	○

[備考] P：プロセス、◎：主管部門、○：関係部門

図2.12　プロセス-要求事項関連図の例

2.2 自動車産業プロセスアプローチ

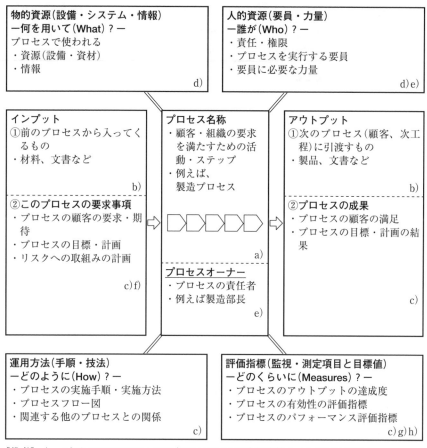

［備考］a)～h)はIATF 16949：2016(ISO 9001：2015)規格箇条4.4の項目を表す。

図2.13　タートル図

きます。

① プロセスの評価指標は、プロセスが有効であったかどうか、またはパフォーマンスの改善に寄与しているかどうかを示すもので、このプロセスの評価指標は、主要プロセス指標(key process index、KPI)として知られている。

② プロセスの評価指標には、プロセスのアウトプットの達成度の評価指標、プロセスの有効性の評価指標およびパフォーマンス評価指標などがあ

る。
③　IATF 16949 では、ISO 9001 とは少し異なり、製品の特性や品質以外に、コスト、生産性、納期などのパフォーマンス項目が含まれる。

　タートル図の作成手順を図 2.14 に示します。タートル図は、プロセスアプローチ監査で有効なツールとなります。その具体的な方法については、本書の第 11 章で説明します。タートル図の各要素はまた、プロセスフロー図形式で表すこともできます（図 2.15、図 2.17 参照）。

　製造プロセスのタートル図の例を図 2.16 に示します。また、図 2.17 に示すようなプロセスの各ステップの評価指標を記載したプロセスフロー図を事前に作成しておくと、タートル図の作成を容易にすることができます。

　その他の種々のプロセスのタートル図およびプロセスフロー図の例については、拙著『図解 ISO 9001/IATF 16949　プロセスアプローチ内部監査の実践』を参照ください。

・ISO 9001 と IATF 16949 のタートル図の相違

　IATF 16949 では、旧規格の ISO/TS 16949 のときから、プロセスアプローチ運用の手段として、タートル図が広く使われていますが、ISO 9001 でもプロセスアプローチが要求事項となったことにより、タートル図が使われるようになりました。ここで、ISO 9001 と IATF 16949 のタートル図の相違について考えると、プロセスのインプットが、ISO 9001 では前のプロセスから受け取ったものが主体になるのに対して、IATF 16949 ではそのプロセスに対する要求事項となることです。

2.2 自動車産業プロセスアプローチ

ステップ	実施事項
ステップ1	・成果物およびアウトプットを明確にする。
ステップ2	・アウトプットに対応するインプットおよび結果達成に必要な情報を明確にする。
ステップ3	・アウトプットに必要な装置を明確にする。
ステップ4	・アウトプット要求事項が満たされていることを確実にするためには誰が必要かを明確にする。
ステップ5	・要求されているアウトプットが満たされていることを確実にするために必要なシステムを明確にする。
ステップ6	・結果が達成されていることを確実にするために用いられる指標、そして逸脱している場合になすべきことを明確にする。

図 2.14　タートル図の作成手順

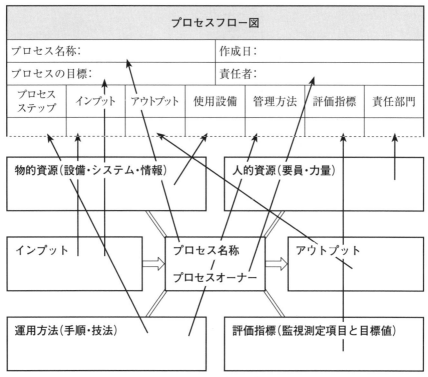

図 2.15　タートル図の要素とプロセスフロー図

第2章 自動車産業プロセスアプローチ

物的資源(設備・システム・情報)	人的資源(要員・力量)
・製造設備 ・監視機器 ・生産管理システム、出荷管理システム ・資材発注システム、在庫管理システム ・試験所 ・製造場所・作業環境の管理	・資格認定作業者 ・生産管理担当者 ・要員の力量 　－製造設備使用者 　－特殊工程作業者 　－SPC技法(工程能力、管理図)

インプット	プロセス名称 製造プロセス	アウトプット
①前のプロセスから ・材料・部品 ・製造仕様書 ・加工図面、組立図面 ・設備保全計画 ・工程特殊特性 ・工程FMEA ②プロセスの要求事項 ・顧客要求事項 ・生産計画 ・製造コスト計画	プロセスオーナー 製造部長	①次のプロセスへ ・完成品 ・生産実績記録 ・加工・組立作業記録 ・設備保全記録 ・工程の出来事の記録 ②プロセスの成果 ・顧客要求事項の結果 ・生産実績 ・製造コスト実績 ・生産性実績

運用方法(手順・技法)	評価指標(監視・測定項目と目標値)
・製造工程フロー図 ・コントロールプラン ・作業指示書 ・生産管理規定、製造管理規定 ・設備の予防保全・予知保全規定 ・段取り検証規定、治工具管理規定 ・監視機器・測定機器管理規定 ・識別・取扱い・包装・保管・保護規定 ・検査基準書 ・加工作業標準、組立作業標準 ・包装・梱包作業標準 ・出荷管理規定 ・設備保全規定	・プロセスの各アウトプットの達成度 ・不良品質コスト、生産歩留率 ・工程能力指数(製品特性、工程パラメータ) ・機械チョコ停時間、直行率 ・段取り替え、金型変更回数 ・生産進捗予定達成率 ・生産リードタイム ・納期達成率、特別輸送費、在庫回転率 ・顧客の返品数、特別採用件数 ・製造コスト ・設備稼働率 ・不安定・能力不足に対する処置

図2.16　製造プロセスのタートル図の例

2.2 自動車産業プロセスアプローチ

ステップ	アウトプット	使用設備	規定類(手順)	評価指標
生産計画	・生産計画書	・生産管理システム ・在庫管理システム	・生産管理規定	・在庫回転率 ・対前月増減数 ・設備稼働計画
部品材料発注、受入検査	・部品材料注文書 ・入荷部品材料 ・受入検査記録	・資材発注システム ・受入検査装置	・購買管理規定 ・受入検査規定 ・部品材料仕様書	・納期達成率 ・ロット不合格率
部品加工	・加工済中間製品 ・加工作業記録 ・設備保全記録	・部品加工設備	・部品加工要領 ・加工図面	・設備故障修理時間・費用
工程内検査	・検査済中間製品 ・工程内検査記録 ・検査機点検記録	・工程内検査装置	・工程内検査規定 ・検査規格	・検査不良率 ・特別採用件数
製品組立	・組立済製品 ・組立作業記録 ・設備保全記録	・製品組立設備	・製品組立要領 ・組立図面	・機械チョコ停時間、直行率 ・設備稼働率
最終検査	・完成品 ・最終検査記録 ・生産実績	・製品検査装置	・製品検査規定 ・検査規格	・検査不良率 ・工程能力指数 ・生産歩留率
包装・梱包	・包装梱包済製品	・包装・梱包装置 ・バーコードシステム	・包装・梱包要領 ・包装・梱包図	・梱包・包装トラブル
製品出荷	・出荷入力 ・出荷伝票 ・納品書	・生産管理システム ・出荷管理システム	・製品出荷規定 ・輸送要領	・納期達成率 ・生産リードタイム ・顧客クレーム件数

[備考] 評価指標は、対計画達成度(結果／計画＝有効性)または対前年改善率(本年度実績／前年度実績＝改善率)で評価

図 2.17 製造プロセスのプロセスフロー図の例

第3章
IATF 16949 規格の概要

本章では、IATF 16949：2016 規格の概要について解説します。
この章の項目は、次のようになります。

  3.1 ISO 9001：2015 改訂の概要
  3.1.1 ISO 9001：2015 改訂の目的
  3.1.2 ISO 9001：2015 の主な変更点
  3.2 IATF 16949：2016 の概要
  3.2.1 IATF 16949：2016 改訂の目的
  3.2.2 IATF 16949：2016 の主な変更点

3.1 ISO 9001：2015 改訂の概要

3.1.1 ISO 9001：2015 改訂の目的

　IATF 16949：2016 規格の基本を構成している、ISO 9001：2015 規格改訂の背景と目的について、ISO 専門委員会 TC 176 によって作成された「設計仕様書」の中で、図 3.1 に示すように述べています。

　これは、ISO 9001 認証組織の現状が、ISO 9001 の目的である品質保証と顧客満足という役目を必ずしも果たしていない、すなわち "適合製品に関する信頼性の向上" が必要である、さらには、ISO 9001 認証組織による法規制違反、

区　分	項　目	内　容
信頼性の向上、結果の改善	① 適合製品に関する信頼性の向上	・ISO 9001 の目的である、品質保証と顧客満足に関する信頼性の向上、すなわちアウトプットマター（output matters）といわれる、結果重視への対応が必要
	② 事業プロセスへの統合	・信頼性の向上のために、品質マネジメントシステムを組織の事業プロセスに統合させることが必要
	③ プロセスアプローチの理解向上	・組織の業務に直結、プロセス重視、パフォーマンス改善のために、プロセスアプローチの理解向上が必要 ・プロセスアプローチは ISO 9001：2000 規格から含まれていたが、必ずしも適切に理解されていなかったため
	④ ISO 9001 の適用範囲	・次の 2 つの ISO 9001 規格の目的は変更しない。 －顧客要求事項、法令・規制要求事項への適合 －顧客満足の向上
あらゆる組織に適用可能	⑤ あらゆる組織に適用可能	・要求事項の内容を、サービス業を含むあらゆる組織に使用しやすい表現にすることが必要
	⑥ 他のマネジメントシステム規格との整合	・ISO/TMB（ISO 技術管理評議会）によって開発された、「ISO/IEC 専門業務用指針補足指針」の附属書 SL（共通テキスト）を適用する。 ・すなわち、ISO 9001 規格だけでなく ISO 14001 規格など、すべてのマネジメントシステム規格と共通の規格構成（共通項目、共通用語、共通順序）とし、組織が使いやすい規格構成とする。

図 3.1　ISO 9001：2015 改訂の目的

3.1 ISO 9001：2015 改訂の概要

企業不祥事、内部告発などが相次いで発生していることが背景にあります。

また、ISO 9001 規格の"performance"という用語の和訳も、時代とともに変化してきました。今までの"実施状況"や"成果を含む実施状況"から、"結果"が重要であるとの観点から、"パフォーマンス(すなわち測定可能な結果)"と、ようやく適切に訳されるようになりました(図 3.2 参照)。なお IATF 16949 では、旧規格 ISO/TS 16949 のときから、結果重視で運用されています。

	ISO 9001 規格	JIS Q 9001 規格(ISO 9001 規格の日本語訳)
ISO 9001：2000	performance	実施状況
ISO 9001：2008	performance	成果を含む実施状況
ISO 9001：2015	performance	パフォーマンス(測定可能な結果)

図 3.2 ISO 9001(JIS Q 9001)における"performance"の日本語訳の推移

3.1.2 ISO 9001：2015 の主な変更点

前項の ISO 9001：2015 改訂の目的を受けて、ISO 9001 規格が改訂されました。その主な変更点は、図 3.3 に示すようになります。なお、ISO 9001：2015 規格改訂の詳細については、本書の第 4 章〜第 10 章を参照ください。

項目	内容
品質マネジメントシステム要求事項と事業プロセスとの統合、およびトップマネジメントのリーダーシップ強化	① 箇条 5.1 リーダーシップおよびコミットメントにおいて、次のことが、経営者の責務として要求事項となった。 a) 事業プロセスへの品質マネジメントシステム要求事項の統合を確実にする。すなわち経営システムと品質マネジメントシステムを整合させる。 b) 経営者のリーダーシップとコミットメントの実証、品質マネジメントシステムの有効性の説明責任、プロセスアプローチおよびリスクにもとづく考え方の利用の促進
リスク(risk)にもとづく考え方の採用	② 箇条 4.1 〜 4.2 にもとづいて、新しく採用されたリスクにもとづく考え方に従って、組織がかかえるリスクおよび機会への取組み(箇条 6.1)の計画を策定して運用することにより、リスクを未然に防止する仕組みを取り入れた品質マネジメントシステムとすることが求められている。

図 3.3 ISO 9001：2015 の主な変更点(1/3)

項　目	内　容
リスク（risk）にもとづく考え方の採用（続）	③　予防処置の要求事項がなくなったが、これは、リスクと予防処置を全面的に考慮した品質マネジメントシステム規格に変わり、予防処置の要求はむしろ強化されたと考えられる。
プロセスアプローチ（process approach）採用の強化	④　ISO 9001：2015規格（序文0.3"プロセスアプローチ"）では、次のように述べている。 　a）　プロセスアプローチの採用に不可欠と考えられる特定の要求事項を箇条4.4に規定する。 　b）　PDCAサイクルを、機会の利用および望ましくない結果の防止を目指すリスクにもとづく考え方に全体的な焦点を当てて用いることで、プロセスおよびシステム全体をマネジメントすることができる。 　c）　プロセスアプローチによって、プロセスパフォーマンスの達成、およびプロセスの改善が可能になる。 ⑤　上記④ a）は、プロセスアプローチの具体的な手順は、ISO 9001：2015規格の箇条4.4に示すと述べている。また b）および箇条4.4において、プロセスアプローチとは、各プロセスをPDCAサイクルで運用することであることが明確になった。 ⑥　箇条4.4は、附属書SLに従って追加されたリスクおよび機会への取組み以外は、旧規格の箇条4.1と同じである。プロセスアプローチが要求事項となったことにより、有効性だけでなく、上記④ c）のパフォーマンスの改善につなげることが求められる。
パフォーマンス（結果）重視	⑦　パフォーマンス・結果重視 ・プロセスアプローチの採用により、プロセスパフォーマンスの達成が求められている。 ⑧　改善の強調 ・改善（箇条10）の箇条が設けられ、従来の不適合の修正・再発防止、および品質マネジメントシステムの有効性の改善に加えて、製品・サービスの改善、品質マネジメントシステムのパフォーマンスの改善などが含まれた。 ⑨　変更管理の強化 ・変更の計画（箇条6.3）、運用の計画および管理（箇条8.1）、変更の管理（箇条8.5.6）など、変更管理の要求事項が追加された。

図3.3　ISO 9001：2015の主な変更点（2/3）

項　目	内　容
パフォーマンス（結果）重視（続）	⑩　文書化要求の削減 ・品質マニュアルの作成および文書管理手順など6つの手順書の作成の要求事項はなくなった。手順どおり行うことよりも結果重視のため ⑪　アウトソース管理の強化 ・外部から提供されるプロセス・製品・サービスの管理（箇条8.4）として、アウトソースも含まれる。
サービス業への配慮	⑫　次のような用語の変更が行われ、サービス業にもわかりやすい表現になった。また用語の定義の見直しも行われた。 ・"製品"→"製品・サービス"（規格全般） ・"作業環境"→"プロセスの運用に関する環境"（箇条7.1.4） ・"監視機器・測定機器の管理"→"監視・測定のための資源"（箇条7.1.5）など

図 3.3　ISO 9001：2015 の主な変更点（3/3）

（1）　事業プロセスと ISO 9001 要求事項の統合

　図 3.1 の①に述べた"適合製品に関する信頼性の向上"という問題点に関連して、その原因の一つに、図 3.1 の②に述べた"事業プロセスへの統合"があります。組織の事業プロセス（経営プロセス）と品質マネジメントシステムが整合しない、すなわち企業の経営と ISO の管理が一致しない組織があり、その結果、ISO が経営に役立っていないというケースが見受けられました。ISO 9001 規格（箇条 5.1 c)）では、トップマネジメントの責務として、"組織の事業プロセスへの品質マネジメントシステム要求事項の統合を確実にする"こと、つまり会社にとって重要なことと、ISO 9001 の要求事項を分けて考えないことを求めています。これは、組織の状況を理解し、組織にとっての外部・内部の課題を明確にし（箇条 4.1）、その課題に対応するために、ISO 9001 を利用するというもので、ISO 9001 規格の 2015 年版は、経営マネジメントシステムの規格に近づいたといえます。

(2) リスクにもとづく考え方の採用

図 3.3 ②の背景として、次のことが考えられます。

a) ISO 9001 における"リスクにもとづく考え方の採用"の背景には、ISO 9001 認証組織による法規制違反、企業不祥事、内部告発などがある。また、IATF 16949 における"リスクにもとづく考え方の採用"の背景には、相次ぐ自動車のリコール、ISO/TS 16949 認証組織による法規制違反、データの改ざんなどがある。

b) リスクにもとづく考え方は、予防処置（箇条 8.5.2）など、ISO 9001 の旧規格にも含まれていた。IATF の旧規格では、リスクという言葉は使われていなかったが、緊急事態対応計画、FMEA、製造工程の SPC 管理、段取り替え検証、予防保全・予知保全など、リスクを考慮した要求事項が、数多く含まれている。

リスクおよび機会への取組みは、ISO 9001：2015 で新たに採用された項目です。組織の目的とリスクおよび機会への取組みの関係を図 3.4 に示します。

組織がかかえるリスクおよび機会は、組織の目的に関係します。組織の目的が、例えば顧客への製品の安定供給だとすると、製品の安定供給に対して、どのようなリスクがあるかを考えて、それに対する取組み計画を立てて実施することが必要となります。

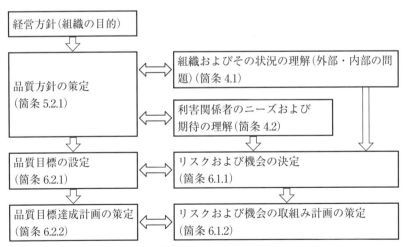

図 3.4　組織の目的とリスクおよび機会への取組み

3.2 IATF 16949：2016 の概要

3.2.1 IATF 16949：2016 改訂の目的

　ISO 9001 規格が改訂されたことに伴い、自動車産業の品質マネジメントシステム規格 ISO/TS 16949 は、IATF 16949 規格として生まれ変わりました。

　IATF 16949 規格では、その"まえがき"において、"IATF 16949：2016 は、以前の顧客固有要求事項を取り入れてまとめた、強い顧客志向を与えられた革新的文書を示している"と述べています。

　すなわち、IATF 16949 規格は、自動車産業の顧客（OEM）共通の要求事項だけでなく、今までの顧客固有の要求事項（CSR）を取り入れた、顧客志向の強いセクター規格となりました。また、顧客固有の要求事項のほか、とくに VDA（verband der automobilindustrie、ドイツ自動車工業会）の要求事項の採用が多くなっています。このことが、規格の名称が、ISO/TS 16949 から IATF 16949 に変わった理由の一つです。このように、旧規格の ISO/TS 16949 はアメリカ中心でしたが、IATF 16949 は、ドイツの意向が強く取り入れられているようです。

　なお、IATF 16949 規格には附属書 B が追加され、アメリカ、ドイツ、イタリア、フランスなどの各国の自動車産業で使われている、コアツールを含む各種技法が、参考文書として紹介されていることも、IATF 16949 規格の特徴です。

3.2.2 IATF 16949：2016 の主な変更点

　ISO 9001：2015 および IATF 16949：2016 規格の新規要求項目を、それぞれ図 3.5 および図 3.6 に示します。ISO 9001 の改訂を受けて、組織およびその状況の理解（箇条 4.1）、利害関係者のニーズおよび期待の理解（箇条 4.2）およびリスクおよび機会への取組み（箇条 6.1）が追加されました。

　IATF 16949 規格には、多くの項目が新規に追加または内容が強化されています。主な追加・変更箇所を図 3.7 に示します。また、文書化したプロセス（手順書の作成）の要求箇所を図 3.9 に、文書の作成（文書化した情報の維持）の要求箇所を図 3.8 に、記録（文書化した情報の保持）の要求箇所を図 3.10 に示します。

第3章　IATF 16949 規格の概要

なお、図 3.9 の文書化したプロセスは、第 2 章で述べた、PDCA サイクルの対象となる品質マネジメントシステムのプロセスというよりも、手順と考えるとよいでしょう。したがって、プロセスの内容がわかる、図 2.17（p.43）に示したプロセスフロー図などを含めた手順書を作成するとよいでしょう。

(1) リスクへの対応

IATF 16949 の旧規格 ISO/TS 16949 には、リスクにもとづいた要求事項として、図 3.11 に示すような項目がありました。また、ISO 9001 規格 2015 年版で新規に要求事項となった項目のうち、図 3.12 に示すものは、IATF 16949 の旧規格 ISO/TS 16949 において要求事項であった項目です。ISO 9001 が IATF 16949 に近づいたといえます。

IATF 16949 規格において、リスク分析を行うという要求事項が、約 50 箇所あります。またリスク分析の方法として、FMEA（故障モード影響解析）のような手法を用いることを要求している箇所が十数カ所あります。FMEA は、リスク分析の最も代表的な手法といえます。詳細は、本書の第 4 章～第 10 章の要求事項を参照ください。

(2) ソフトウェアの管理

最近の自動車は、エンジンの排気ガス制御だけでなく、カーナビ、エアーバッグ、自動ブレーキ、自動運転など、自動車の機能を制御する電子部品（電子機器）が増えています。これらの電子部品は、コンピュータで制御され、ソフトウェアが使用されています。最近の自動車のリコールの中でも、ソフトウェアに関連するものが多くなっています。また日本の自動車メーカーでは、自動車部品のソフトウェアの設計・開発の検証に、ISO 26262「自動車の機能安全」規格の適用の要求が始まっています。

(3) 製品と部品

IATF 16949 規格では、ISO 9001 規格に合わせて、基本的には"部品"という用語は使用せずに、"製品"という用語が使われています。しかし IATF 16949 規格では、製品承認プロセスに関して、生産部品承認プロセスのように、

コアツール参照マニュアルを引用した箇所などでは、部品という用語が使われています。製品も部品も同じ意味であると理解し、とくに区別しなくてよいでしょう。

箇条番号	項　目
序文 0.3.3	リスクにもとづく考え方
4.1	組織およびその状況の理解
4.2	利害関係者のニーズおよび期待の理解
4.3	品質マネジメントシステムの適用範囲の決定
6.1	リスクおよび機会への取組み
7.1.6	組織の知識

［備考］箇条 4.1（組織の課題）、箇条 4.2（利害関係者の要求事項）を受けた、箇条 6.1（リスクおよび機会への対応）がポイントである。

図 3.5　ISO 9001：2015 の主な新規要求項目

箇条番号	項　目
4.3.2	顧客固有要求事項
4.4.1.1	製品およびプロセスの適合
4.4.1.2	製品安全
5.1.1.1	企業責任
5.1.1.3	プロセスオーナー
6.1.2.1	リスク分析
7.2.3	内部監査員の力量
7.2.4	第二者監査員の力量
8.3.2.3	組込みソフトウェアを持つ製品の開発
8.4.1.2	供給者選定プロセス
8.4.2.3.1	自動車製品に関係するソフトウェアまたは組込みソフトウェアをもつ製品
8.4.2.4.1	第二者監査
8.4.2.5	供給者の開発
8.5.1.4	シャットダウン後の検証
8.5.6.1.1	工程管理の一時的変更
8.7.1.5	修理製品の管理
8.7.1.7	不適合製品の廃棄
10.2.5	補償管理システム
附属書 B	参考文献－自動車産業補足

［備考］品質保証、変更管理、供給者の管理の強化、およびソフトウェア管理の導入などがポイントである。

図 3.6　IATF 16949：2016 の主な新規要求項目

項　目	内　容
リスクへの対応	・ISO 9001におけるリスクおよび機会への取組み(箇条6.1)の要求事項の追加を受けて、IATF 16949では、リスク管理に関して、下記を含む計約30箇所の要求事項において、リスク管理が求められている。 －リスク分析(6.1.2.1) －緊急事態対応計画(6.1.2.3)、など
品質保証の強化	・次のような品質保証の強化に関する要求事項が、新規に追加されている。 －製品安全(4.4.1.2) －企業責任(5.1.1.1) －修理製品の管理(8.7.1.5) －不適合製品の廃棄(8.7.1.7) －補償管理システム(10.2.5)
ソフトウェアの管理	・ソフトウェアに対する管理に関して、下記を含む計約10箇所の要求事項が追加されている。 －組込みソフトウェアを持つ製品の開発(8.3.2.3) －自動車製品に関係するソフトウェアまたは組込みソフトウェアをもつ製品(8.4.2.3.1)
顧客固有要求事項	・顧客固有要求事項(4.3.2)という項目以外に、次のような多くの顧客指定の管理がある。 －顧客スコアカード・顧客ポータルの使用(5.3.1) －顧客指定の特殊特性(8.2.3.1.2) －顧客指定のレイアウト検査の頻度(8.6.2) －顧客指定の不適合製品管理のプロセス(8.7.1.2) －顧客指定の製造工程監査の方法(9.2.2.3) －顧客指定の製品監査の方法(9.2.2.4)、など
変更管理	・次のような計20ヵ所余の要求事項において、工程管理・変更管理の重要性が強調されている。 －変更の計画(6.3) －作業の段取り替え検証(8.5.1.3) －シャットダウン後の検証(8.5.1.4) －工程管理の一時的変更(8.5.6.1.1)、など
供給者の管理	・次のような供給者の管理が追加・強化されている。 －第二者監査員の力量(7.2.4) －供給者選定プロセス(8.4.1.2) －供給者の品質マネジメントシステム開発(8.4.2.3) －第二者監査(8.4.2.4.1) －供給者の開発(8.4.2.5) －サイト内供給者の管理(7.1.3.1、7.1.5.2.1)、など
文書化したプロセス	・文書化したプロセスの構築、すなわち手順書の作成が、計20ヵ所余で要求されている(図3.9参照)。

図3.7　IATF 16949の主な要求事項の追加・変更

3.2 IATF 16949：2016 の概要

項　番	文書化した情報の維持	ISO 9001	IATF 16949
4.3	品質マネジメントシステムの適用範囲	○	
4.3.1	要求事項の適用除外		○
4.4.2	プロセスの運用を支援するための文書化した情報	○	
5.2.2	品質方針の文書化	○	
5.3.1	責任・権限をもつ要員任命の文書化		○
6.1.2.3	緊急事態対応計画の文書化		○
6.2.1	品質目標の文書化	○	
7.1.5.3.1	内部試験所		○
7.5.1	品質マネジメントシステムの有効性のために必要であると組織が決定した文書化した情報	○	
7.5.1.1	品質マニュアル		○
7.5.3.1	品質マネジメントシステムおよび ISO 9001 規格で要求されている文書化した情報	○	
7.5.3.2.1	記録の保管方針の文書化		○
8.2.4	製品・サービスに関する要求事項の変更の文書化	○	
8.3.3	設計・開発へのインプットに関する文書化した情報		
8.3.3.1	製品設計へのインプット要求事項の文書化		○
8.3.5.2	製造工程設計からのアウトプットを、製造工程設計へのインプットと対比した検証ができるように文書化		○
8.4.2.4.1	第二者監査の必要性、方式、頻度、および範囲を決定するための基準の文書化		○
8.5.1	製造およびサービス提供の管理 次の事項を定めた文書化した情報 ・製造する製品の特性 ・達成すべき結果	○	
8.5.1.2	標準作業文書		○
8.5.1.5	TPM システムの文書化		○
8.5.2.1	トレーサビリティ計画の策定および文書化		○
10.2.4	採用された手法の詳細は、プロセスリスク分析（PFMEA のような）に文書化し、および試験頻度はコントロールプランに文書化		○

［備考］明朝体：ISO 9001 要求事項、ゴシック体：IATF 16949 要求事項

図 3.8　IATF 16949 における文書の要求事項の例

第3章 IATF 16949 規格の概要

(4) IATF 16949 規格におけるサービスについて

IATF 16949 規格の各所においては、"製品およびサービス"や"製造およびサービス"以外にも、要求事項の各所で"サービス"という用語が使われています。これらのサービスという用語は、使われる箇所によって意味が異なります。詳細については、図 8.70(p.241)を参照ください。

項番	文書化したプロセスの内容
4.4.1.2	・製品安全に関係する製品・製造工程の運用管理に対する文書化したプロセス
7.1.5.2.1	・校正・検証の記録を管理する文書化したプロセス
7.2.1	・教育訓練のニーズと達成すべき力量を明確にする文書化したプロセス
7.2.3	・内部監査員が力量をもつことを検証する文書化したプロセス
7.3.2	・品質目標を達成し、継続的改善を行い、革新を促進する環境を創り出す、従業員を動機づける文書化したプロセス
7.5.3.2.2	・顧客の技術規格・仕様書および改訂に対して、レビュー・配付・実施する文書化したプロセス
8.3.1.1	・設計・開発の文書化したプロセス
8.3.3.3	・特殊特性を特定する文書化したプロセス
8.4.1.2	・供給者選定の文書化したプロセス
8.4.2.1	・アウトソースしたプロセスを特定する文書化したプロセス ・外部提供製品・プロセス・サービスに対し、顧客の要求事項への適合を検証するための、管理の方式と程度を選定する文書化したプロセス
8.4.2.2	・購入製品・プロセス・サービスの、受入国・出荷国・仕向国の法令・規制要求事項に適合することを確実にする文書化したプロセス
8.4.2.4	・供給者のパフォーマンスを評価する文書化したプロセス
8.5.6.1	・製品実現に影響する変更を管理・対応する文書化したプロセス
8.5.6.1.1	・代替管理方法の使用を運用管理する文書化したプロセス
8.7.1.4	・原仕様への適合を検証する、手直し確認の文書化したプロセス
8.7.1.5	・修理確認の文書化したプロセス
8.7.1.7	・手直しまたは修理できない不適合製品の廃棄に関する文書化したプロセス
9.2.2.1	・内部監査に関する文書化したプロセス
10.2.3	・問題解決の方法に関する文書化したプロセス
10.2.4	・ポカヨケ手法の活用を決定する文書化したプロセス
10.3.1	・継続的改善の文書化したプロセス

図 3.9 IATF 16949 における文書化したプロセスの要求事項の例

3.2 IATF 16949：2016 の概要

項　番	文書化した情報の保持	ISO 9001	IATF 16949
4.4.2	プロセスが計画どおりに実施されたと確信する文書化した情報	○	
6.1.2.1	**リスク分析の結果の証拠として、文書化した情報**		○
6.1.2.3	**緊急事態対応計画の改訂を記述した文書化した情報**		○
7.1.5.1	監視・測定資源が目的と合致している証拠の文書化した情報	○	
7.1.5.1.1	**代替測定システム解析の結果と、顧客承諾の記録**		○
7.1.5.2	校正・検証に用いたよりどころの文書化した情報	○	
7.1.5.2.1	**ゲージ、測定機器・試験設備に対する校正・検証の活動の記録**		○
7.1.5.2.1	**校正外れが発見された場合の、以前の測定結果の妥当性の文書化した情報**		○
7.1.5.3.1	**内部試験所に関係する記録**		
7.2	力量の証拠としての、適切な文書化した情報	○	
7.2.3	**トレーナーの力量を実証するための文書化した情報**		○
7.5.3.2	文書化した情報	○	
7.5.3.2	適合の証拠として文書化した情報	○	
7.5.3.2.1	**生産部品承認…は、製品が生産・サービス要求期間に加えて1暦年保持**		○
7.5.3.2.2	**生産において実施された各変更の日付の記録**		○
8.2.3.1.1	**顧客が正式許可した免除申請の文書化した証拠**		○
8.2.3.2	レビューの結果	○	
8.3.2	設計・開発の要求事項を満たすことを実証する文書化した情報	○	
8.3.2.3	**ソフトウェア開発能力の自己評価の文書化した情報**		○
8.3.3	設計・開発のインプット	○	
8.3.4	設計・開発の管理の活動についての文書化した情報	○	
8.3.4.4	**顧客の製品承認の記録**		○
8.3.5	設計・開発からのアウトプットについて、文書化した情報	○	
8.3.6	設計・開発の変更、レビューの結果、変更の許可…に関する文書化した情報	○	
8.4.1	外部提供者の評価・選択・パフォーマンス監視…文書化した情報	○	

［備考］明朝体：ISO 9001 要求事項、ゴシック体：IATF 16949 要求事項

図 3.10　IATF 16949 における記録の要求事項の例(1/2)

項番	文書化した情報の保持	ISO 9001	IATF 16949
8.4.2.3.1	供給者のソフトウェア開発能力の自己評価の文書化した情報		○
8.4.2.4.1	第二者監査報告書の記録		○
8.5.1.3	段取り設定および初品・終品の妥当性確認後の工程および製品承認の記録		○
8.5.2	トレーサビリティを可能とするために必要な文書化した情報	○	
8.5.3	顧客所有物を紛失・損傷した場合の、文書化した情報	○	
8.5.6	変更のレビューの結果…必要な処置を記載した、文書化した情報	○	
8.5.6.1	変更管理に関する、リスク分析の証拠および検証および妥当性確認の記録		○
8.6	製品・サービスのリリースについて文書化した情報	○	
8.7.1.1	特別採用によって認可された満丁日または数量の記録		○
8.7.1.5	修理した製品の処置に関する文書化した情報		○
8.7.2	不適合に対してとった処置および特別採用に関する、文書化した情報	○	
9.1.1	監視・測定の結果の証拠として、適切な文書化した情報	○	
9.1.1.1	治工具変更、機械修理のような、工程の重大な出来事に関する文書化した情報		○
9.2.2.	監査プログラムの実施および監査結果の証拠	○	
9.3.3	マネジメントレビューの結果の証拠としての文書化した情報	○	
10.2.2	不適合の性質、とった処置、および是正処置結果の証拠の、文書化した情報	○	
10.2.4	ポカヨケ装置の故障または模擬故障のテストを含む記録		○

図 3.10　IATF 16949 における記録の要求事項の例 (2/2)

　IATF 16949 と ISO/TS 16949 の新旧対比表を図 3.13 (p.60) に示します。なお、IATF 16949：2016 規格改訂の詳細については、本書の第 4 章～第 10 章を参照ください。

3.2 IATF 16949：2016 の概要

ISO/TS 16949 項番	要求事項	IATF 16949 項番
4.1	プロセスアプローチ	4.4
6.3.2	緊急事態対応計画	6.1.2.3
6.4	要員の安全	7.1.4.1
7.1	先行製品品質計画（APQP）	8.3.2.1
7.1.3	機密保持	8.1.2
7.1.4	変更管理	8.5.6.1
7.2.2.2	製造フィージビリティ	8.2.3.1.3
7.3	製造工程の設計・開発	8.3.1.1
7.3.2.3	特殊特性	8.3.3.3
7.3.3.1、7.3.3.2	故障モード影響解析（FMEA）	8.3.5.1、8.3.5.2
7.4.1.2	供給者の品質マネジメントシステム開発	8.4.2.3
7.4.3.2	供給者の監視	8.4.2.4
7.5.1.1	不安定・能力不足の製造工程に対する対応処置	8.5.1.1
7.5.1.3	段取り替え検証	8.5.1.3
7.5.1.4	予防保全・予知保全（TPM）	8.5.1.5
7.6.1	測定システム解析（MSA）	7.1.5.1.1
7.6.3	試験所要求事項	7.1.5.3
8.2.1	特別輸送費の監視	9.1.2.1
8.2.3.1	製造工程の監視・測定（安定、工程能力）	9.1.1.1
8.5.2.2	ポカヨケ	10.2.4
8.5.3	予防処置	6.1.2.2

図 3.11　ISO/TS 16949 におけるリスクに関係する要求事項の例

ISO/TS 16949：2009		ISO 9001：2015 で新規追加	
項番	要求事項	項番	要求事項
4.1	プロセスアプローチ	4.4.1	プロセスアプローチ*
6.3.2	緊急事態対応計画	8.2.1-e	不測の事態への対応
7.1.4	変更管理	8.5.6	製造工程の変更管理
8.5.2.2	ポカヨケ	8.5.1-g	ヒューマンエラー防止策

＊プロセスアプローチは、ISO/TS 16949 では要求事項として運用されていたが、ISO 9001 では、これまで要求事項として運用されていなかった。

図 3.12　ISO 9001：2015 で採用された ISO/TS 16949 要求事項の例

第3章 IATF 16949 規格の概要

IATF 16949：2016		ISO/TS 16949：2009		程度
	まえがき－自動車産業 QMS 規格		まえがき	△
	歴史		－	△
	到達目標	0.5	この TS の到達目標	△
	認証に対する注意点		認証に対する参考	△
	序文		序文	△
0.1	一般	0.1	一般	△
0.2	品質マネジメントの原則	0.1	一般	○
0.3	プロセスアプローチ	0.2	プロセスアプローチ	
0.3.1	一般	0.2	プロセスアプローチ	△
0.3.2	PDCAサイクル	0.2	プロセスアプローチ	△
0.3.3	リスクにもとづく考え方		－	◎
0.4	他のマネジメントシステム規格との関係	0.3	ISO 9004 との関係	△
		0.4	他のマネジメントシステムとの両立性	△
1	適用範囲	1	適用範囲	△
1.1	**適用範囲－ISO 9001：2015 に対する自動車産業補足**	1.1	一般	○
2	引用規格	2	引用規格	△
2.1	**規定および参考の引用**		まえがき	△
3	用語および定義	3	用語および定義	△
3.1	**自動車産業の用語および定義**	3.1	**自動車業界の用語および定義**	◎
4	組織の状況	4	品質マネジメントシステム	
4.1	組織およびその状況の理解		－	◆
4.2	利害関係者のニーズおよび期待の理解		－	◆
4.3	品質マネジメントシステムの適用範囲の決定	1.1	一般	◆
		1.2	適用	
4.3.1	**品質マネジメントシステムの適用範囲の決定－補足**		－	◆
4.3.2	**顧客固有要求事項**		－	◆
4.4	品質マネジメントシステムおよびそのプロセス	4	品質マネジメントシステム	
4.4.1	（一般）	4.1	一般要求事項	○
4.4.1.1	**製品およびプロセスの適合**		－	◆
4.4.1.2	**製品安全**		－	◆
4.4.2	（文書化）	4.2.1	文書化に関する要求事項／一般	△
5	リーダーシップ	5	経営者の責任	
5.1	リーダーシップおよびコミットメント	5.1	経営者のコミットメント	
5.1.1	一般	5.1	経営者のコミットメント	○
5.1.1.1	**企業責任**			◆
5.1.1.2	**プロセスの有効性および効率**	5.1.1	**プロセスの効率**	△
5.1.1.3	**プロセスオーナー**		－	◆
5.1.2	顧客重視	5.2	顧客重視	○

［備考］
・［区分］　明朝体：ISO 9001 要求事項、ゴシック体：IATF 16949 要求事項、（　　）は筆者がつけた項目名
・［変更の程度］　◆：新規追加、◎：大きな変更、○：中程度の変更、△：小さな変更またはほとんど変更なし

図 3.13　IATF 16949 と ISO/TS 16949 との新旧対比表（1/6）

3.2 IATF 16949：2016 の概要

IATF 16949：2016		ISO/TS 16949：2009		程度
5.2	方針	5.3	品質方針	
5.2.1	品質方針の確立	5.3	品質方針	△
5.2.2	品質方針の伝達	5.3	品質方針	△
5.3	組織の役割、責任および権限	5.5.1	責任および権限	△
		5.5.2	管理責任者	△
5.3.1	組織の役割、責任および権限－補足	5.5.2.1	顧客要求への対応責任者	△
5.3.2	製品要求事項および是正処置に対する責任および権限	5.5.1.1	品質責任	△
6	計画	5.4	計画	
6.1	リスクおよび機会への取組み		－	
6.1.1	（リスクおよび機会の決定）		－	◆
6.1.2	（取組み計画の策定）		－	◆
6.1.2.1	リスク分析		－	◆
6.1.2.2	予防処置	8.5.3	予防処置	△
6.1.2.3	緊急事態対応計画	6.3.2	緊急事態対応計画	◎
6.2	品質目標およびそれを達成するための計画策定	5.4.1	品質目標	
6.2.1	（品質目標の策定）	5.4.1	品質目標	○
6.2.2	（品質目標達成計画の策定）	5.4.2	品質マネジメントシステムの計画	○
6.2.2.1	品質目標およびそれを達成するための計画策定－補足	5.4.1.1	品質目標－補足	○
6.3	変更の計画	5.4.2	品質マネジメントシステムの計画	△
7	支援	6	資源の運用管理	
7.1	資源	6.1	資源の提供	
7.1.1	一般	6.1	資源の提供	△
7.1.2	人々	6.2	人的資源	△
7.1.3	インフラストラクチャ	6.3	インフラストラクチャ	△
7.1.3.1	工場、施設および設備の計画	6.3.1	工場、施設および設備の計画	◎
7.1.4	プロセスの運用に関する環境	6.4	作業環境	△
	注記	6.4.1	製品要求事項への適合を達成するための要員の安全	△
7.1.4.1	プロセスの運用に関する環境－補足	6.4.2	事業所の清潔さ	△
7.1.5	監視および測定のための資源	7.6	監視機器および測定機器の管理	
7.1.5.1	一般	7.6	監視機器および測定機器の管理	△
7.1.5.1.1	測定システム解析	7.6.1	測定システム解析	△
7.1.5.2	測定のトレーサビリティ	7.6	監視機器および測定機器の管理	△
	注記	7.6	監視機器および測定機器の管理	△
7.1.5.2.1	校正・検証の記録	7.6.2	校正／検証の記録	○
7.1.5.3	試験所要求事項	7.6.3	試験所要求事項	－
7.1.5.3.1	内部試験所	7.6.3.1	内部試験所	△
7.1.5.3.2	外部試験所	7.6.3.2	外部試験所	○
7.1.6	組織の知識		－	◆
7.2	力量	6.2.2	力量、教育・訓練および認識	△
7.2.1	力量－補足	6.2.2.2	教育・訓練	△

図 3.13　IATF 16949 と ISO/TS 16949 との新旧対比表（2/6）

IATF 16949：2016		ISO/TS 16949：2009		程度
7.2.2	力量―業務を通じた教育訓練(OJT)	6.2.2.3	業務を通じた教育・訓練(OJT)	○
7.2.3	内部監査員の力量	8.2.2.5	内部監査員の適格性確認	◆
7.2.4	第二者監査員の力量		―	◆
7.3	認識	6.2.2	力量、教育・訓練および認識	△
7.3.1	認識―補足	6.2.2.4	従業員の動機付けおよびエンパワーメント	△
7.3.2	従業員の動機付けおよびエンパワーメント	6.2.2.4	従業員の動機付けおよびエンパワーメント	
7.4	コミュニケーション	5.5.3	内部コミュニケーション	△
		7.2.3	顧客とのコミュニケーション	
7.5	文書化した情報	4.2	文書化に関する要求事項	
7.5.1	一般	4.2.1	文書化に関する要求事項／一般	△
7.5.1.1	品質マネジメントシステムの文書類	4.2.2	品質マニュアル	○
7.5.2	作成および更新	4.2.3	文書管理	△
7.5.3	文書化した情報の管理	4.2	文書化に関する要求事項	
7.5.3.1	(一般)	4.2.3	文書管理	△
7.5.3.2	(文書・記録の管理)	4.2.4	記録の管理	△
7.5.3.2.1	記録の保管	4.2.4.1	記録の保管	△
7.5.3.2.2	技術仕様書	4.2.3.1	技術仕様書	△
8	運用	7	製品実現	
8.1	運用の計画および管理	7.1	製品実現の計画	○
8.1.1	運用の計画および管理―補足	7.1.1	製品実現の計画―補足	◎
8.1.2	機密保持	7.1.3	機密保持	△
8.2	製品およびサービスに関する要求事項	7.2	顧客関連のプロセス	
8.2.1	顧客とのコミュニケーション	7.2.3	顧客とのコミュニケーション	△
8.2.1.1	顧客とのコミュニケーション―補足	7.2.3.1	顧客とのコミュニケーション―補足	△
8.2.2	製品およびサービスに関する要求事項の明確化	7.2.1	製品に関連する要求事項の明確化	△
8.2.2.1	製品およびサービスに関する要求事項の明確化―補足	7.2.1	製品に関連する要求事項の明確化	△
8.2.3	製品およびサービスに関する要求事項のレビュー	7.2.2	製品に関連する要求事項のレビュー	
8.2.3.1	(一般)	7.2.2	製品に関連する要求事項のレビュー	△
8.2.3.1.1	製品およびサービスに関する要求事項のレビュー―補足	7.2.2.1	製品に関連する要求事項のレビュー―補足	△
8.2.3.1.2	顧客指定の特殊特性	7.2.1.1	顧客指定の特殊特性	△
8.2.3.1.3	組織の製造フィージビリティ	7.2.2.2	組織の製造フィージビリティ	◎
8.2.3.2	(文書化)	7.2.2	製品に関連する要求事項のレビュー	△
8.2.4	製品およびサービスに関する要求事項の変更	7.2.2	製品に関連する要求事項のレビュー	
8.3	製品およびサービスの設計・開発	7.3	設計・開発	
8.3.1	一般	7.3.1	設計・開発の計画	△
8.3.1.1	製品およびサービスの設計・開発―補足	7.3	設計・開発(注記)	△
8.3.2	設計・開発の計画	7.3.1	設計・開発の計画	○

図 3.13　IATF 16949 と ISO/TS 16949 との新旧対比表(3/6)

3.2 IATF 16949：2016 の概要

	IATF 16949：2016		ISO/TS 16949：2009	程度
8.3.2.1	設計・開発の計画—補足	7.3.1.1	部門横断的アプローチ	○
8.3.2.2	製品設計の技能	6.2.2.1	製品設計の技能	○
8.3.2.3	組込みソフトウェアを持つ製品の開発	—		◆
8.3.3	設計・開発へのインプット	7.3.2	設計・開発へのインプット	△
8.3.3.1	製品設計へのインプット	7.3.2.1	製品設計へのインプット	○
8.3.3.2	製造工程設計へのインプット	7.3.2.2	製造工程設計へのインプット	○
8.3.3.3	特殊特性	7.3.2.3	特殊特性	○
8.3.4	設計・開発の管理	7.3.4	設計・開発のレビュー	△
		7.3.5	設計・開発の検証	
		7.3.6	設計・開発の妥当性確認	
8.3.4.1	監視	7.3.4.1	監視	△
8.3.4.2	設計・開発の妥当性確認	7.3.6.1	設計・開発の妥当性確認—補足	△
8.3.4.3	試作プログラム	7.3.6.2	試作プログラム	△
8.3.4.4	製品承認プロセス	7.3.6.3	製品承認プロセス	△
8.3.5	設計・開発からのアウトプット	7.3.3	設計・開発からのアウトプット	△
8.3.5.1	製品設計からのアウトプット	7.3.3.1	製品設計からのアウトプット—補足	○
8.3.5.2	製造工程設計からのアウトプット	7.3.3.2	製造工程設計からのアウトプット	○
8.3.6	設計・開発の変更	7.3.7	設計・開発の変更管理	△
8.3.6.1	設計・開発の変更—補足	7.3.7	設計・開発の変更管理	○
8.4	外部から提供されるプロセス、製品およびサービスの管理	7.4	購買	
8.4.1	一般	7.4.1	購買プロセス	△
8.4.1.1	一般—補足	—		△
8.4.1.2	供給者選定プロセス	—		◆
8.4.1.3	顧客指定の供給者（指定購買）	7.4.1.3	顧客に承認された供給者	◎
8.4.2	管理の方式および程度	7.4.1	購買プロセス	△
		7.4.3	購買製品の検証	
8.4.2.1	管理の方式および程度—補足	4.1	品質マネジメントシステム	○
		7.4.1	購買プロセス	
8.4.2.2	法令・規制要求事項	7.4.1.1	法令・規制への適合	○
8.4.2.3	供給者の品質マネジメントシステム開発	7.4.1.2	供給者の品質マネジメントシステムの開発	◎
8.4.2.3.1	自動車製品に関係するソフトウェアまたは組込みソフトウェアをもつ製品	—		◆
8.4.2.4	供給者の監視	7.4.3.2	供給者の監視	○
8.4.2.4.1	第二者監査	—		◆
8.4.2.5	供給者の開発	—		◆
8.4.3	外部提供者に対する情報	7.4.2	購買情報	△
8.4.3.1	外部提供者に対する情報—補足	7.4.2	購買情報	○
8.5	製造およびサービス提供	7.5	製造およびサービス提供	
8.5.1	製造およびサービス提供の管理	7.5.1	製造およびサービス提供の管理	○
	注記	6.3	インフラストラクチャ	△
8.5.1.1	コントロールプラン	7.5.1.1	コントロールプラン	○

図 3.13　IATF 16949 と ISO/TS 16949 との新旧対比表(4/6)

IATF 16949：2016		ISO/TS 16949：2009		程度
8.5.1.2	標準作業ー作業者指示書および目視標準	7.5.1.2	作業指示書	○
8.5.1.3	作業の段取り替え検証	7.5.1.3	作業の段取り替えの検証	○
8.5.1.4	シャットダウン後の検証	ー		◆
8.5.1.5	TPM	7.5.1.4	予防保全および予知保全	○
8.5.1.6	生産治工具並びに製造、試験、検査の治工具および設備の運用管理	7.5.1.5	生産治工具の運用管理	○
8.5.1.7	生産計画	7.5.1.6	生産計画	○
8.5.2	識別およびトレーサビリティ	7.5.3	識別およびトレーサビリティ	△
	注記	7.5.3	識別およびトレーサビリティ（注記）	△
8.5.2.1	識別およびトレーサビリティー補足	7.5.3	識別およびトレーサビリティ	△
8.5.3	顧客または外部提供者の所有物	7.5.4	顧客の所有物	△
8.5.4	保存	7.5.5	製品の保存	△
8.5.4.1	保存ー補足	7.5.5.1	保管および在庫管理	△
8.5.5	引渡し後の活動	7.5.1	製造およびサービス提供の管理	○
8.5.5.1	サービスからの情報のフィードバック	7.5.1.7	サービスからの情報のフィードバック	△
8.5.5.2	顧客とのサービス契約	7.5.1.8	サービスに関する顧客との合意契約	△
8.5.6	変更の管理	7.1.4	変更管理	○
8.5.6.1	変更の管理ー補足	7.1.4	変更管理	○
8.5.6.1.1	工程管理の一時的変更	ー		◆
8.6	製品およびサービスのリリース	8.2.4	製品の監視および測定	△
8.6.1	製品およびサービスのリリースー補足	8.2.4	製品の監視および測定	△
8.6.2	レイアウト検査および機能試験	8.2.4.1	寸法検査および機能試験	△
8.6.3	外観品目	8.2.4.2	外観品目	△
8.6.4	外部から提供される製品およびサービスの検証および受入れ	7.4.3.1	要求事項への購買製品の適合	△
8.6.5	法令・規制への適合	7.4.1.1	法令・規制への適合	△
8.6.6	合否判定基準	7.1.2	合否判定基準	△
8.7	不適合なアウトプットの管理	8.3	不適合製品の管理	
8.7.1	（一般）	8.3	不適合製品の管理	△
8.7.1.1	特別採用に対する顧客の正式許可	8.3.4	顧客の特別採用	○
8.7.1.2	不適合製品の管理ー顧客規定のプロセス	8.3	不適合製品の管理	◆
8.7.1.3	疑わしい製品の管理	8.3.1	不適合製品の管理ー補足	△
8.7.1.4	手直し製品の管理	8.3.2	手直し製品の管理	○
8.7.1.5	修理製品の管理	ー		◆
8.7.1.6	顧客への通知	8.3.3	顧客への情報	△
8.7.1.7	不適合製品の廃棄	ー		◆
8.7.2	（文書化）	8.3	不適合製品の管理	△
9	パフォーマンス評価	8	測定、分析および改善	
9.1	監視、測定、分析および評価	8	測定、分析および改善	
9.1.	一般	8.1	一般	○
9.1.1.1	製造工程の監視および測定	8.2.3.1	製造工程の監視および測定	△
9.1.1.2	統計的ツールの特定	8.1.1	統計的ツールの明確化	△

図 3.13　IATF 16949 と ISO/TS 16949 との新旧対比表（5/6）

3.2 IATF 16949：2016 の概要

IATF 16949：2016		ISO/TS 16949：2009		程度
9.1.1.3	統計概念の適用	8.1.2	基本的統計概念の知識	△
9.1.2	顧客満足	8.2.1	顧客満足	△
9.1.2.1	顧客満足－補足	8.2.1.1	顧客満足－補足	△
9.1.3	分析および評価	8.4	データの分析	○
9.1.3.1	優先順位付け	8.4.1	データの分析および使用	△
9.2	内部監査	8.2.2	内部監査	
9.2.1	（内部監査の目的）	8.2.2	内部監査	△
9.2.2.	（内部監査の実施）	8.2.2	内部監査	△
9.2.2.1	内部監査プログラム	8.2.2.4	内部監査の計画	◎
9.2.2.2	品質マネジメントシステム監査	8.2.2.1	品質マネジメントシステム監査	○
9.2.2.3	製造工程監査	8.2.2.2	製造工程監査	○
9.2.2.4	製品監査	8.2.2.3	製品監査	○
9.3	マネジメントレビュー	5.6	マネジメントレビュー	
9.3.1	一般	5.6.1	一般	△
9.3.1.1	マネジメントレビュー－補足	5.6.1	一般	△
9.3.2	マネジメントレビューへのインプット	5.6.2	マネジメントレビューへのインプット	○
9.3.2.1	マネジメントレビューへのインプット－補足	5.6.1.1	品質マネジメントシステムの成果を含む実施状況	○
		5.6.2.1	マネジメントレビューへのインプット－補足	
9.3.3	マネジメントレビューからのアウトプット	5.6.3	マネジメントレビューからのアウトプット	△
9.3.3.1	マネジメントレビューからのアウトプット－補足	－		△
10	改善	8.5	改善	
10.1	一般	8.5.1	継続的改善	○
10.2	不適合および是正処置	8.3	不適合製品の管理	
		8.5.2	是正処置	
10.2.1	（一般）	8.3	不適合製品の管理	△
		8.5.2	是正処置	
		8.5.2.3	是正処置の水平展開	
10.2.2	（文書化）	8.3	不適合製品の管理	△
		8.5.2	是正処置	
10.2.3	問題解決	8.5.2.1	問題解決	○
10.2.4	ポカヨケ	8.5.2.2	ポカヨケ	○
10.2.5	補償管理システム	－		◆
10.2.6	顧客苦情および市場不具合の試験・分析	8.5.2.4	受入拒絶製品の試験／分析	○
10.3	継続的改善	8.5.1	継続的改善	○
10.3.1	継続的改善－補足	8.5.1.1	組織の継続的改善	○
		8.5.1.2	製造工程改善	
附属書A	コントロールプラン	附属書A	コントロールプラン	△
附属書B	参考文献－自動車産業補足	－		◎

図 3.13　IATF 16949 と ISO/TS 16949 との新旧対比表(6/6)

第4章
組織の状況

　本章では、IATF 16949規格（箇条4）"組織の状況"の要求事項の詳細について解説しています。

　この章のIATF 16949規格要求事項の項目は、次のようになります。

- 4.1 　　組織およびその状況の理解
- 4.2 　　利害関係者のニーズおよび期待の理解
- 4.3 　　品質マネジメントシステムの適用範囲の決定
- 4.3.1 　品質マネジメントシステムの適用範囲の決定－補足
- 4.3.2 　顧客固有要求事項
- 4.4 　　品質マネジメントシステムおよびそのプロセス
- 4.4.1 　（一般）
- 4.4.1.1 製品およびプロセスの適合
- 4.4.1.2 製品安全
- 4.4.2 　（文書化）

―――― **コメント**（第4章～第10章共通）――――

1 ）　IATF 16949（ISO 9001）規格において、要求事項の項目名のない箇所については、上記箇条4.4.1の"（一般）"のように、筆者が（　　）で項目名をつけています。

2 ）　［要求事項］において①、②のように○で囲んだ数字は、本書の説明のためにつけたもので、規格にはないものです。

3 ）　［要求事項］において下線で示した箇所は、IATF公式解釈集（SI）で変更となった箇所を示します（1.1.4項、p.15参照）。

4.1 組織およびその状況の理解

[要求事項] ISO 9001

> 4.1 組織およびその状況の理解
> ① 次の事項のための、組織の外部・内部の課題を明確にする。
>   a) 課題は、組織の目的と戦略的な方向性に関連する。
>   b) 課題は、品質マネジメントシステムの意図した結果を達成する、組織の能力に影響を与える。
> ② 注記　課題には、好ましい要因・状態と、好ましくない要因・状態がある。
> ③ 外部・内部の課題に関する情報を監視し、レビューする。

[要求事項の解説]

　IATF 16949 規格の基本を構成している ISO 9001 規格では、品質マネジメントシステムの目的である品質保証と顧客満足を達成するために、要求事項のはじめに、"組織およびその状況"（組織がかかえる外部・内部の課題）を理解することを意図しています。これは、本書の図 3.1（p.46）の ISO 9001 規格改訂の目的で述べた、"適合製品に関する信頼性の向上" と、品質マネジメントシステム要求事項の "事業プロセスへの統合" に対応するものといえます。

　この要求事項は、次の "利害関係者のニーズおよび期待の理解（箇条 4.2）" とともに、その後に続く "品質マネジメントシステムの適用範囲の決定（箇条 4.3）" や、"リスクおよび機会への取組み（箇条 6.1）" のインプット情報となる、ISO 9001 : 2015 で新しく導入された品質マネジメントシステムに関するあらゆる活動の始点となる要求事項です（図 4.4、p.72 参照）。

　上記①〜③のポイントを、図 4.1 に示します。③は、組織の外部・内部の課題を単に明確にするだけでなく、定期的に監視し、マネジメントレビューでレビューすることを述べています。

　この要求事項についての IATF 16949 規格の追加要求事項はありませんが、ISO 9001 規格の要求事項は、IATF 16949 にも適用される重要な項目です。組織の外部・内部の課題の例には、図 4.2 に示すようなものがあります。

[旧規格からの変更点]　変更の程度：中
新規要求事項です。

4.1 組織およびその状況の理解

項番		ポイント
4.1 ①	a)	・"組織の目的"は、ISO 9001の目的である品質保証と顧客満足、また"戦略的な方向性"は、経営方針、品質方針などと考えるとよい。
	b)	・"意図した結果"は、ISO 9001の目的である品質保証と顧客満足、あるいは適合製品の顧客への安定供給と考えるとよい。
②		・"課題"は、好ましい要因・状態(いわゆる機会)と、好ましくない要因・状態(いわゆるリスク)の両方を考慮する。
③		・"監視"は、組織がかかえる課題の定期的な監視、"レビュー"は、マネジメントレビューでのレビューと考えるとよい(箇条9.3.2参照)。

図4.1　組織の外部・内部の課題

外部の課題	内部の課題
・顧客の経営状態、供給者の経営状態	・主要設備の故障
・同業者との競合	・ユーティリティ・トラブル
・供給者の品質・納期トラブル	・パソコン更新問題
・原材料の高騰	・海外移転
・為替変動	・海外工場における品質問題
・異常天候、地震、台風	・従業員の労働災害・交通事故
・法規制改訂、税率改訂	・機密漏洩
・人口減少	・廃棄物処理
・近隣住民の環境苦情	・後継者問題
・代替製品の脅威	・技術力不足
・ITシステムに対するサーバー攻撃	・人員不足
・リコール、生産急増対応、など	・従業員の国籍・年齢、など

図4.2　外部・内部の課題の例

品質マネジメントシステムの利害関係者	
・最終顧客(エンドユーザー) 　(製品の使用者、サービスの提供者)	・関連法規制
	・従業員
・直接顧客	・株主
・組織内の次工程(後工程)	・近隣住民
・供給者、など	・マスコミ、など

図4.3　品質マネジメントシステムの利害関係者の例

4.2　利害関係者のニーズおよび期待の理解

［要求事項］　ISO 9001

> 4.2　利害関係者のニーズおよび期待の理解
> ①　顧客要求事項および適用される法令・規制要求事項を満たした製品およびサービスを一貫して提供する組織の能力に影響または潜在的影響を与えるため、次の事項を明確にする。
> 　a)　品質マネジメントシステムに密接に関連する利害関係者
> 　b)　利害関係者の要求事項
> ②　利害関係者とその関連する要求事項に関する情報を監視し、レビューする。

［要求事項の解説］

　品質マネジメントシステムの目的である、品質保証と顧客満足を達成するために、利害関係者(顧客など)のニーズと期待(要求事項)および関連法規制を理解することを意図しています。これも、箇条4.1と同様に、図3.1(p.46)のISO 9001規格改訂の目的に述べた、"適合製品に関する信頼性の向上"に対応するものといえます。

　上記① a)は、品質マネジメントシステムに密接に関連する利害関係者を明確にすること、そして① b)は、明確にした利害関係者の要求事項(ニーズ・期待)を明確にすることを述べています。顧客満足と品質保証というISO 9001の目的を考えた場合の最大の利害関係者は顧客です。顧客には、直接顧客のほか、最終顧客、組織内の次工程などがあり、その他の利害関係者としては、関連法規制、供給者、従業員などが考えられます(図4.3参照)。なお、利害関係者の"要求事項"には、顧客や法規制などの具体的な要求事項以外に、顧客の"期待"も含まれます。

　②は、利害関係者の要求事項を、箇条4.1に述べた組織の課題と同様、単に明確にするだけでなく、定期的に監視し、レビューすることを述べています。この要求事項も、マネジメントレビューでレビューするとよいでしょう。

［旧規格からの変更点］　変更の程度：中
　新規要求事項です。

4.3　品質マネジメントシステムの適用範囲の決定

4.3.1　品質マネジメントシステムの適用範囲の決定－補足

[要求事項]　ISO 9001 + IATF 16949

> 4.3　品質マネジメントシステムの適用範囲の決定
> ①　品質マネジメントシステムの適用範囲の境界と適用可能性を決定する。
> ②　次の事項を考慮して、品質マネジメントシステムの適用範囲を決定する。
> 　a)　外部・内部の課題(箇条 4.1)
> 　b)　利害関係者の要求事項(箇条 4.2)
> 　c)　(組織の)製品およびサービス
> ③　規格要求事項の一部の適用を除外する場合は、次の事項を考慮する。
> 　a)　適用可能な ISO 9001 規格要求事項のすべてを含める。
> 　b)　適用不可能な ISO 9001 規格の要求事項がある場合は、その正当性を示す。
> 　c)　組織の能力または責任に影響を及ぼす可能性がある場合は、その要求事項は適用を除外できない。
> ④　適用範囲を文書化し、対象となる製品・サービスの種類を記載する。
>
> 4.3.1　品質マネジメントシステムの適用範囲の決定－補足
> ⑤　支援部門(設計センター、本社、配給センターなど)も適用範囲に含める。
> ⑥　適用除外が可能となるのは、顧客が製品の設計・開発を行っている場合の、製品に関する設計・開発の要求事項(箇条 8.3)のみである。
> ⑦　製造工程の設計・開発は適用を除外できない。

[要求事項の解説]

　品質マネジメントシステムの目的である、品質保証と顧客満足を達成するために、組織自らが、適切な品質マネジメントシステムの適用範囲を決定することを意図しています。

　①の適用範囲の"境界"は、対象とする組織の部門、業務、製品・サービスなどの範囲と考えるとよいでしょう(図 4.5 参照)。

　② a)～ c)の 3 項目を考慮して、品質マネジメントシステムの適用範囲を決定します(図 4.4 参照)。

第4章　組織の状況

　旧規格にあった要求事項の"適用除外"という用語は、ISO 9001 規格では使われなくなりましたが、③ a)～ c)で述べているように、ISO 9001 規格の要求事項は、適用可能なものはすべて適用することになります。そしてもし、適用不可能な要求事項がある場合は、その正当性を示すことが必要です。顧客への影響など、組織の能力または責任に影響を及ぼす可能性がある場合は、その要求事項の適用を除外することはできません。したがって、例えば顧客または外部提供者の所有物が存在しない場合、箇条 8.5.3 の要求事項は"適用除外"ではなく、"現時点では該当しない"と考えるとよいでしょう。

　④は、品質マネジメントシステムの適用範囲を文書化することを述べています。適用範囲には、対象となる製品・サービスの種類とプロセス(業務内容)を記載します(図 4.6 参照)。

　IATF 16949 では、品質マネジメントシステムの適用範囲の決定に際して、適用範囲に含めるべき事項を、⑤～⑦に示すように具体的に規定しています。適用範囲の中心となるサイト(生産事業所)以外に、支援部門(設計部門、本社、配給センターなど)も適用範囲に含めることが必要です。支援部門が、サイト内にある場合でも、また遠隔地にある場合でも変わりません(図 4.7 参照)。

　IATF 16949 において、適用除外が可能となるのは、"顧客"が製品の設計・開発を行っている場合の、"製品に関する"設計・開発の要求事項(箇条 8.3)のみです。製品の設計・開発が海外で行われている場合は、その海外の事業所が適用範囲に含まれます。なお製造工程の設計・開発は、いかなる場合も適用除外できません。このことは、ISO 9001 と比べた場合の IATF 16949 の特徴です(図 4.8 参照)。

　[旧規格からの変更点]　変更の程度：中
　適用範囲は、旧規格では箇条 1.2 "適用"で述べていましたが、適用範囲の決定そのものが要求事項になりました。

図 4.4　品質マネジメントシステム適用範囲決定のフロー

4.3 品質マネジメントシステムの適用範囲の決定

項　目	内　容
対象組織	・全社か一部組織か。対象部門はどこか。経営者はだれか。
対象製品	・全製品(サービス)とするか、一部とするか。
対象顧客	・直接顧客はだれか。最終顧客(ユーザー)はだれか。
対象業務	・設計・開発、企画、製造、販売、○○サービスなど
要求事項	・要求事項のうち、適用を除外する項目はあるか。

図 4.5　適用範囲の決定で考慮すべき項目

適用範囲の例 (製造業)	・車載用カーナビの設計・開発および製造 ・自動車用ブレーキ部品の加工および組立 ・自動車金属部品の熱処理および表面処理

［備考］対象となる製品(自動車部品○○など)と、プロセス(設計・製造・熱処理など)を明記する。

図 4.6　適用範囲の記載例

IATF 16949 の対象組織	
サイト（生産事業所）	遠隔地の支援事業所
製造部門 / 支援部門 （購買・倉庫など）	支援部門 （営業・設計など）

［備考］サイト内の支援部門も遠隔地の支援部門も IATF 16949 の対象組織となる。

図 4.7　IATF 16949 の対象組織

製品の設計・開発			製造工程の設計・開発
顧客が実施している場合	顧客以外で実施している場合		生産事業所のある組織が実施しているはず。
	組織が実施 / 関連会社が実施 / アウトソース先が実施		
⇩	⇩	⇩
製品の設計・開発は適用除外となる。	製品の設計・開発は適用除外とはならない。	製造工程の設計・開発は適用除外とはならない。

図 4.8　IATF 16949 における設計・開発の対象

4.3.2　顧客固有要求事項

[要求事項]　IATF 16949

> 4.3.2　顧客固有要求事項
> ①　顧客固有要求事項は、評価し、適用範囲に含める。

[用語の定義]

顧客要求事項 customer requirements	・顧客に規定されたすべての要求事項(例　技術、商流、製品および製造工程に関係する要求事項、一般の契約条件、顧客固有要求事項など)。 ・<u>被審査組織が自動車メーカー(子会社、合弁会社を含む)の場合は、関連する顧客は、自動車メーカー(子会社、合弁会社を含む)によって規定される。</u>
顧客固有要求事項 customer-specific requirements、CSR	・自動車産業品質マネジメントシステム規格(IATF 16949 規格)の特定の箇条にリンクした解釈または補足の要求事項。

[備考]　下線を引いた箇所は、IATF 16949 公式解釈集(SI)の変更内容を示す。

[要求事項の解説]

　IATF 16949 が顧客志向を強めた規格になったことに対応して、顧客固有要求事項(customer-specific requirements、CSR)を適用範囲に含めることを求めています。顧客固有要求事項は、旧規格においても審査の対象範囲に含まれていましたが、今回独立した要求事項として追加されたことにより、その重要性が強調されました。顧客固有要求事項を明確にし、評価し、品質マネジメントシステムの適用範囲に含めることが必要です。

　後述の品質マニュアルに対する要求事項(箇条 7.5.1.1 ② d))において述べているように、すべての顧客固有要求事項が、品質マニュアルなどの品質マネジメントシステムの文書で取り扱われていることを明確にすることが必要です。また、内部監査においても、顧客固有要求事項を含めることが必要です(図 4.9

4.3 品質マネジメントシステムの適用範囲の決定

参照)。顧客固有要求事項には、図 4.10 に示すようなものがあります。

［旧規格からの変更点］　変更の程度：大

新規要求事項です。

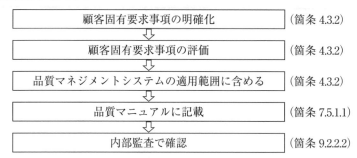

図 4.9　顧客固有要求事項への対応

区　分	顧客固有要求事項
顧客固有要求事項（CSR）として、文書化されているもの	・ゼネラルモーターズ顧客固有要求事項 ・フォード顧客固有要求事項 ・FCA（フィアット・クライスラー）顧客固有要求事項 ・ダイムラー顧客固有要求事項 ・BMW 顧客固有要求事項、など
IATF 16949 規格で規定されている顧客指定の要求事項	・顧客スコアカード・顧客ポータルの使用(箇条 5.3.1) ・顧客指定の特殊特性(箇条 8.2.3.1.2) ・顧客指定の供給者(箇条 8.4.1.3) ・顧客指定のレイアウト検査の頻度(箇条 8.6.2) ・特別採用に対する顧客の正式許可(箇条 8.7.1.1) ・顧客指定の不適合製品管理のプロセス(箇条 8.7.1.2) ・顧客指定の製造工程監査の方法(箇条 9.2.2.3) ・顧客指定の製品監査の方法(箇条 9.2.2.4) ・顧客指定の問題解決システム(箇条 10.2.3) ・顧客指定の補償管理システム(箇条 10.2.5)、など
参考文献として準備されているが、顧客が要求した場合には要求事項となるもの	・IATF 16949 規格附属書 B に記載されている参考文献（図 1.6、p.16 参照） ・コアツール参照マニュアル（APQP、PPAP、FMEA、SPC、MSA の各参照マニュアルなど）
その他、顧客がとくに要求したもの	・特殊特性の工程能力指数(C_{pk}) ・製品の流出不良率(ppm) ・オンタイム納入、など

図 4.10　顧客固有要求事項の例

4.4 品質マネジメントシステムおよびそのプロセス

4.4.1 （一般）、4.4.2 （文書化）

[要求事項] ISO 9001

> 4.4 品質マネジメントシステムおよびそのプロセス
> 4.4.1 （一般）
> ① ISO 9001規格要求事項に従って、品質マネジメントシステムを確立・実施・維持し、かつ継続的に改善する。
> ② 品質マネジメントシステムのプロセスに関して、次のことを行う。
>   a） 品質マネジメントシステムに必要なプロセスを決定する。
>   b） プロセスの相互作用を明確にする。
>   c） プロセスと組織の部門との関係を明確にする。
> ③ 品質マネジメントシステムのプロセスを、次のa）〜h)の手順で運用する。
>   a） 品質マネジメントシステムのプロセスに必要なインプット、およびプロセスから期待されるアウトプットを明確にする。
>   b） プロセスの順序と相互関係を明確にする。
>   c） プロセスの効果的な運用・管理を確実にするために必要な、判断基準と方法（監視・測定および関連するパフォーマンス指標を含む）を決定する。
>   d） プロセスに必要な資源を明確にし、準備する。
>   e） プロセスに関する責任・権限を割りあてる。
>   f） リスクおよび機会への取組み（箇条6.1）の要求事項に従って決定したとおりに、リスクおよび機会に取り組む。
>   g） プロセスを評価し、プロセスの意図した結果（アウトプット）の達成を確実にするために、必要な変更を実施する。
>   h） プロセスおよび品質マネジメントシステムを改善する。
>
> 4.4.2 （文書化）
> ④ プロセスの運用に関する文書化した情報を維持する（文書の作成）。
> ⑤ プロセスが計画どおりに実施されたことを確信するための文書化した情報を保持する（記録の作成）。

[要求事項の解説]

　この要求事項は、ISO 9001規格要求事項に従って、品質マネジメントシステムを確立・実施・維持し、かつ継続的に改善すること、およびそれをプロセ

4.4 品質マネジメントシステムおよびそのプロセス

スアプローチによって実現することを意図しています。これは、図3.1(p.46)のISO 9001規格改訂の目的に述べた、"プロセスアプローチの理解向上"に対応するものといえます。

上記①は、ISO 9001規格要求事項に従って、品質マネジメントシステムを確立・実施・維持し、かつ継続的に改善することを述べています。

② a)は、①の品質マネジメントシステムの確立・実施・維持および継続的改善のために、品質マネジメントシステムに必要な組織のプロセスを、組織自らが決定し、b)それらのプロセスの相互関係、および c)プロセスと組織の部門との関係を明確にすることを述べています(図2.10、図2.11、pp.36〜37参照)。

③は、組織が決めた品質マネジメントシステムのプロセスを、a)〜h)の順序で運用・管理することを述べています(図4.11参照)。これらを図示すると、図4.12のように表すことができます。この図は、品質マネジメントシステムのプロセスをPDCAサイクルで運用することを表しています。

2.1.3項(p.32)でも述べましたが、ISO 9001規格(序文)において、"プロセスアプローチに不可欠な要求事項を箇条4.4に規定している"と明記しています。すなわち、品質マネジメントシステムの各プロセスを、上記③ a)〜h)のPDCAサイクルで運用・管理することが、プロセスアプローチということになります。③ a)のプロセスのインプットは、図2.13(p.40)に示すように、前のプロセスのアウトプットと、そのプロセスに対する要求事項の2つがあります。

この項についてのIATF 16949追加要求事項はありません。しかし、プロセスアプローチは、旧規格のときから、IATF 16949で最も重要な要求事項として扱われてきました。プロセスアプローチの詳細については、第2章を参照ください。

④と⑤は、文書化について述べています。旧規格では、文書を文書と記録に分けて表現していましたが、ISO 9001:2015では、記録という表現はなくなりました。"文書化した情報を維持する"は、文書の作成を表し、"文書化した情報を保持する"は、記録の作成を表しています。④は、プロセス運用の手順書(procedure document)を作成することを、⑤は、記録を作成することを述べています。文書化した情報の管理については、7.5.3項(p.146)を参照ください。

第4章　組織の状況

［旧規格からの変更点］（旧規格4.1）　変更の程度：中

ISO 9001 規格の序文において、"プロセスアプローチに不可欠な要求事項を箇条 4.4 に規定している"と記載され、プロセスアプローチとは何かが明確になり、プロセスアプローチが、ISO 9001 においても要求事項となりました。

項番		ポイント
4.4.1 ③	a)	・品質マネジメントシステムのプロセスのインプットとアウトプットを明確にする（図 2.15、p.41 参照）。 ・インプットには、プロセスに対する要求事項が含まれる。
	b)	・プロセスの順序と相互関係を、プロセスマップなどで表す（図 2.10、p.37 参照）。
	c)	・プロセスの効果的な運用・管理を確実にするために必要な、監視・測定および関連するパフォーマンス指標（KPI 指標）を決定する。
	d)	・プロセスに必要な資源（インフラ、人など）を明確にして準備する。
	e)	・プロセスに関する責任・権限を、プロセスと部門との関連表などで表す（図 2.11、p.37 参照）。
	f)	・プロセスの実行のためのリスクおよび機会を明確にし、箇条 6.1 "リスクおよび機会への取組み"で決定したとおりに、リスクの低減に取り組む。
	g)	・プロセスを評価（すなわち、パフォーマンス指標を測定）し、必要な変更を実施する。
	h)	・プロセスおよび品質マネジメントシステムを改善する。

図 4.11　プロセスの運用管理の手順

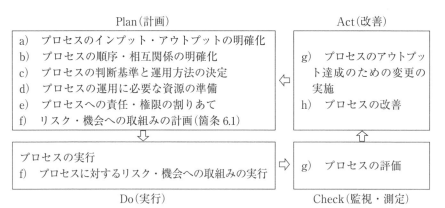

［備考］a)～h)は IATF 16949（ISO 9001）規格（箇条 4.4）の項目を示す。

図 4.12　プロセスの PDCA サイクル（プロセスアプローチ）

4.4 品質マネジメントシステムおよびそのプロセス

4.4.1.1　製品およびプロセスの適合
［要求事項］　IATF 16949

4.4.1.1　製品およびプロセスの適合
① すべての製品およびプロセス（サービス部品、アウトソース、および材料要求事項を含む）が、すべての顧客、法令規制要求事項に適合することを確実にする。

［要求事項の解説］

　すべての製品とプロセスが、顧客要求事項および関連法規制を含む、すべての要求事項に適合することを意図しています。

　製品には、生産部品とサービス部品があります。生産部品は、自動車の生産用に使用される製品で、サービス部品は、自動車の保守サービス（修理）に使用される製品です。プロセスには、組織内のプロセスとアウトソースしたプロセスがあります。そして要求事項には、顧客要求事項（期待を含む）および法令・規制要求事項のほか、IATF 16949 規格要求事項や、組織が決めた要求事項などがあります。法令・規制要求事項には、自動車の安全や環境に関する法規制のほか、材料や廃棄物に関する、関係各国の法規制も含まれます（図4.13参照）。

［旧規格からの変更点］　変更の程度：中

　新規要求事項です。顧客要求事項と法令・規制要求事項への確実な管理が求められます。

すべての製品・プロセス		すべての要求事項
製品 ・生産部品 　（自動車の生産用に使用される製品） ・サービス部品 　（自動車の保守サービス（修理）に使用される製品） プロセス ・組織のプロセス ・アウトソースしたプロセス	⇔ 適合	・顧客要求事項（期待を含む） ・法令・規制要求事項 ・IATF 16949 規格要求事項 ・組織が決めた要求事項、など

図 4.13　製品・プロセスの要求事項への適合

4.4.1.2 製品安全

[要求事項] IATF 16949

4.4.1.2 製品安全
① 製品安全に関係する製品および製造工程の運用管理に対する文書化したプロセスをもつ。
② 製品安全の文書化したプロセスには下記を含める(該当する場合は必ず)。
  a) 製品安全に関係する法令・規制要求事項の特定
  b) a)の要求事項に関係する顧客からの通知
  c) 設計 FMEA に対する特別承認
  d) 製品安全に関係する特性の特定
  e) 安全に関係する製品特性・製造工程特性の特定と管理
  f) コントロールプラン・工程 FMEA の特別承認
  g) 統計的に能力不足・不安定な特性に対する対応計画
  h) 定められた責任、トップマネジメントを含めた上申プロセスおよび情報フローの明確化、ならびに顧客への通知
  i) 製品と製造工程に携わる要員に対する、製品安全に関係する教育訓練の実施
  j) 製品・製造工程の変更(箇条 8.3.6 "設計・開発の変更")は、製品安全に関する潜在的影響の評価を含めて、生産における変更実施前に承認
  k) サプライチェーン全体(顧客指定の供給者を含む)にわたる、製品安全に関する要求事項の連絡
  l) サプライチェーン全体にわたる、製造ロット単位での製品トレーサビリティ(最低限)
  m) 新製品導入に活かす学んだ教訓
③ 注記 安全に関する要求事項または文書の特別承認は、顧客または組織内部のプロセスによって要求されうる。

[用語の定義]

製品安全 product safety	・顧客に危害や危険を与えないことを確実にする、製品の設計および製造に関係する規範
特別承認 special approval	・顧客または組織内の一段上の機能による追加の承認(特別承認)。 ・すなわち特別承認は、一般的には顧客の承認となる、例えば社内に安全管理に関する特別の部門があって、その責任者の承認が必要というような社内ルールも考えられる。
上申プロセス escalation process	・組織内のある問題に対して、適切な要員がその状況に対応できるように、その問題を指摘または提起するために用いられるプロセス ・例えば、製品安全に関する問題が発生した場合に、直接の上司に言っても聞いてくれないような場合の仕組みなどがある。

4.4 品質マネジメントシステムおよびそのプロセス

[要求事項の解説]

製品安全が要求事項となりました。本書の図3.1 (p.46) の ISO 9001 規格改訂の目的で述べた、"適合製品に関する信頼性の向上"に対応するものと考えられます。相次ぐ自動車のリコールや製造物責任 (PL) 問題につながりかねない、自動車メーカー (OEM) が最も警戒している事項への対応を意図しています。これも ISO 9001：2015 で導入された、リスクにもとづく考え方に対応するものです。

上記①は、製品安全に関係する製品と製造工程の運用管理に対する文書化したプロセスを求めています。例えば、「製品安全管理規定」のような手順書を作成するとよいでしょう。

② a) 〜 m) は、①の手順書に含めるべき事項について述べています。② a) は、製品安全に関係する法規制を明確にすることを述べています。日本だけでなく、関連する外国の法規制も含めます。前項 (箇条 4.4.1.1) の製品およびプロセスの適合という要求事項にも対応しています。

b) の顧客からの通知は、一般的に、ティア 1 (tier 1、自動車メーカー OEM への直接供給者) の場合は OEM から通知され、ティア 2 (tier 2、2 次供給者) 以下の場合は、顧客から通知されます。

c) は、設計 FMEA は特別承認が必要であることを述べています。特別承認は、製品承認プロセス (PPAP) などで顧客に要求されている場合は顧客の承認、顧客の要求がない場合は、組織内の追加の承認です。例えば、設計 FMEA の通常の承認は FMEA 作成チームリーダーの設計部長が行い、特別承認は本社の品質本部長が行うなどです。

d) は、上記 a)、b) にもとづいて、製品に対する製品安全に関係する特性を明確にすることを述べています。自動車の安全だけでなく、製品の製造物責任 (PL) 問題に関連する特性も含まれると考えるとよいでしょう。

e) は、安全に関する製品特性・製造工程特性 (すなわち特殊特性) とその管理方法を明確にすることを述べています。

f) は、c) の設計 FMEA と同様、コントロールプランおよび工程 FMEA は、特別承認が必要であることを述べています。社内の特別承認は、コントロールプランや FMEA の作成責任者ではない、例えば品質保証部長や管理責任者な

81

第4章　組織の状況

どの上位の人が行うとよいでしょう。

g)は、特殊特性(すなわち製造工程)が不安定または能力不足になった場合の対応計画を、あらかじめ明確にすることを述べています。箇条8.5.1.1(p.216)では、この対応計画をコントロールプランに記載することを求めています。

h)は、製品安全に関する問題が発生した場合の、内部(上申プロセス)および外部(顧客)とのコミュニケーション手順を明確にすることを述べています。上申プロセスは、製品安全に関連する問題が発生した際に、組織内の上部に連絡する手順のことです。

i)は、要員に対する、製品安全に関係する教育訓練の実施について述べています。とくに、特殊特性や特殊工程に関係する要員に対して重要となります。

j)は、製品安全に関係する、設計変更、工程変更、供給者の変更を含む、あらゆる変更管理の実施を求めています。

k)は、サプライチェーン全体に対して、製品安全に関する要求事項を連絡することを述べています。供給者ではなくサプライチェーン全体とあることから、組織の直接の供給者だけでなく、その先の供給者に対しても伝達されるようにすることが必要です。

l)のトレーサビリティ管理は、品質問題やリコールが発生した場合にとくに重要となります。トレーサビリティ管理もサプライチェーン全体への対応が必要となります。

m)は、リコールなどの事例を、他の製品に展開するを述べています。展開方法としては、FMEAへの反映などがあります。

② a)〜 m)の各項目は、IATF 16949規格の各要求事項と関連しています。個々の要求事項の詳細については、図4.14に示す、関連する各要求事項を参照ください。

これらの要求事項のいくつかは、旧規格のISO/TS 16949にも含まれていましたが、一つの要求事項としてまとめられたことにより、その重要性が増しています。

[旧規格からの変更点]　変更の程度：大

新規要求事項です。

4.4 品質マネジメントシステムおよびそのプロセス

項　番		ポイント	関連項番
4.4.1.2 ②	a)	・製品安全に関係する法規制を特定する。 ・日本だけでなく、関連する外国の法規制も含める。 ・箇条 4.4.1.1) の要求事項にも対応している。	8.2.2.1 8.3.3.1 8.4.2.2
	b)	・一般的に、ティア 1 (tier 1、OEM (自動車メーカー) への直接供給者) の場合は OEM から通知され、ティア 2 (tier 2、2 次供給者) 以下の場合は、顧客から通知される。 ・顧客指定の特殊特性やそれにつけるマークなど。	8.2.3.1.2 8.3.3.3
	c)	・設計 FMEA は特別承認 (顧客または組織の追加承認) が必要 ・特別承認は、PPAP などで顧客が要求している場合は顧客の承認、顧客の要求がない場合は、組織内の追加の承認	8.3.4.4
	d)	・上記 a)、b) にもとづいて、製品に対する製品安全に関係する特性を明確にする。 ・自動車の安全だけでなく、製品の製造物責任 (PL) 問題に関連する特性も含まれると考えるとよい。	8.2.2.1
	e)	・安全に関する製品特性・製造工程特性 (すなわち特殊特性) とその管理方法を明確にする。	8.3.3.3
	f)	・設計 FMEA と同様、コントロールプランおよび工程 FMEA は、特別承認が必要	8.3.5.2 8.5.1.1
	g)	・特殊特性が不安定または能力不足になった場合の対応計画を明確にする。 ・この対応計画はコントロールプランに記載する。	8.5.1.1 9.1.1.1
	h)	・問題が発生した場合の、内部 (上申プロセス) および外部 (顧客) とのコミュニケーション手順を明確にする。	8.2.1.1
	i)	・要員に対する、製品安全に関係する教育訓練の実施 ・とくに、特殊特性や特殊工程に関係する要員に対して	7.2.2
	j)	・製品安全に関係する、設計変更、工程変更、供給者の変更を含む、あらゆる変更管理を実施する。	8.3.6.1 8.5.6.1
	k)	・(直接の供給者だけではなく) サプライチェーン全体に対して、製品安全に関する要求事項を連絡する。	8.4.2.2 8.4.3.1
	l)	・トレーサビリティ管理は、品質問題やリコールが発生した場合に重要 ・これもサプライチェーン全体への対応が必要となる。	8.5.2.1
	m)	・リコールなどの事例を、他の製品に展開する。 ・展開方法としては、FMEA への反映などがある。	8.3.5.1 8.3.5.2

図 4.14　製品安全要求事項

第 5 章
リーダーシップ

　本章では、IATF 16949 規格(箇条 5)"リーダーシップ"の要求事項の詳細について解説しています。
　この章の IATF 16949 規格要求事項の項目は、次のようになります。

- 5.1 　　リーダーシップおよびコミットメント
- 5.1.1 　　一般
- 5.1.1.1 　　企業責任
- 5.1.1.2 　　プロセスの有効性および効率
- 5.1.1.3 　　プロセスオーナー
- 5.1.2 　　顧客重視
- 5.2 　　方針
- 5.2.1 　　品質方針の確立
- 5.2.2 　　品質方針の伝達
- 5.3 　　組織の役割、責任および権限
- 5.3.1 　　組織の役割、責任および権限－補足
- 5.3.2 　　製品要求事項および是正処置に対する責任および権限

5.1 リーダーシップおよびコミットメント

5.1.1 一般

［要求事項］　ISO 9001

5.1　リーダーシップおよびコミットメント
5.1.1　一般
① トップマネジメントは、リーダーシップとコミットメントを実証する。
② そのために、トップマジメントは次の事項を実施する。
　a) 品質マネジメントシステムの有効性に説明責任を負う。
　b) 品質方針・品質目標を確立し、それらが組織の状況および戦略的な方向性と両立することを確実にする。
　c) 事業プロセスへの品質マネジメントシステム要求事項の統合を確実にする。
　d) プロセスアプローチおよびリスクにもとづく考え方の利用を促進する。
　e) 品質マネジメントシステムに必要な資源が利用できることを確実にする。
　f) 有効な品質マネジメントおよび品質マネジメントシステム要求事項への適合の重要性を伝達する。
　g) 品質マネジメントシステムがその意図した結果を達成することを確実にする。
　h) 品質マネジメントシステムの有効性に寄与するよう、人々を積極的に参加させ、指揮し、支援する。
　i) 改善を促進する。
　j) 管理層がリーダーシップを実証するよう、管理層の役割を支援する。

［要求事項の解説］

　トップマネジメントが、品質マネジメントシステムに関して、リーダーシップをとることを意図しています。

　トップマネジメント（経営者）自らが、品質マネジメントシステムに関するリーダーシップ(leadership)とコミットメント(commitment)を実証することを求めています。② a)〜d)は、図3.1(p.46)のISO 9001規格改訂の目的に述べた、"適合製品に関する信頼性の向上"、"事業プロセスへの統合"および"プロセスアプローチの理解向上"への対応といえます。② a)〜j)は、ISO 9001規格の各要求事項に反映されています（図5.1参照）。

5.1 リーダーシップおよびコミットメント

[旧規格からの変更点]（旧規格5.1）　変更の程度：中

② a)、c)、d)、g)、h)、i)、j)が追加されました。

項　番		ポイント	関連項番
5.1.1 ①	a)	・図3.1の"適合製品に関する信頼性の向上"への対応 ・品質マネジメントシステムの有効性の説明責任(accountability)は、各機能・改造・プロセスの品質目標として展開される。	6.2.1
	b)	・箇条4.1の組織の状況(外部・内部の課題)と経営方針を受けて、品質方針と品質目標を確立する。	5.2 6.2.1
	c)	・事業プロセスと品質マネジメントシステム要求事項との統合は、図3.1の"事業プロセスへの統合"への対応となる。	5.1.1
	d)	・プロセスアプローチおよびリスクにもとづく考え方の理解は、図3.1の"プロセスアプローチの理解向上"への対応となる。箇条4.4 ③ a)～h)として展開される。	4.4
	e)	・必要な資源(ヒト、モノ、カネ)を準備する。 ・箇条7.1の資源として展開される。	4.4 7.1
	f)	・品質マネジメントは、1.2.2項の品質マネジメントの原則のことを述べている。	7.3 7.3.2
	g)	・品質マネジメントシステムの意図した結果の達成、すなわち、有効性の達成について述べている。	5.1.1.2 6.2
	h)	・従業員を効果的に活用する。	7.3.2
	i)	・品質マネジメントシステムを改善する。	10.3.1
	j)	・管理者が、リーダーシップを発揮できるようにする。	5.3

図5.1　トップマジメントのリーダーシップとコミットメント

種々の不祥事の発生		IATF 16949 要求事項	関連項番
・贈賄(賄賂) ・データの改ざん ・ソフトウェアの悪用 ・クレーム隠し ・製品の不法転売 ・法規制違反 ・内部告発 ・種々の不祥事	⇔	・企業責任－贈賄防止、従業員行動規範、内部告発、など	5.1.1.1
		・外部試験所における、ILAC MRA によって認定されていない校正機関	7.1.5.3.2
		・供給者の品質マネジメントシステム開発における、IATF に認定されていない審査機関	8.4.2.3
		・不適合製品が出荷された場合の、顧客への速やかな通知	8.7.1.6
		・不適合製品を廃棄する場合は、廃棄する前に使用不可の状態にする。	8.7.1.7

図5.2　企業責任に関係する要求事項の例

5.1.1.1　企業責任

［要求事項］　IATF 16949

> 5.1.1.1　企業責任
> ① 企業責任方針を定め、実施する。
> ② 企業責任方針には、次の事項を含める(最低限)。
> 　a)　贈賄防止方針
> 　b)　従業員行動規範
> 　c)　倫理的上申方針(内部告発方針)

［要求事項の解説］

　企業の社会的責任(corporate social responsibility、これも CSR と呼ばれている、すなわち企業が倫理的観点から事業活動を通じて、自主的に社会に貢献する責任)に対する新たな要求事項です。製品・サービスの品質確保だけでなく、顧客と社会に信頼される企業としてのあり方を品質マネジメントシステムに取り込むことを意図しています。

　自動車産業で相次いで発生している、自動車のリコール、自動車メーカーや自動車部品・材料メーカーによるデータの改ざん、ソフトウェアの悪用、内部告発などの不祥事が、その背景にあると考えられます。これもリスクのもとづく考え方の適用です。

　上記② a)〜 c)の内容を含めた企業責任方針を定めて、実施することを求めています。② a)の贈賄防止方針は、自動車産業において賄賂がなくならないことへの対応と考えられます。また、c)は、内部告発制度を正当化することを求めています。わが国でも、自動車産業や部品・材料業界を含めて発生している、データの改ざん、内部告発、法規制違反、種々の不祥事への対応と考えることができます。IATF 16949 規格には、この要求事項以外にも、関連したいくつかの要求事項があります(図 5.2 参照)。

　企業責任方針を含めた文書としては、経営理念、倫理規定、従業員規則などが、その例になるでしょう。

［旧規格からの変更点］　変更の程度：大
　新規要求事項です。

5.1.1.2 プロセスの有効性および効率
［要求事項］　IATF 16949

5.1.1.2 プロセスの有効性および効率
① <u>組織の品質マネジメントシステム</u>を評価し改善するために、<u>品質マネジメントシステム</u>の有効性と効率をレビューする。
② プロセスのレビューの結果は、マネジメントレビューへのインプットとする。

［用語の定義］

有効性 effectiveness	・計画した活動を実行し、計画した結果を達成した程度。
効率 efficiency	・達成された結果と使用された資源との関係。

［要求事項の解説］
　品質マネジメントシステムの有効性と効率を日常的にレビューし、その結果を経営者がマネジメントレビューでレビューすることを述べています。これは、要求事項への適合性よりも、有効性や効率が、経営者と組織にとっては重要であるからです。年1～2回のマネジメントレビューだけで、レビューしていればよいということではありません（図5.3参照）。適合性、有効性および効率の違いについては、図11.10～図11.12（pp.319～320）を参照ください。

［旧規格からの変更点］　旧規格5.1.1　変更の程度：小
　大きな変更はありません。

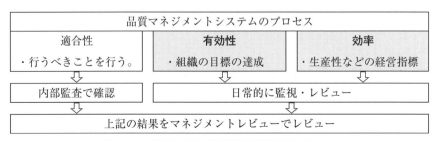

図5.3　プロセスの有効性と効率のレビュー

5.1.1.3 プロセスオーナー

[要求事項] IATF 16949

5.1.1.3 プロセスオーナー
① プロセスオーナーを特定（任命）する。
② プロセスオーナーは、次の責任と力量をもつ。
　a) プロセスおよび関係するアウトプットを管理する責任をもつ。
　b) 自らの役割を理解し、その役割を実行する力量をもつ。

[要求事項の解説]

　この要求事項の意図は、図 3.1 の ISO 9001 規格改訂の目的に述べた、"プロセスアプローチの理解向上"への対応と考えられます。

　IATF 16949 の重要な要求事項であるプロセスアプローチを推進するために、品質マネジメントシステムの各プロセスのプロセスオーナー（process owner、プロセスの責任者）を任命すること、および、各プロセスオーナーの責務と必要な力量を明確にして確保することを求めています。

　わが国では、ISO 9001 認証の普及に伴って、担当者の力量は明確になっていますが、プロセスオーナーなど、管理者の力量を明確にすることは、必ずしも適切に、かつ客観的に行われていません。これは欧米の習慣でもあり、わが国も対応して行くべきでしょう。IATF 16949 では、旧規格のときから、プロセスアプローチの運用が求められていましたので、品質マネジメントシステムの各プロセスのプロセスオーナーが任命されていると思われますが、各プロセスオーナーに必要な力量は何かを明確にし、そして要求事項には表されていませんが、必要な力量を確保していることを実証することが必要になるでしょう（図 5.4 参照）。

[旧規格からの変更点]　変更の程度：中

　新規要求事項です。

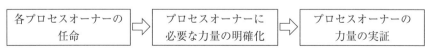

図 5.4　プロセスオーナーの力量

5.1.2 顧客重視

［要求事項］ ISO 9001

> 5.1.2 顧客重視
> ① トップマネジメントは、顧客重視に関するリーダーシップとコミットメントを実証する。
> ② そのために次の事項を確実にする。
>   a) 顧客要求事項および適用される法令・規制要求事項を明確にし、理解し、満たす。
>   b) 製品・サービスの適合ならびに顧客満足を向上させる能力に影響を与えうる、リスクおよび機会を決定し、取り組む。
>   c) 顧客満足向上の重視を維持する。

［要求事項の解説］

経営者自らが、顧客重視に関するリーダーシップをとることを意図しています。そのために、上記② a)〜c)を確実にします（図 5.5、図 5.6 参照）。

［旧規格からの変更点］（箇条 5.2）　変更の程度：中

② a)、b)、c)が追加され、要求事項が具体的になりました。

項　目		ポイント
5.1.2 ②	a)	・IATF 16949（ISO 9001）にとって最も重要な要求事項である、顧客要求事項と法規制への対応について述べている。
	b)	・IATF 16949（ISO 9001）の目的である、品質保証と顧客満足向上に影響する、リスクおよび機会への取組みについて述べている。
	c)	・経営者自らが、顧客満足向上のためのリーダーシップをとることを述べている。

図 5.5　顧客重視の要求事項

a) 顧客要求事項および関連する法規制の明確化・理解・適合 ⇒ b) 製品・サービスの適合と、顧客満足の向上に影響するリスクの明確化と取組み ⇒ c) 顧客満足の向上

［備考］ a)〜c)は、箇条 5.1.2 ②の a)〜c)を示す。

図 5.6　顧客重視のフロー

5.2 方 針

5.2.1 品質方針の確立、5.2.2 品質方針の伝達

[要求事項] ISO 9001

5.2 方針
5.2.1 品質方針の確立
① トップマネジメントは、次の事項を満たす品質方針を確立し、実施し、維持する。
　a) 組織の目的および状況に対して適切であり、組織の戦略的な方向性を支援する。
　b) 品質目標の設定のための枠組みを与える。
　c) 要求事項を満たすことへのコミットメントを含む。
　d) 品質マネジメントシステムの継続的改善へのコミットメントを含む。

5.2.2 品質方針の伝達
② 品質方針は、次のように伝達する。
　a) 文書化した情報として利用可能な状態にされ、維持される。
　b) 組織内に伝達され、理解され、適用される。
　c) 密接に関連する利害関係者が入手可能である（必要に応じて）。

[要求事項の解説]

トップマネジメント自らが、品質方針を確立することを意図しています。

上記① a)～ d)を含めた品質方針を確立することを求めています（図5.7参照）。また②は、品質方針の伝達方法について述べています（図5.8参照）。

品質方針の例を、図5.9に示します。

項番		ポイント
5.2.1 ①	a)	・"組織の目的"は、IATF 16949（ISO 9001）の目的である品質保証と顧客満足、およびそれらを考慮した経営方針、そして"組織の状況"は、箇条4.1で述べた組織の外部・内部の課題と考えるとよい。
	b)	・各部門・階層・プロセスで品質目標が設定される仕組みをつくる（箇条6.2.1参照）。
	c)	・種々の要求事項（IATF 16949 / ISO 9001規格要求事項、顧客要求事項、関連法規制、組織が決めた要求事項など）を満たすことの経営者のコミットメント（約束）を、品質方針に含める。
	d)	・品質マネジメントシステムの継続的改善に対する経営者のコミットメントを、品質方針に含める。

図5.7　品質方針に含める内容

5.2 方針

　品質方針は、顧客などの利害関係者から要求された場合は、提出することが必要です。組織のウェブサイトなどで公開するとよいでしょう。

[旧規格からの変更点]（箇条 5.3）　変更の程度：小

② c)"密接に関連する利害関係者が入手可能である"が追加されました。"品質方針は社外秘であるため提出しない"というのは通用しません。

項番		ポイント
5.2.2 ②	a)	・品質方針は、生きた文書として、常に最新の内容にする。
	b)	・品質方針を、組織内に伝達し、周知する。
	c)	・品質方針は、文書化し、組織内に伝達する。 ・品質方針は、顧客などの利害関係者から要求された場合は提供する。

図 5.8　品質方針の伝達方法

品質方針

① 　社長は、品質保証と顧客満足のため、IATF 16949 規格の要求事項に従って、品質マネジメントシステムを構築し、実施し、維持する。また、品質マネジメントシステムの有効性を継続的に改善する。

② 　社長は、法令・規制要求事項を満たすことは当然のこととして、顧客要求事項を満たすことの重要性を、毎期初の社長朝礼において全社員に周知する。

③ 　社長は、当社を取り巻く外部・内部の課題、および利害関係者の要求事項を明確にし、その情報をレビューする。

④ 　社長は、外部・内部の課題および利害関係者の要求事項を反映させた品質方針を策定する。

⑤ 　全社員に理解されるように、毎期初の社長朝礼において、品質方針と全社重点施策を説明する。

⑥ 　社長は、当社の各部門・各階層・各プロセスに対して、毎期初に品質目標を設定させ、その達成度を期末にレビューする。

⑦ 　社長は、マネジメントレビューを毎期末に実施し、品質方針の適切性をレビューする。

⑧ 　この品質方針は、必要とする関係者に配布する。

20xx 年 xx 月 xx 日
代表取締役社長
〇〇〇〇

図 5.9　品質方針の例

5.3　組織の役割、責任および権限

5.3.1　組織の役割、責任および権限－補足

［要求事項］　ISO 9001 ＋ IATF 16949

5.3　組織の役割、責任および権限
① トップマネジメントは、責任・権限が割りあてられ、組織内に伝達され、理解されることを確実にする。
② トップマネジメントは、次の事項に対して責任・権限を割りあてる。
　a) 品質マネジメントシステムが、ISO 9001 規格要求事項に適合することを確実にする。
　b) プロセスが意図したアウトプットを生み出すことを確実にする。
　c) 品質マネジメントシステムのパフォーマンスおよび改善の機会を、トップマネジメントに報告する。
　d) 組織全体にわたって、顧客重視を促進することを確実にする。
　e) 品質マネジメントシステムへの変更を計画し、実施する場合には、品質マネジメントシステムを"完全に整っている状態"に維持することを確実にする。

5.3.1　組織の役割、責任および権限－補足
③ トップマネジメントは、顧客要求事項が満たされることを確実にするために、責任・権限をもつ要員を任命し、文書化する。
④ その責任・権限には、次の事項を含める。
　a) 特殊特性の選定　b) 品質目標の設定および関連する教育訓練
　c) 是正処置および予防処置　d) 製品の設計・開発
　e) 生産能力分析　f) 物流情報　g) 顧客スコアカードおよび顧客ポータル

［要求事項の解説］

　トップマネジメントが、責任・権限の割りあて、および組織内への伝達を確実にすること、また IATF 16949 では、顧客要求事項が満たされることを確実にするための責任者(顧客対応責任者)を任命することを意図しています。

　組織の役割・責任・権限に関して、上記①、②に示す事項を実施することを求めています。すなわち、② a)～ e)のそれぞれに対する責任者を任命することを求めています。この要求事項は、旧規格の管理責任者(management representative)の任務に相当します。管理責任者という項目名がなくなったため、a)～ e)のすべての任務を負う一人の責任者(管理責任者)ではなく、a)～

e)の個々の任務を負う責任者の任命でもよくなったと考えるとよいでしょう。組織図や「職務分掌規定」などで、組織内に通知されることになります。

② b)は、各プロセスオーナーの任務とするか、管理責任者がプロセスオーナーと連携して推進することも考えられます。また② e)の品質マネジメントシステムの"完全に整っている状態"(integrity)とは、品質マネジメントシステムの変更を行う場合でも、品質マネジメントシステムの要素(要求事項)が、漏れなく維持されている状態をいいます。

IATF 16949 では、④ a)～ g)の責任・権限をもつ人(顧客要求事項が満たされることを確実にする責任者)を任命することを求めています。これは、旧規格の顧客要求への対応責任者(顧客対応責任者)(箇条 5.5.2.1)の任務に相当します。④ a)～ g)は、図 5.10 のようになります。

[旧規格からの変更点](箇条 5.5.1、5.5.2)　変更の程度：小

①、②は、旧規格の管理責任者の任務に相当します。

③、④は、旧規格の顧客要求への対応責任者(箇条 5.5.2.1)の任務に相当します。また、④ e)生産能力分析、f)物流情報、g)顧客スコアカードおよび顧客ポータルが追加されました。

項番		ポイント
5.3.1 ④	a)	・顧客指定の特殊特性を組織内に展開する。
	b)	・顧客要求事項を、各部門・プロセスの品質目標に含め、関連する教育訓練を行う。
	c)	・顧客に関連する是正処置や予防処置を推進する。
	d)	・顧客要求事項が、製品の設計・開発のインプットに含まれることを確実にする。
	e)	・顧客要求への対応責任者が、生産能力を考慮せずに顧客の注文を受注した場合に問題が発生していることへの対応と考えられる。
	f)	・物流関係での問題が発生していることへの対応と考えられる。 ・物流関係の要求事項は、他の箇条でも追加されている。
	g)	・最近は、品質・納期実績などの顧客情報は、顧客スコアカード(customer scorecard)や顧客ポータル(customer portal)などの、インターネット・ウェブサイト経由で入手できる情報が増えている。 ・顧客が、顧客スコアカードや顧客ポータルなどの情報を提供している場合は、実際にアクセスしていることが必要

図 5.10　顧客対応責任者

5.3.2　製品要求事項および是正処置に対する責任および権限

［要求事項］　IATF 16949

> 5.3.2　製品要求事項および是正処置に対する責任および権限
> ①　トップマネジメントは、次の事項を確実にする。
> 　a)　製品要求事項への適合に責任を負う要員は、品質問題を是正するために出荷を停止し、生産を停止する権限をもつ。
> 　b)　次のための是正処置に対する責任・権限をもつ要員に、要求事項に適合しない製品・プロセスの情報が速やかに報告されるようにする。
> 　　1)　不適合製品が顧客に出荷されないようにする。
> 　　2)　すべての潜在的不適合製品を識別し封じ込める。
> 　c)　すべての勤務シフトの生産活動に、製品要求事項への適合を確実にする責任を負う、またはその責任を委任された要員を配置する。

［要求事項の解説］

　品質保証を確実にするための責任・権限を決めることを意図しています。

　製品要求事項および是正処置に対する責任・権限に関して、上記① a)〜c)に示す事項を実施する責任のある人を任命して、実施することを求めています（図5.11参照）。これらは、旧規格の"品質責任（者）"（箇条5.5.1.1）の任務に相当します。

　図5.12に示す、責任・権限のある人を決めておくとよいでしょう。

　品質保証の責任者は、品質保証部門の管理者（品質保証部長）があたることが多いですが、その場合一般的には出荷停止の権限があっても、生産停止の権限はないことが多いようです。① a)は、生産停止と出荷停止の権限をもつ人を決めることを述べています。

　① b)は、製造工程で問題が発生したときの、情報連絡ルートを決めておくことを述べています。

　① b-2)の"すべての潜在的不適合製品"の例としては、疑わしい製品（箇条8.7.1.3参照）などが考えられます。

5.3 組織の役割、責任および権限

[旧規格からの変更点]（箇条 5.5.1.1）　変更の程度：小

これは、旧規格の"品質責任（者）"の任務に相当します。

① a)の"出荷停止"が追加されました。

項　番		ポイント
5.3.2 ①	a)	・品質問題を是正するために、次の権限をもつ人を決めておく。 －出荷を停止する権限をもつ人 －生産を停止する権限をもつ人
	b)	・製造工程で問題が発生した場合に、次の事項に対する、社内の情報連絡ルートを決めておく。 －不適合製品が顧客に出荷されないようにする。 －すべての潜在的不適合製品を識別し封じ込める。 ・"すべての潜在的不適合製品"の例としては、疑わしい製品などが考えられる。
	c)	・すべての勤務シフト（shift）に対して、製品要求事項への適合を確実にする責任者を決めておく。

図 5.11　製品要求事項および是正処置に対する責任・権限

項　番		対応責任者	区　分
5.3.2 ①	a)	・不適合製品の出荷を停止する権限のある人	サイトの品質責任者
		・生産を停止する権限のある人	サイトの生産責任者
	b)	・不適合製品が顧客に出荷されないようにする責任のある人 ・潜在的不適合製品（疑わしい製品）を識別・封じ込めする責任のある人	製造工程の責任者
	c)	・各勤務シフトの品質責任者	各勤務シフトの責任者

図 5.12　品質問題発生時の対応責任者の任命

第6章
計　画

　本章では、IATF 16949規格(箇条6)"計画"の要求事項の詳細について解説しています。

　品質マネジメントシステムには種々の計画がありますが、ここでは、計画の中でも最も重要なもの、すなわち、リスクへの取組みおよび品質目標について述べています。

　この章のIATF 16949規格要求事項の項目は、次のようになります。

　　　6.1　　　リスクおよび機会への取組み
　　　6.1.1　　(リスクおよび機会の決定)
　　　6.1.2　　(リスクおよび機会への取組み計画の策定)
　　　6.1.2.1　リスク分析
　　　6.1.2.2　予防処置
　　　6.1.2.3　緊急事態対応計画
　　　6.2　　　品質目標およびそれを達成するための計画策定
　　　6.2.1　　(品質目標の策定)
　　　6.2.2　　(品質目標達成計画の策定)
　　　6.2.2.1　品質目標およびそれを達成するための計画策定－補足
　　　6.3　　　変更の計画

第6章 計画

6.1 リスクおよび機会への取組み

6.1.1 (リスクおよび機会の決定)、6.1.2 (リスクおよび機会への取組み計画の策定)

[要求事項] ISO 9001

6.1 リスクおよび機会への取組み
6.1.1 (リスクおよび機会の決定)
① 品質マネジメントシステムの計画を策定する際に、次の事項のために取り組む必要があるリスクおよび機会を決定する。
  a) 品質マネジメントシステムが、その意図した結果を達成できるという確信を与える。
  b) 望ましい影響を増大する。
  c) 望ましくない影響を防止または低減する。
  d) 改善を達成する。
② 上記のリスクおよび機会を決定する際に、下記を考慮する。
  a) 箇条 4.1 で決定した、組織の外部・内部の課題
  b) 箇条 4.2 で決定した、利害関係者の要求事項

6.1.2 (リスクおよび機会への取組み計画の策定)
③ 次の事項を計画する。
  a) 箇条 6.1.1 で決定したリスクおよび機会への取組み
  b) 次の事項を行う方法
    1) その取組みの品質マネジメントシステムのプロセスへの統合および実施(4.4 参照)
    2) その取組みの有効性の評価
④ リスクおよび機会への取組みは、製品・サービスの適合への潜在的影響と見合ったものとする。
⑤ 注記1　リスクへの取組みには、下記の方法がある。
  a) リスクを回避する。
  b) (ある機会を追求するために)そのリスクを取る。
  c) リスク源を除去する。
  d) 起こりやすさ、または結果を変える。
  e) リスクを共有する。
  f) (情報にもとづいた意思決定によって)リスクを保有する。
⑥ 注記2　機会への取組み(以下省略)

6.1 リスクおよび機会への取組み

［用語の定義］

リスク risk	・不確かさの影響 ・注記1　影響とは、期待されていることから、好ましい方向または好ましくない方向に乖離（かいり）することをいう。 ・注記5　"リスク"という言葉は、好ましくない結果にしかならない可能性の場合に使われることがある。

［要求事項の解説］

　ISO 9001：2015規格の最大の特徴である、リスクおよび機会を考慮した品質マネジメントシステムを構築して運用することを意図しています。

　上記定義のように、リスク(risk)には好ましくない影響と好ましい影響がありますが、IATF 16949(ISO 9001)では、リスクといえば、主として好ましくない影響(狭義のリスク)を意味し、好ましい影響は機会(opportunity)として対応しています。

　上記① a)〜d)、②は、組織の外部・内部の課題(箇条4.1)および利害関係者の要求事項(箇条4.2)を達成するうえで、どのようなリスクがあるかを明確にすることを述べています(図6.1参照)。③〜④は、①で決定したリスクおよび機会への取組みの計画について、⑤は、リスク低減の方法について、また⑥は、機会への対応方法について述べています(図6.2参照)。③ bの1)で述べているように、リスクおよび機会への取組みは、品質マネジメントシステムのプロセスと統合させて行います(図6.5参照)。

　⑤は、リスクマネジメントシステム規格ISO 31000で述べている、リスクへの取組みの方法ですが、ISO 9001では要求事項ではなく参考にするとよいでしょう。例えば、新製品の設計・開発を考えた場合の、⑤ a)〜f)の各項目に対する、具体的な事例を図6.4に示します。この例のように、リスクへの取組みの方法は、必ずしもリスクの低減ではなく、リスクを受け入れる方法も含まれています。しかし、IATF 16949では、基本的にリスクの低減が求められています。

　なお⑤ b)の日本語訳は"リスクを取る"とありますが、英語は"take"であり、"取り除く"ではありません。"リスクを受け入れる"と訳したほうが、誤解がないかもしれません。リスクおよび機会における望ましい影響と望ましくない影響の例を図6.3に示します。

第6章 計　画

項　番		ポイント
6.1.1 ①	a)	・品質マネジメントシステムの意図した結果の達成、すなわちISO 9001の目的である、品質保証と顧客満足のため、または品質方針・品質目標を達成するためのリスクおよび機会を決定する。
	b)	・例えば、工程不良率の低減傾向など、望ましい影響を増大させるためのリスクおよび機会を決定する。
	c)	・顧客への不適合製品の出荷など、望ましくない影響(マイナスリスク)を低減するためのリスクおよび機会を決定する。
	d)	・例えば、製造工程のばらつきの原因となるリスクおよび機会を決定するなど、そのリスクへの取組みによって、改善を達成する。
②	a)	・(リスクおよび機会を決定する際に)箇条4.1(組織およびその状況の理解)で決定した、組織の外部・内部の課題を考慮する。
	b)	・(リスクおよび機会を決定する際に)箇条4.2(利害関係者のニーズ・期待の理解)で決定した、利害関係者の要求事項を考慮する。

図6.1　リスクおよび機会への取組みの目的と課題

項　番		ポイント
6.1.2 ③	a)	・決定したリスクおよび機会への取組みの計画を策定する。
	b)	・その取組みの計画を、品質マネジメントシステムのプロセスに含める。 ・その取組みの有効性評価を計画する。
④		・リスクおよび機会への取組みは、製品・サービスの適合(すなわち品質保証と顧客満足)への影響と見合ったものとする。

図6.2　リスクおよび機会への取組み計画の策定

望ましい影響(機会)	望ましくない影響(リスク)
・マーケットシェア拡大 ・新規分野への参入 ・新規顧客の獲得 ・新製品・新サービスの提供 ・業務改善 ・コスト削減	・変更による品質トラブル発生 ・失注 ・売上減少 ・競合者の参入 ・技能の流出(ベテラン社員の退職) ・主要顧客からの注文減少

図6.3　リスクおよび機会における望ましい影響と望ましくない影響の例

6.1 リスクおよび機会への取組み

項番	区分		ポイント
6.1.2 ⑤	a)	リスクを回避する。	・新製品の設計・開発によるリスクが大きいため、新製品の設計・開発を止める。
	b)	リスクを取る。	・新製品の設計・開発によるメリットが大きいため、リスクを受け入れる。
	c)	リスク源を除去する。	・新製品の設計・開発によるリスク発生の原因を除去する処置をとり、リスクが発生しないようにする。
	d)	起こりやすさ・結果を低減する。	・新製品の設計・開発によるリスク発生の頻度またはリスクが発声した場合の影響を低減する。すなわちFMEAの故障発生頻度(O)または故障影響(S)の低減を行う。
	e)	リスクを共有する。	・新製品の設計・開発によるリスクを共有する。例えば、保険に加入して、新製品に伴う損害を低減する。
	f)	リスクを保有する。	・新製品の設計・開発にリスクが小さいため、リスクを受け入れて、設計・開発を推進する。

図 6.4 リスクへの取組みの例－新製品の設計・開発を考えた場合

```
外部・内部の課題(箇条 4.1)        利害関係者の要求事項(箇条 4.2)
            ↓                              ↓
    (外部・内部の課題および利害関係者の要求事項を達成するうえでの)
              リスクおよび機会の決定(箇条 6.1.1)
                         ↓
           リスクおよび機会への取組み計画の策定(箇条 6.1.2)
                         ↓
       リスクおよび機会への取組みのQMSのプロセスへの統合(箇条 6.1.2)
                         ↓
       QMSのプロセスにおける、リスクおよび機会への取組みの実施(箇条 4.4.1-f)
                         ↓
           リスクおよび機会への取組み結果の有効性の評価(箇条 6.1.2)
```

図 6.5 リスクおよび機会への取組みのフロー

[旧規格からの変更点]　変更の程度：大
新規要求事項です。

6.1.2.1　リスク分析

［要求事項］　IATF 16949

> 6.1.2.1　リスク分析
> ①　リスク分析を行う。リスク分析には下記を含める（最低限）。
>   a) ・製品のリコールから学んだ教訓
>   ・製品監査
>   ・市場で起きた回収・修理データ
>   ・顧客の苦情
>   ・製造工程におけるスクラップ・手直し
>   b)　情報技術システムに対するサイバー攻撃の脅威
> ②　リスク分析の結果の証拠として、文書化した情報を保持する（記録）。

［要求事項の解説］

　自動車産業における種々のリスクへの対応を意図しています。

　ISO 9001 では、リスクと機会の両方の取組みを求めていますが、IATF 16949 では、リスクへの取組みが重要と考えるとよいでしょう。

　上記① a)～e)に対して、リスク分析を行ってその記録を作成することを述べています（図 6.7、p.106 参照）。

　IATF 16949 規格には、これら以外に、リスクへの取組みに関する要求事項が計 45 箇所、FMEA（故障モード影響解析）などを用いたリスク分析の要求事項が計 16 箇所あります。リスク分析の方法として、FMEA や FTA（故障の木解析）を実施したり、見直すとよいでしょう。

　ISO 9001 では、リスクへの取組みが新しい要求事項となりましたが、IATF 16949 では、旧規格の ISO/TS 16949 のときから、リスクという言葉は使われていませんでしたが、図 3.11（p.59）に示すように、実質的にリスクを考慮した要求事項が、数多く含まれていました。また、旧規格の ISO/TS 16949 要求事項で、ISO 9001：2015 で追加された要求事項の例を図 3.12（p.59）に示しましたが、これらもリスクを考慮した要求事項と考えてよいでしょう。

［旧規格からの変更点］　変更の程度：中
　新規要求事項です。

6.1.2.2 予防処置

[要求事項] IATF 16949

6.1.2.2 予防処置

① 予防処置を実施する。
　a) 予防処置は、起こりうる不適合が発生することを防止するために、その原因を除去する処置である。
　b) 予防処置は、起こりうる問題の重大度に応じたものとする。
② 次の事項を含む、リスクの悪影響を及ぼす度合を減少させるプロセスを確立する。
　a) 起こりうる不適合およびその原因の特定
　b) 不適合の発生を予防するための処置の必要性の評価
　c) 必要な処置の決定および実施
　d) とった処置の文書化した情報（記録）
　e) とった予防処置の有効性のレビュー
　f) 類似プロセスでの再発を防止するための学んだ教訓の活用

[要求事項の解説]

　不適合の発生を防止するための予防処置活動を行うことを意図しています。

　この項についての ISO 9001 の要求事項はありません。ISO 9001 規格がリスクおよび機会への取組みを考慮した品質マネジメントシステム規格となったため、旧規格の要求事項であった予防処置という項目はなくなりました。しかし IATF 16949 のねらいは、不具合の予防とばらつきと無駄の削減であるため、予防処置の要求事項は残っています。

　是正処置が、問題が起こってから行う再発防止策であるのに対して、予防処置は、起こりうる（まだ起こっていないが起こる可能性がある、すなわち潜在的な）不適合が発生することを防止するために行う処置です。予防処置のフローを図 6.6 に示します。予防処置の対象、すなわち"起こりうる不適合"を発見する方法としては、FMEA の実施、製品・プロセスの傾向（管理図の傾向、工程能力指数 C_{pk} の変動）の監視などがあります。また予防処置は、不適合が発生する前に、資源を投入してとる処置であるため、経営的な判断が必要です。

そのために、② b)の"不適合の発生を予防するための処置の必要性の評価"があります。② f)の類似プロセスでの再発を防止するための学んだ教訓の活用は、組織の知識(箇条 7.1.6)に対応しています。

[旧規格からの変更点] (旧規格 8.5.3)　変更の程度：小

"予防処置手順書"の要求から、②の"リスクの悪影響を及ぼす度合を減少させるプロセスの確立"に変更されました。② f)が追加されました。

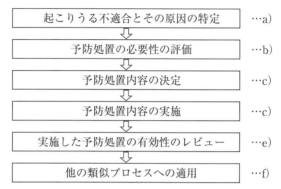

[備考] a)〜f)は、IATF 16949 規格箇条 6.1.2.2 の項目を示す。

図 6.6　予防処置のフロー

項番		区分	ポイント
6.1.2.1 ①	a)	製品のリコールから学んだ教訓	・リコールの原因を究明し、その是正処置を他の製品に展開する。
		製品監査	・製品監査で検出された問題の原因を究明し、その問題に関連するリスクを評価する。
		市場で起きた回収・修理データ	・市場回収・修理の原因を究明し、その問題に関連するリスクを評価する。
		顧客の苦情	・顧客苦情の原因を究明し、その問題に関連するリスクを評価する。
		製造工程でのスクラップ・手直し	・製造工程におけるスクラップ(廃棄)を行う際のリスク、および手直しを行う際のリスクを評価する。
	b)	サイバー攻撃の脅威	・情報技術システムに対するサイバー攻撃の脅威に対するリスク分析を行う。

図 6.7　リスク分析の対象と理由

6.1.2.3　緊急事態対応計画

［要求事項］　IATF 16949

> 6.1.2.3　緊急事態対応計画
> ① 緊急事態対応計画に関して次の事項を実施する。
>   a) 顧客要求事項が満たされることを確実にし、生産からのアウトプットを維持するために不可欠な、すべての製造工程およびインフラストラクチャの設備に対する、内部・外部のリスクを特定し評価する。
>   b) リスクおよび顧客への影響に従って、緊急事態対応計画を定める。
>   c) 次の事態での供給継続のために緊急事態対応計画を作成する。
>   1) 主要設備の故障(箇条 8.5.6.1.1 参照)
>   2) 外部から提供される製品、プロセス・サービスの中断
>   3) 繰り返し発生する自然災害
>   4) 火事
>   5) <u>感染症大流行(pandemic)</u>
>   6) <u>情報(IT)システムに対するサイバー攻撃</u>
>   7) 電気・ガス・水道の停止
>   8) 労働力不足　　9) インフラストラクチャ障害
>   d) 顧客の操業に影響するいかなる状況も、その程度と期間に対して、顧客と他の利害関係者への通知プロセスを、緊急事態対応計画に含める。
>   e) 定期的に緊急事態対応計画の有効性をテストする。
>   <u>サイバーセキュリティテストには、サーバー攻撃のシミュレーション、特定の脅威に対する定期的な監視、依存関係の特定、脆(ぜい)弱性(ITの欠陥)の優先順位付けが含まれる。テストは、関連する顧客の混乱のリスクにふさわしいものとする。</u>
>   <u>注：サイバーセキュリティテストは、組織によって内部的に管理されるか、必要に応じてアウトソースされる場合がある。</u>
>   f) トップマネジメントを含む部門横断チームによって、緊急事態対応計画のレビューを行い(最低限、年次で)、必要に応じて更新する。
>   g) 緊急事態対応計画を文書化する(変更を許可した人を含む)。
>   h) <u>従業員の教育訓練と意識の開発と実施を含める。</u>
> ② 緊急事態対応計画には、次の場合の、製造された製品が引き続き顧客仕様を満たすことの妥当性確認条項を含める。
>   a) 生産が停止した緊急事態の後で生産を再稼働したとき
>   b) 正規のシャットダウンプロセスがとられなかった場合

［要求事項の解説］

　緊急事態が発生しても、顧客に確実に製品を納入できるように、あらかじめ緊急事態対応計画を作成して、準備しておくことを意図しています。

第6章 計 画

　ISO 9001規格の不測の事態への対応(箇条8.2.1)は、このIATF 16949の緊急事態対応計画(contingency plan)に対応するものといえます。

　上記①は、顧客への製品の安定供給に対するリスクへの対応のための、緊急事態対応計画を作成することを求めています。① a) ～ g)に対する対応事例は、図6.9(p.109)のようになります。

　緊急事態対応計画を作成すればよいというものではありません。① e)では、緊急事態対応計画の有効性を定期的にテストすることを述べています。作成した緊急事態対応計画が、実際に効果があるかどうかを定期的に確かめるということです。どのような方法で、作成した緊急事態対応計画の有効性を定期的にテストすればよいかを考える必要があります。そしてf)は、緊急事態対応計画の有効性を評価した結果を、経営者がレビューすることを述べています。

　テストの方法の例としては、ある重要設備が故障した場合に、他の同様の設備で製造してみるなどの方法があります(箇条8.5.6.1.1"工程管理の一時的変更"参照)。

　②は、緊急事態の発生で生産が停止した後、生産を再開する場合の妥当性確認について述べています。② b)の正規のシャットダウンプロセスがとられなかった場合とは、例えば地震などで、主電源が急に落ちてしまった場合などが考えられます。緊急事態対応計画のフローを図6.8に示します。

[旧規格からの変更点]　(旧規格6.3.2)　変更の程度：大

　緊急事態対応計画という要求事項は旧規格でもありましたが、具体的な内容は規定されていなかっため、新規要求事項並の大きな変更です。

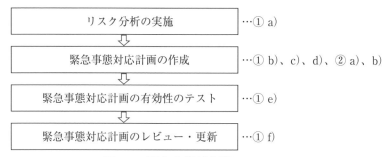

図6.8　緊急事態対応計画のフロー

6.1 リスクおよび機会への取組み

項番		ポイント
6.1.2.3 ①	a)	・製造工程およびインフラ設備に対する内部・外部のリスクを明確にし、それらのリスク分析を行う。リスク分析の目的は、顧客要求事項への適合と、顧客への製品の安定供給である。
	b)	・リスク分析の結果、すなわち緊急事態が発生した場合のリスクの程度および顧客への影響を考慮して、緊急事態対応計画を作成する。
	c)	・緊急事態対応計画には、下記 c-1)～c-8)への対応を含める。
	c-1)	・主要設備の故障は、箇条 8.5.6.1.1 "工程管理の一時的変更" と関連。 ・他工場や複数設備の活用、保守部品の保管などが考えられる。
	c-2)	・供給者からの部品・材料の入荷の中断
	c-3)	・地震、津波、落雷、火山の噴火、台風、異常気象、水不足、道路・交通障害、など
	c-4)	・火事(自社、近隣、山火事)
	c-5)	・新型コロナなどへの対応
	c-6)	・情報(IT)システムに対するサイバー攻撃
	c-7)	・電気・ガス・水道などのユーティリティの停止
	c-8)	・労働力不足(人手不足、病気・ケガ、インフルエンザの流行、通勤交通障害)
	c-9)	・インフラストラクチャとは、施設・設備・サービスのこと。 ・生産管理システム、バーコードシステムなどがある。
	d)	・緊急事態が発生した場合の、顧客への連絡手順を緊急事態対応計画に含める。
	e)	・緊急事態が発生した場合に、緊急事態対応計画の有効性、すなわち計画的に実施したというのではなく、緊急事態対応計画がうまく機能するかどうかを、定期的に実際にテストする。
	f)	・e)のテスト結果を受けて、現在の緊急事態対応計画の内容でよいかどうかを、経営者を含む部門横断チームでレビューする。
	g)	・「緊急事態対応計画書」など、緊急事態対応計画を文書化する。改訂記録も保持する。
	h)	・従業員への緊急事態対応の教育訓練と意識の開発と実施
②		・緊急事態対応計画には、次の a)、b)の場合の、製品の適合性の確認、すなわち妥当性確認の方法を含める。
	a)	・緊急事態が発生し、生産停止の後で、生産を再稼働したときの妥当性確認の方法(正規のシャットダウンプロセスがとられた場合)
	b)	・正規のシャットダウンプロセスがとられなかった場合の、妥当性確認の方法

図 6.9　緊急事態対応計画における実施事項

6.2 品質目標およびそれを達成するための計画策定

6.2.1 (品質目標の策定)、6.2.2 (品質目標達成計画の策定)

6.2.2.1 品質目標およびそれを達成するための計画策定－補足

［要求事項］　ISO 9001 ＋ IATF 16949

6.2　品質目標およびそれを達成するための計画策定
6.2.1　(品質目標の策定)
① 品質目標を、下記において策定する。
　・品質マネジメントシステムの機能、階層、プロセス
② 品質目標は、次の事項を満たすものとする。
　a)　品質方針と整合している。
　b)　測定可能である。
　c)　適用される要求事項を考慮に入れる。
　d)　製品・サービスの適合、および顧客満足の向上に関連する。
　e)　監視する。
　f)　伝達する。
　g)　更新する(必要に応じて)。
③ 品質目標に関する文書化した情報を維持する(文書の作成)。

6.2.2　(品質目標達成計画の策定)
④ 次の事項を含めた、品質目標を達成するための計画を策定する。
　a)　実施事項　　b)　必要な資源　　c)　責任者
　d)　実施事項の完了時期　　e)　結果の評価方法

6.2.2.1　品質目標およびそれを達成するための計画策定－補足
⑤ 品質目標には、関連する機能、プロセスおよび階層において、顧客要求事項を満たす目標を含める。
⑥ 利害関係者およびその関連する要求事項に関するレビューの結果を、次年度の品質目標および関係するパフォーマンス目標(内部・外部)を確立する際に考慮する(最低限)。

［要求事項の解説］

　関連する機能、階層、プロセスにおいて、品質目標を策定し、達成することを意図しています。

6.2 品質目標およびそれを達成するための計画策定

①は、品質目標を作成する対象について述べています。品質マネジメントシステムの機能(部門)・階層以外に、プロセスが追加されています。

② b)では、品質目標は測定可能にすることを述べています。したがって品質目標は、項目の設定以外に、目標値を数値化するなど、達成度が判定できるようにすることが必要です。

品質目標およびそれを達成するための計画策定に関して、ISO 9001 では上記①～④、IATF 16949 では⑤・⑥に示す事項を実施することを求めています。IATF 16949 では、顧客要求事項に関する品質目標に含めることが必要です(図 6.10 参照)。品質目標の例を図 6.11 に、品質目標実行計画の例を図 6.12 に示します。

[旧規格からの変更点](旧規格 5.4.1、5.4.2)　変更の程度：中

品質目標策定の対象に、品質マネジメントシステムの"プロセス"が追加され

項番		ポイント
6.2.1 ①		・品質マネジメントシステムの機能(部門)、階層およびプロセスにおいて品質目標を作成する。 ・品質マネジメントシステムのプロセスの目標も必要
②	a)	・品質方針に対応した品質目標を設定する。
	b)	・品質目標は、目標値を数値化するなど、測定可能にする。
	c)	・顧客要求事項や法規制など、要求事項を考慮した品質目標とする。
	d)	・製品要求事項の達成、および顧客満足の向上に関連する目標を含める。
	e)	・品質目標は、結果の判定だけでなく、達成状況を途中で監視する。
	f)	・品質目標は、関連する要員に伝達する。
	g)	・外部・内部の課題の変化、顧客要求事項の変化、および品質目標監視の結果、必要であれば、品質目標を見直す。
③		・品質目標は文書化する。
6.2.2 ④		・品質目標達成のための実行計画を作成する。 ・これには、④ a)～ e)を含める。
6.2.2.1 ⑤		・品質目標は、関連する機能、プロセスおよび階層において作成することを改めて述べている。 ・品質目標には、顧客要求事項を満たす目標を含める。
⑥		・顧客の要求事項に関するレビューの結果を、次年度の品質目標および関係するパフォーマンス目標(内部および外部)を設定する際に考慮する。

図 6.10　品質目標の条件

ました。また、②・④の品質目標に対する具体的な要求事項が追加されました。

IATF 16949では、⑤の顧客要求事項を満たす目標、および⑥の要求事項が追加されました。なお、旧規格の"品質目標を事業計画に含める"、および"製品に関する品質目標"（箇条7.1）はなくなりました。

品質目標（実績）			
期　間：20xx年度上期		作成日：20xx年xx月xx日	
部　門：製造部		作成者：製造部長　〇〇〇〇	
項　目	目標（達成基準）	実　績	評価
1. 顧客満足度向上	顧客クレーム月10件以下	クレーム実績月平均5件	○
2. 検査不良低減	検査不良率10%以下	製造不良率実績5%	○
3. 納期遵守	納期達成率95%以上	納期達成率実績93%	×
4. 在庫管理	棚卸資産前年度比5%低減	棚卸資産前年度比10%低減	○
：			

図6.11　品質目標の例

品質目標実行計画・評価記録									
期間：20xx年度上期		作成日：20xx年xx月xx日			評価日：20xx年xx月xx日				
部門：　製造部				責任成者：製造部長　〇〇〇〇					
項目	目標	実施事項 必要な資源		計画・実績					
				4	5	6	7	8	9
顧客満足度向上	顧客クレーム月10件以下	〇〇〇〇 △△△△	計画	10	10	10	10	10	10
			実績	15	15	10	10	5	5
			評価	×	×	○	○	◎	◎
検査不良低減	検査不良率10%以下	〇〇〇〇 △△△△	計画	12	12	10	10	8	8
			実績	12	11	10	10	8	7
			評価	○	◎	○	○	○	○
納期遵守	納期達成率95%以上	〇〇〇〇 △△△△	計画	95	95	95	95	95	95
			実績	93	93	95	95	97	97
			評価	×	×	○	○	◎	◎
在庫管理	棚卸資産前年度比5%低減	〇〇〇〇 △△△△	計画	7	7	6	6	5	5
			実績	8	8	6	6	6	6
			評価	◎	◎	○	○	○	○
：									

［評価］◎：計画以上、○：ほぼ計画どおり、×：計画未達成

図6.12　品質目標実行計画の例

6.3　変更の計画

[要求事項]　ISO 9001

> 6.3　変更の計画
> ①　品質マネジメントシステムの変更を行うときは、次の事項を考慮して、計画的な方法で行う。
> 　a)　変更の目的、およびそれによって起こりうる結果
> 　b)　品質マネジメントシステムの完全に整っている状態
> 　c)　資源の利用可能性
> 　d)　責任・権限の割りあて、または再割りあて

[要求事項の解説]

品質マネジメントシステムの変更管理を確実に行うことを意図しています。

品質マネジメントシステムの変更の計画に関して、上記① a)～ d)に示す事項を実施することを求めています。

何らかの変更を行うと、副作用が起こる可能性があります。変更に伴うリスクを考慮した対応が必要ということになります。

① a)～ d)は、図 6.13 のようになります。

[旧規格からの変更点]（旧規格 5.4.2）　変更の程度：小

変更の計画に含める項目が追加されました。

項番		ポイント
6.3 ①	a)	・変更の目的としては、外部・内部の課題の変化、合併・吸収などの組織運営体制の変化、製品の変更などが考えられる。
	b)	・品質マネジメントシステムの完全に整っている状態(integrity)とは、品質マネジメントシステムを構成する要素が漏れなく稼働している状態で有効性を維持していることをいう。
	c)	・箇条 7.1 で規定されている資源が、品質マネジメントシステムの変更後も利用できること。
	d)	・品質マネジメントシステムの変更後の、責任・権限の割り当ての見直しを行う。

図 6.13　品質マネジメントシステムの変更

第7章
支 援

本章では、IATF 16949(箇条7)"支援"の要求事項の詳細について解説しています。

支援には、旧規格の資源(人、インフラ、作業環境)と文書管理が含まれます。

この章のIATF 16949規格要求事項の項目は、次のようになります。

7.1	資源
7.1.1	一般
7.1.2	人々
7.1.3	インフラストラクチャ
7.1.3.1	工場、施設および設備の計画
7.1.4	プロセスの運用に関する環境
7.1.4.1	プロセスの運用に関する環境－補足
7.1.5	監視および測定のための資源
7.1.5.1	一般
7.1.5.1.1	測定システム解析
7.1.5.2	測定のトレーサビリティ
7.1.5.2.1	校正・検証の記録
7.1.5.3	試験所要求事項
7.1.5.3.1	内部試験所
7.1.5.3.2	外部試験所
7.1.6	組織の知識
7.2	力量
7.2.1	力量－補足
7.2.2	力量－業務を通じた教育訓練(OJT)
7.2.3	内部監査員の力量
7.2.4	第二者監査員の力量
7.3	認識
7.3.1	認識－補足
7.3.2	従業員の動機づけおよびエンパワーメント
7.4	コミュニケーション
7.5	文書化した情報
7.5.1	一般
7.5.2	作成および更新
7.5.1.1	品質マネジメントシステムの文書類
7.5.3	文書化した情報の管理
7.5.3.1	(一般)
7.5.3.2	(文書管理)
7.5.3.2.1	記録の保管
7.5.3.2.2	技術仕様書

第7章 支援

7.1 資源

7.1.1 一般、7.1.2 人々、7.1.3 インフラストラクチャ

[要求事項] ISO 9001

7.1 資源
7.1.1 一般
① 次の事項を考慮して、必要な資源を明確にし、提供する。
  a) 既存の内部資源の実現能力および制約
  b) 外部提供者から取得する必要があるもの

7.1.2 人々
② 次の事項のために必要な人々を明確にし、提供する。
  a) 品質マネジメントシステムの効果的な実施
  b) 品質マネジメントシステムのプロセスの運用・管理

7.1.3 インフラストラクチャ
③ 次のために必要なインフラストラクチャを明確にし、提供し、維持する。
  a) プロセスの運用   b) 製品・サービスの適合の達成
④ 注記　インフラストラクチャには、次の事項が含まれうる。
  a) 建物および関連するユーティリティ
  b) 設備（ハードウェアおよびソフトウェアを含む）
  c) 輸送のための資源   d) 情報通信技術

[用語の定義]

インフラストラクチャ infrastructure	・組織の運営のために必要な施設、設備およびサービスに関するシステム

[要求事項の解説]

必要な資源を明確にして、提供することを意図しています。

① a)の"内部資源の制約（constraint）"は、例えば資金不足や人手不足などの例が考えられます。リスクへの対応と考えられます。

④ b)に関して、最近はソフトウェアで動作するコンピュータ内蔵の設備が多くなっています。インフラストラクチャの例を図7.2(p.119)に示します。

[旧規格からの変更点]　（旧規格 6.1、6.2、6.3）　変更の程度：小
① a)、b)が追加されました。

7.1.3.1　工場、施設および設備の計画
［要求事項］　IATF 16949

7.1.3.1　工場、施設および設備の計画
① 　工場・施設・設備の計画を策定する。その計画には、リスク特定およびリスク緩和の方法を含める。計画策定は、部門横断的アプローチ方式で行う。
② 　工場レイアウトを設計する際は、次の事項を実施する。
　a)　材料の流れ、材料の取扱い、および現場スペースの付加価値のある活用の最適化(不適合製品の管理を含む)
　b)　同期のとれた材料の流れの促進(該当する場合には必ず)
　c)　<u>製造をサポートする機器とシステムのサイバー保護</u>
③ 　注記1　リーン生産の原則の適用を含めることが望ましい。
④ 　新製品および新運用に対する製造フィージビリティを評価する方法を開発し、実施する。
　・製造フィージビリティ評価には、生産能力計画を含める。
　・製造フィージビリティ評価および生産能力評価は、マネジメントレビューへのインプットとする。
⑤ 　リスクに関連する定期的再評価を含めて、工程承認中になされた変更、コントロールプランの維持、および作業の段取り替え検証を取り入れるために、工程の有効性を維持する。
⑥ 　注記2　この要求事項は、サイト内供給者の活動にも適用することが望ましい(該当する場合には必ず)。

［用語の定義］

製造フィージビリティ manufacturing feasibility	・(箇条8.2.3.1.3 "組織の製造フィージビリティ" 参照)
リーン生産 lean manufacturing	・アメリカのMIT(マサチューセッツ工科大学)で、1980年代の日本の自動車産業の生産方式を研究して、その成果を体系化した、製造工程の無駄をなくした生産管理方式のことで、トヨタのカンバン方式に相当する。 ・"lean"は、贅肉(ぜいにく)がなく、引き締まっているという意味。すなわちリーン生産とは、無駄のない、効率的な生産のこと

［要求事項の解説］

　生産性がよく、無駄が少なく、効率のよい生産のできる、工場、施設および設備の計画を策定することを意図しています。①～⑥は図7.1のようになります。

第7章 支援

①は、工場・施設・設備の計画を策定する際に、リスク低減を考慮することを述べています。この計画策定は、部門横断的アプローチ方式で行います。

②、③は、工場のレイアウト(設備の配置)は、同期のとれた材料の流れを考慮した、無駄のない生産を考慮した、リーン生産システムにもとづいたものとすることを述べています。

リーン生産システムは、用語の定義にあるように、アメリカのMIT(マサチューセッツ工科大学)で、1980年代の日本の自動車産業の生産方式を研究して、その成果を体系化した、製造工程の無駄をなくした生産管理方式のことで、トヨタのカンバン方式に相当します。

④は、新製品および新製造工程に対する、製造フィージビリティ評価の方法を開発して実施することを述べています。製造フィージビリティ評価とは、生産性、工程能力、生産上のリスク、製造工程の有効性を含めた、生産能力の総合的な評価のことです。

項番	ポイント
7.1.3.1 ①	・工場・施設・設備の計画を策定する際に、リスク低減を考慮する。 ・この計画策定は、部門横断的アプローチ方式で行う。
②	・工場のレイアウト(設備の配置)は、同期のとれた材料の流れを考慮した、無駄のない生産システムにもとづいたものとする。
③	・上記②のために、リーン生産システムを採用する。 ・これは、トヨタのカンバン方式に相当する。
④	・新製品および新運用(新製造工程)に対する、製造フィージビリティ評価の方法を開発して実施する。 ・製造フィージビリティ評価とは、生産性、工程能力、生産上のリスク、製造工程の有効性を含めた、生産能力の総合的な評価のこと。 ・新製品・新製造工程の製造フィージビリティ評価および生産能力評価の結果は、マネジメントレビューへのインプットとする(箇条9.3.2.1参照)。
⑤	・変更管理や段取り替え検証を含めた、製造工程におけるリスクの定期的な評価を行う。
⑥	・サイト内供給者(組織内の協力会社すなわち構内外注)の設備についても、同様に管理する。

図7.1 工場、施設および設備の計画

新製品・新製造工程の製造フィージビリティ評価および生産能力評価が、マネジメントレビューへのインプット項目となっていることは重要です。なお、製品設計・製造工程設計結果を含めた総合的な製造フィージビリティ評価については、箇条 8.2.3.1.3 で説明します。

⑤は、製造工程の有効性を維持するために、定期的な評価や作業の段取り替え検証を行うことを述べています。

⑥は、サイト内供給者(組織内の協力会社すなわち構内外注)の設備についても、同様に管理することを述べています。

[旧規格からの変更点]（旧規格 6.3.1）　変更の程度：大

工場・施設・設備の計画に関する具体的な内容として、④～⑥が追加されました。工場、施設および設備の計画に対する製造フィージビリティ評価が、マネジメントレビューへのインプットとなったことは重要です。

項目	内容
建物	・建物、施設、作業場所、など
ユーティリティ utility	・電気、ガス、水、など
設備	・(製造設備、測定機器などの)ハードウェア ・(ハードウェアを動かす)ソフトウェアなど
輸送資源	・輸送装置など
情報通信技術	・受注管理システム、生産管理システム、在庫管理システム、設計用のCAD(コンピュータ支援設計システム)、バーコードシステム、など

図 7.2　インフラストラクチャの例(7.1.1)

項目	内容
物理的要因	・騒音、振動、照度、空気清浄度(例　クリーンルーム)、など
環境的要因	・温度、湿度、天候、など
その他の要因	・作業現場の安全、事業所の清潔さ、5S活動、など

図 7.3　プロセスの運用に関する環境(作業環境)の例(7.1.4.1)

7.1.4　プロセスの運用に関する環境

7.1.4.1　プロセスの運用に関する環境－補足
［要求事項］　ISO 9001 ＋ IATF 16949

> 7.1.4　プロセスの運用に関する環境
> ①　次のために必要な環境を明確にし、提供し、維持する。
> 　　a)　プロセスの運用　　b)　製品・サービスの適合
> ②　注記　適切な環境は、次のような人的・物理的要因の組合せがありうる。
> 　　a)　社会的要因(例　非差別的、平穏、非対立的)
> 　　b)　心理的要因(例　ストレス軽減、燃え尽き症候群防止、心のケア)
> 　　c)　物理的要因(例　気温・熱・湿度・光・気流・衛生状態・騒音)
> ③　これらの要因は、提供する製品・サービスによって異なる。
>
> ④　注記　ISO 45001(労働安全衛生マネジメントシステム、またはそれに相当するもの)への第三者認証は、この要求事項の要員安全の側面に対する組織の適合を実証するために用いてもよい。
>
> 7.1.4.1　プロセスの運用に関する環境－補足
> ⑤　製品・製造工程のニーズに合わせて、事業所を整頓され、清潔で手入れされた状態に維持する。

［要求事項の解説］

　プロセスの運用に関する環境(いわゆる作業環境)を適切に管理することを意図しています。

　プロセスの運用に関する環境(作業環境)の例を、図 7.3 に示します。

　ここで図 7.3 の"照度"は、照明機器の光源の強度(例えば、20 ワットの蛍光灯下で作業を行うなど)ではなく、作業現場の照度(ルクス)で表すことが必要でしょう。

　IATF 16949 では、"要員の安全"も要求事項となっており、④の ISO 45001 認証が、注記(すなわち推奨事項)として追加されました。また⑤は、作業現場の整理・整頓について述べています。

［旧規格からの変更点］　　(旧規格 6.4)　　変更の程度：小

　作業環境の対象に、① a)のプロセスの運用、および④の要員の安全に関する ISO 45001 認証(注記、推奨事項)が追加されました。

7.1.5 監視および測定のための資源、7.1.5.1 一般

[要求事項] ISO 9001

> 7.1.5 監視および測定のための資源
> 7.1.5.1 一般
> ① 製品・サービスの適合を検証するために監視・測定を行う場合、結果が妥当で信頼できることを確実にするために必要な資源を明確にし、提供する。
> ② 監視・測定機器が、次の事項を満たすことを確実にする。
>   a) 実施する特定の種類の監視・測定活動に対して適切である。
>   b) 目的に継続して合致することを確実にするために維持する。
> ③ 監視・測定のための資源が目的と合致している証拠として、適切な文書化した情報を保持する(記録)。

[要求事項の解説]

製品・サービスの適合を"検証"するために必要な資源、すなわち監視・測定機器を明確にし、提供することを意図しています。

監視・測定のための資源(いわゆる監視・測定機器)に関して、①～③に示す事項を実施することを求めています。すなわち、必要な監視機器・測定機器を明確にして、適切に管理することが必要です。

なお、監視機器と測定機器を区別すると、監視機器は、設備に内蔵された計器類などの工程管理のための機器、測定機器は、製品の特性を測定するための測定器となりますが、ここではあまり厳密に区別しなくてもよいでしょう。

[旧規格からの変更点] (旧規格 7.6) 変更の程度：小
大きな変更はありません。

特性の変動	測定システムの変動	測定結果の変動
・製品特性の実際の値 ・製品特性・製造工程のばらつき	＋ ・測定機器・測定者・測定環境(温度)などのばらつき・誤差 ⇨	・測定値のばらつき

図 7.4 測定システムの変動による測定結果への影響

7.1.5.1.1　測定システム解析

［要求事項］　IATF 16949

7.1.5.1.1　測定システム解析
① コントロールプランに特定されている各種の検査・測定・試験設備システムの結果に存在するばらつきを解析するために、統計的調査（測定システム解析、MSA）を実施する。
② MSAで使用する解析方法および合否判定基準は、MSA参照マニュアルに適合するようにする。
③ ただし、顧客が承認した場合は、他の解析方法・合否判定基準を使用してもよい。
　・代替方法に対する顧客承認の記録は、代替のMSAの結果とともに保持する（記録）。
④ 注記　MSA調査の優先順位は、製品・製造工程の重大特性または特殊特性を重視することが望ましい。

［要求事項の解説］

測定結果に存在するばらつきを解析するために、測定システム解析を実施することを意図しています。

上記①～④は、図7.5に示すようになります。測定結果には、製品の変動（ばらつき）だけでなく、測定システムの変動も含まれています。測定器、測定者、測定方法、測定環境（例　温度）などの測定システムの要因によって、測定データに変動が現れます。したがって、測定システム全体としての変動が、どの程度存在するのかを統計的に調査し、測定システムが製品やプロセスの特性の測定に適しているかどうかを判定する方法が測定システム解析（measurement system analysis、MSA）です（図7.4参照）。これらの測定システムの変動のうち、偏り、安定性および直線性などの位置の変動に関しては、測定器の校正や検証で対処することも可能ですが、繰返し性、再現性およびそれらの組合せであるゲージR&R（GRR）については、単に測定器の誤差だけでなく、種々の変動の要因を考慮した、測定システム全体としての評価（MSA）が必要となります。

測定システム解析の参照マニュアルには、次のものがあります。

7.1 資源

発　行	参考文献
AIAG	測定システム解析 "Measurements Systems Analysis"（MSA）
VDA	VDA 5 測定システム能力 VDA 5 "Capability of Measuring Systems"

　④では、特殊特性以外に"重大特性"という用語が出てきますが、これはフォードでクリティカル特性として使われている用語です（図7.6参照）。MSAの詳細については、拙著『図解IATF 16949　よくわかるコアツール』を参照ください。

［旧規格からの変更点］（旧規格7.6.1）　変更の程度：小

大きな変更はありません。

項　番	ポイント
7.1.5.1.1 ①	・測定システム解析は、コントロールプランに記載された検査・測定・試験システムに対して実施する。
②	・"測定システム解析で使用する解析方法および合否判定基準は、MSA参照マニュアルに「適合」するようにする"と述べている。 ・すなわち、MSA参照マニュアルに記載されている内容は、参考事項というよりも要求事項となる。例えば、ゲージR&R評価の判定基準は、%GRR＜10%が合格基準となる。
③	・顧客が承認した場合は、他の解析方法・合否判定基準を使用してもよい。
④	・重大特性と特殊特性について述べているが、フォードでは、特殊特性（special characteristics）を、自動車の安全性や法規制に影響するクリティカル特性（critical characteristics）とそれ以外の特殊特性に分けており、重大特性はこのうちのクリティカル特性に相当する（図7.6参照）。

図 7.5　測定システム解析（MSA）

重大特性（クリティカル特性） critical characteristics、CC	・自動車の安全性または法規制に関する特性
重要特性 significant characteristics、SC	・安全性または法規制に関係しない特性
高影響特性 high impact characteristics、HI	・重要特性に次ぐ特性
労働安全特性 operator safety characteristics、OS	・作業者の安全に関する特性

図 7.6　特殊特性の分類の例：フォード

第7章 支　援

7.1.5.2 測定のトレーサビリティ

［要求事項］　ISO 9001 ＋ IATF 16949

7.1.5.2　測定のトレーサビリティ
① 次の場合は、測定機器はトレーサビリティを満たすようにする。
　a）　測定のトレーサビリティが要求事項となっている場合
　b）　組織がそれを測定結果の妥当性に信頼を与えるための不可欠な要素と見なす場合
② 測定機器は、次の事項を満たすようにする。
　a）　定められた間隔でまたは使用前に、国際計量標準・国家計量標準に対してトレーサブルな計量標準に照らして、校正または検証を行う。
　　・そのような標準が存在しない場合には、校正・検証に用いた根拠を、文書化した情報として保持する（記録）。
　b）　それらの状態を明確にするために識別を行う。
　c）　校正の状態およびそれ以降の測定結果が無効になるような、調整・損傷・劣化から保護する。
③ 測定機器が意図した目的に適していないことが判明した場合、それまでに測定した結果の妥当性を損なうものであるか否かを明確にし、適切な処置をとる。
④ 注記　機器の校正記録に対してトレーサブルな番号または他の識別子は、要求事項を満たす。

［用語の定義］

（測定に関する）トレーサビリティ traceability	・不確かさがすべて表記された切れ目のない比較の連鎖によって、決められた基準に結びつけられうる測定結果または標準の値の性質。基準は通常、国家標準または国際標準 ・（製品のトレーサビリティの定義に関しては箇条 8.5.2 参照）

［要求事項の解説］

　測定結果の信頼性を確保するために、測定のトレーサビリティ管理を行うことを意図しています。

　①〜③は、図 7.7 のようになります。

　①は、測定のトレーサビリティ（traceability）を確保することを述べています。① a）の"測定のトレーサビリティが要求事項となっている場合"とは、顧客や法規制によって要求されていなくても、品質問題が発生した場合に必要となるもので、自動車のように安全が重視される製品に対しては、不可欠な要求事項となります。① b）は、このことを述べています。

② a)～c)は、測定機器に関して、定期的に校正または検証を行ってトレーサビリティを確保することを述べています。

③は、測定機器が意図した目的に適していないことが判明した場合(すなわち測定機器の校正外れなどがわかった場合)、それまでに測定した結果の妥当性の評価を行って、適切な処置をとることを述べています。

④は、測定のトレーサビリティ確保のための記録方法について述べています。

なお、上記要求事項には記載されていませんが、測定機器の校正要員の力量の確保も必要となるでしょう。

[旧規格からの変更点](旧規格7.6) 変更の程度：小

旧規格箇条7.6 b)の機器の調整・再調整やソフトウェアに関する記述はなくなりました。

項番		ポイント
7.1.5.2 ①	a)	・"測定のトレーサビリティが要求事項となっている場合"とは、顧客や法規制によって要求されていなくても、品質問題が発生した場合に、必要となる。自動車のように安全が重視される製品に対しては、不可欠の要求事項と考えるべきである。
	b)	・"測定結果の妥当性に信頼を与える場合"とは、製品を測定し、それによって品質保証している場合と考えるとよい。 ・したがって、製造工程パラメータの測定は、該当しないと考えることもできるが、特殊特性など、工程管理によって製品の品質を保証している場合は、該当すると考えるべきである。
②	a)	・組織が決めた間隔で、校正または検証を行う。 ・国際計量標準・国家計量標準が存在しない場合は、校正・検証に用いた根拠を記録する。 ・校正は、計量標準に対するトレーサビリティを確保するために行い、検証は、測定機器が使用可能であること示すために行う。
	b)	・校正状態を識別する(校正有効期限を記載したラベルを貼るなど)。
	c)	・測定機器の保管場所、温湿度条件などの保護を行う。
③		・測定機器が意図した目的に適していないことが判明した場合(すなわち測定機器の校正外れがわかった場合)、それまでに測定した結果の妥当性の評価を行って、適切な処置をとる。

図7.7　測定のトレーサビリティ

7.1.5.2.1 校正・検証の記録

［要求事項］　IATF 16949

7.1.5.2.1　校正・検証の記録
① 校正・検証の記録を管理する文書化したプロセスをもつ。
② 内部要求事項、法令・規制要求事項、および顧客が定めた要求事項への適合の証拠を提供するために必要な、すべてのゲージ・測定機器・試験設備に対する校正・検証の記録を保持する。
　・従業員所有の測定機器、顧客所有の測定機器、サイト内供給者所有の測定機器を含む。
③ 校正・検証の活動と記録には、次の事項を含める。
　a） 測定システムに影響する、設計変更による改訂
　b） 校正・検証のために受け入れた状態で、仕様外れの値
　c） 仕様外れ状態によって起こりうる、製品の意図した用途に対するリスクの評価
　d） 検査・測定・試験設備が、計画した検証・校正、またはその使用中に、校正外れまたは故障が発見された場合、この検査測定・試験設備によって得られた以前の測定結果の妥当性に関する文書化した情報を、校正報告書に関連する標準器の最後の校正を行った日付、および次の校正が必要になる期限を含めて保持する(記録)。
　e） 疑わしい製品・材料が出荷された場合の顧客への通知
　f） 校正・検証後の、仕様への適合表明
　g） 製品・製造工程の管理に使用されるソフトウェアのバージョンが指示どおりであることの検証
　h） すべてのゲージに対する校正・保全活動の記録
　　・従業員所有の機器、顧客所有の機器、サイト内供給者所有の機器を含む。
　i） 製品・製造工程の管理に使用される、生産に関係するソフトウェアの検証
　　・従業員所有の機器、顧客所有の機器、サイト内供給者所有の機器にインストールされたソフトウェアを含む。

［用語の定義］

ゲージ gage	・測定具の一種。物の長さ・幅・厚さ・太さ・直径などが、標準寸法どおりか否かが測りやすいようにできている器具

［要求事項の解説］

　測定機器の校正・検証を適切に行い、その記録を作成することを意図しています。

7.1 資　源

　上記①は、測定機器の校正・検証の内容と記録を管理する文書化したプロセス、例えば「測定機器校正・検証規定」の作成を求めています。この要求事項の項目名は、"校正・検証の記録"となっていますが、③の内容は、単に記録の管理にとどまらず、校正・検証の内容についても述べています。

　③ a)〜i)は、図7.8のようになります。

　③ d)は、製品の管理に使用された測定機器だけでなく、i)に述べているように、製造工程の管理に使用される測定機器の校正外れ、または故障が発見された場合の、過去の測定結果の妥当性評価、サイト内供給者所有の測定機器の管理、および生産に関係するソフトウェアの検証なども含まれます。

　問題となるのは、校正外れが原因で、不適合製品を合格品として出荷してしまった場合です。遡(さかのぼ)って調査し遡及(そきゅう)処置をとることが必要となります。定期的な校正以外に、日常点検を行うとよいでしょう。

　②および③ h)の"従業員所有の測定機器"は、わが国では一般的ではありませんが、欧米で行われているため要求事項とされています。

　[旧規格からの変更点]　旧規格7.6.2　変更の程度：中

　③ c)、d)、g)、i)などの、校正・検証の記録の具体的な内容が追加されています。ソフトウェアやサイト内供給者も含まれています。

項　番		ポイント
7.1.5.2.1 ③	a)	・測定機器の改造、測定機器に内蔵されたプログラムの改訂など
	b)	・校正・検証を行う前の校正外れの値
	c)	・校正外れによって起こりうる、製品のリスクの評価
	d)	・校正外れ発見以前の測定結果の妥当性確認の記録（標準器の最後の校正日付、次回校正日を含む）
	e)	・校正外れの測定機器で測定した製品、出荷した製品の顧客への通知
	f)	・校正・検証後の校正証明書
	g)	・測定器に使用されているソフトウェアのバージョンの検証
	h)	・従業員所有の機器、顧客所有の機器、サイト内供給者所有の機器に対する校正・保全活動の記録を含む。
	i)	・製品と製造工程の管理に使用される、ソフトウェアの検証 ・従業員所有の機器、顧客所有の機器、サイト内供給者所有の機器にインストールされたソフトウェアを含む。

図7.8　校正・検証活動と記録

7.1.5.3 試験所要求事項
7.1.5.3.1 内部試験所

［要求事項］　IATF 16949

> 7.1.5.3　試験所要求事項
> 7.1.5.3.1　内部試験所
> ①　組織内部の試験所施設は、要求される検査・試験・校正サービスを実行する能力を含む、定められた適用範囲をもつ。
> 　・試験所適用範囲は、品質マネジメントシステム文書に含める。
> ②　試験所は、次の事項を含む要求事項を規定し、実施する。
> 　a)　試験所の技術手順の適切性
> 　b)　試験所要員の力量
> 　c)　製品の試験
> 　d)　該当するプロセス規格(ASTM、EN などのような)にトレーサブルな形で、これらのサービスを正確に実行する能力
> 　・国家標準・国際標準が存在しない場合、測定システムの能力を検証する手法を定めて実施する。
> 　e)　顧客要求事項(該当する場合)
> 　f)　関係する記録のレビュー
> ③　注記　ISO/IEC 17025(またはそれに相当するもの)に対する第三者認定を、組織の内部試験所がこの要求事項に適合していることの実証に使用してもよい。

［用語の定義］

試験所 laboratory	・検査、試験または校正の施設 ・化学、金属、寸法、物理、電気または信頼性の試験を含めてよいが、それに限定されない。
試験所適用範囲 laboratory scope	・次の事項を含む管理文書 　－試験所が実行するために適格性確認された、特定の試験、評価および校正 　－上記を実行するために用いる設備のリスト

［要求事項の解説］

　組織内の試験所を適切に管理することを意図しています。

　試験所とは、検査、試験および測定器の校正を行う場所をいい、社内(IATF 16949 認証範囲内)の試験所を内部試験所、社外(IATF 16949 認証範囲外)の試験所を外部試験所と呼んでいます。

また試験所適用範囲とは、試験所の業務手順を文書化したもので、試験所の品質マニュアルに相当します。

上記①は、内部試験所の適用範囲を作成し、品質マネジメントシステム文書に含めること、すなわち② a)〜 f)の内容を含む、「試験所管理規定」を作成して、管理することを述べています(図7.9 参照)。

③の ISO/IEC 17025 認証の取得は、次項の外部試験所に対する要求事項です。

[旧規格からの変更点]（旧規格 7.6.3.1）　変更の程度：小
② d)の国家標準・国際標準のない場合の検証と、e)が追加されています。

項番		項目	ポイント
7.1.5.3.1 ①		適用範囲	・本箇条の要求事項を含めた「試験所管理規定」などを作成し、維持する。 ・上記試験所適用範囲は、品質マネジメントシステム文書に含める。
②	a)	試験所の技術手順の適切性	・試験所の技術手順、すなわち検査・試験の手順、および測定器校正の手順を決めて、その適切性を検証する。
	b)	試験所要員の力量	・試験所要員に必要な力量を明確にし、確保する。
	c)	製品の試験	・実施する製品の検査・試験・評価の内容、および設備のリストを作成する。
	d)	該当するプロセス規格に対して実行する能力	・国家標準・国際標準(アメリカのASTM(american society of testing and materials、米国材料試験協会)、ヨーロッパのEN(european standard、欧州規格)などにもとづいて試験を行う能力を検証する。 ・国家標準・国際標準が存在しない場合は、測定システムの能力を検証する方法を定めて実施する。
	e)	顧客要求事項	・顧客要求事項を明確にする。
	f)	記録のレビュー	・必要な記録を明確にし、レビューする。
③		ISO/IEC 17025 第三者認定	・ISO/IEC 17025 認定は、次項の外部試験所に対する要求事項であり、内部試験所に対しては、必ずしも要求事項ではない。

図 7.9　内部試験所要求事項

第7章 支援

7.1.5.3.2 外部試験所
［要求事項］ IATF 16949

> **7.1.5.3.2 外部試験所**
> ① 検査・試験・校正サービスに使用する、外部・商用・独立の試験所施設は、要求される検査・試験・校正を実行する能力を含む、定められた試験所適用範囲をもつ。
> ② 外部試験所は、次の事項のいずれかを満たす。
> 　a) 試験所は、ILAC MRA の認定機関によって、ISO/IEC 17025 またはこれに相当する国内基準(例　中国 CNAS-C01)に認定され、該当する検査・試験・校正サービスを認定(認証書)の適用範囲に含める。
> 　・校正・試験報告書の認証書は、国家認定機関のマークを含む。
> 　b) 認定されていない試験所を利用する場合(例：専門的／統合された機器、国際標準にトレース可能な標準のないパラメータ、装置の製造業者)、組織は、試験所が評価され、IATF 16949-7.1.5.3.1 の要求事項を満たしているという証拠があることを確実にする責任がある。
> ③ 注記　独自のソフトウェアの使用を含む、測定機器の統合された自己校正は、校正の要求事項を満たしていない。

［要求事項の解説］

　適切な外部試験所を利用することを意図しています。

　上記② a)に述べているように、外部試験所は、試験所品質システム規格 ISO/IEC 17025(またはこれに相当する国内基準)認証を取得していることが基本です。ISO/IEC 17025 は、試験所・校正機関が正確な測定・校正結果を生み出す能力があるかどうかを、第三者認定機関が認定(試験所認定)する規格で、日本では JIS Q 17025 規格として運用されています。

　② a)は、ILAC MRA(international laboratory accreditation forum mutual recognition arrangement、国際試験所認定フォーラム相互認証制度)の認定機関による ISO/IEC 17025 認証のことを述べています。また、外部試験所が発行する校正・試験報告書に、国家認定機関のマークが含まれていることを述べています。利用した外部試験所そのものは、ISO/IEC 17025 認証を取得していても、組織が受け取る校正・試験報告書に、ISO/IEC 17025 認証のマークが入っていない場合があるため、注意が必要です。

　② b)は、ISO/IEC 17025 認証を取得している外部試験所を利用できない場

7.1 資源

合について述べています（図 7.10 参照）。

［旧規格からの変更点］（旧規格 7.6.3.2）　変更の程度：中

② a)の"校正または試験報告書の認証書は、国家認定機関のマークを含む"が追加されました。また③が追加されました。

区　分	条件など
1）　ISO/IEC 17025 認定の外部試験所	・校正・試験報告書の認証書は、国家認定機関のマークを含むこと
または、 2）　認定されていない試験所	・例：専門的／統合された機器、国際標準にトレース可能な標準のないパラメータ、装置の製造業者
	・組織は、試験所が評価され、IATF 16949-7.1.5.3.1 の要求事項を満たしているという証拠があることを確実にする責任がある。
	・独自のソフトウェアの使用を含む、測定機器の統合された自己校正は、校正の要求事項を満たしていない。

図 7.10　外部試験所の条件

知識（knowledge）	認識（awareness）
・知ること、知っている内容	・ある物事を知り、その本質・意義などを理解すること
・組織が準備すべきもの（資源）	・要員が理解し習得しており、その仕事ができるもの（力量）
・ツール	・理解
・必要な力量（教育訓練のインプット）	・力量があること（教育訓練のアウトプット）
・インフラストラクチャの一種	・教育・訓練の結果

図 7.11　知識と認識

7.1.6　組織の知識

[要求事項]　ISO 9001

> 7.1.6　組織の知識
> ①　次の事項のために必要な知識を明確にする。
> 　・プロセスの運用
> 　・製品・サービスの適合の達成
> ②　この知識を維持し、必要な範囲で利用できる状態にする。
> ③　変化するニーズと傾向に取り組む場合、現在の知識を考慮し、必要な追加の知識と要求される更新情報を得る方法またはそれらにアクセスする方法を決定する。
> ④　注記1　組織の知識は、組織に固有の知識であり、それは一般的に経験によって得られる。それは、組織の目標を達成するために使用し、共有する情報である。
> ⑤　注記2　組織の知識は、次の事項にもとづいたものでありうる。
> 　a）　内部資源…知的財産・経験から得た知識、成功プロジェクト・失敗から学んだ教訓、文書化していない知識・経験の取得・共有、プロセス・製品・サービスにおける改善の結果など
> 　b）　外部資源…標準、学界、会議、顧客などの外部の提供者から収集した知識など

[要求事項の解説]

　組織として必要な知識を明確にして、準備することを意図しています。

　これは、ISO 9001 の新しい要求事項です。

　箇条 7.2 の力量(旧規格の箇条 6.2.2)は、ある仕事をしている人に要求される力量は何かを明確にして、その力量がもてるように処置を行うという、個人ベースの内容です。一方上記①は、プロセスの運用や製品・サービスの適合のために、組織として必要な知識(knowledge)を明確にして確保することを述べています。

　またこの知識は、一度明確にすればよいというものではなく、③で述べているように、常に最新の内容に更新することが必要です。

　なお、知識と後述の箇条 7.3 "認識" との区別が必要となります。知識と認識について、ISO 9000 規格や IATF 16949 規格での定義はありませんが、図 7.11 のように考えるとよいでしょう。

[旧規格からの変更点]　変更の程度：中

　新規要求事項です。

7.2 力量、7.2.1 力量－補足

[要求事項] ISO 9001 ＋ IATF 16949

7.2 力量
① 力量に関して、次の事項を行う。
　a) 品質マネジメントシステムのパフォーマンスと有効性に影響を与える業務をその管理下で行う人々に必要な力量を明確にする。
　b) 適切な教育・訓練・経験にもとづいて、それらの人々が力量を備えていることを確実にする。
　c) 必要な力量を身につけるための処置をとり、とった処置の有効性を評価する(該当する場合には必ず)。
　d) 力量の証拠として、文書化した情報を保持する(記録)。
② 注記　上記① c)の処置の例：
　a) 現在雇用している人々に対する、教育訓練の提供、指導の実施、配置転換の実施など
　b) 力量を備えた人々の雇用、そうした人々との契約締結

7.2.1 力量－補足
③ 製品・プロセス要求事項への適合に影響する活動に従事するすべての要員の、教育訓練のニーズと達成すべき力量(認識を含む)を明確にする文書化したプロセスを確立し、維持する。
④ 顧客要求事項を満たすことにとくに配慮して、特定の業務に従事する要員の適格性を確認する。
⑤ 組織のリスクを軽減／排除するために、教育訓練と認識には、保留中の機器の故障やサイバー攻撃の兆候の認識など、作業環境と従業員の責任に関する情報も含める。

[要求事項の解説]

　各要員に必要な力量(competence)を身につけることを意図しています。

　力量に関して、上記①、②を実施することを求めています(図 7.12 参照)。

　① a)のパフォーマンスは"測定可能な結果"、c)の有効性は、計画した教育・訓練を実施し、その結果を評価することです。なお、"力量がある"ということは、知識と技能をもち、かつ、実際に使える状態を意味します。力量レベルを示す力量マップの例を図 7.13 に示します。

　IATF 16949 では、③、④を実施することを求めています。また、教育訓練

のニーズと必要な力量を明確にするプロセスの文書化が求められています。

[旧規格からの変更点]（旧規格 6.2.2、6.2.2.2）　変更の程度：小

②の処置の例が追加されました。

```
┌─────────────────────────────────────────┐
│  必要な力量の明確化、および現在の力量の評価  │  a) Plan
└─────────────────────────────────────────┘
                    ⇩
┌─────────────────────────────────────────┐
│ （必要な力量のための）教育訓練（または他の処置）の計画 │ b) Plan
└─────────────────────────────────────────┘
         ⇩                    ⇩
┌──────────────────┐ ┌──────────────────┐
│  教育訓練の実施   │ │ 力量がある人の雇用・契約 │  c) Do
└──────────────────┘ └──────────────────┘
                    ⇩
┌─────────────────────────────────────────┐
│ とった処置の有効性の評価（必要な力量に達したかどうかの評価） │ c) Check
└─────────────────────────────────────────┘
                    ⇩
┌─────────────────────────────────────────┐
│              記録の作成                    │  d)
└─────────────────────────────────────────┘
```

[備考] a)～d)は、IATF 16949(ISO 9001)規格(箇条 7.2)の項目を示す。

図 7.12　力量と教育訓練

力量マップ					
部門名：製造部		作成日：20xx 年 xx 月 xx 日		作成者：〇〇〇〇	
工　程	力　量　　　　　氏　名	A 氏	B 氏	C 氏	…
加　工	加工機が使える	●	◎	◎	
	加工機の点検・修理ができる	●	◎	〇	
半田づけ	半田づけができる	●	◎	◎	
	外観検査の資格認定者	●	◎	〇	
溶　接	溶接工の資格認定者	●	◎	◎	
	溶接機の点検・調整ができる	●	〇	〇	
組　立	製品の組立作業ができる	●		◎	
	組立装置の点検・修理ができる	●		◎	
検　査	最終検査の資格認定者	●		◎	
	検査装置の校正ができる	●		◎	
	⋮				

[備考] レベル1（無印）：力量がない　レベル2（〇印）：監督下で仕事ができる
　　　　レベル3（◎印）：任務を遂行できる　レベル4（●印）：他の人を訓練できる

図 7.13　力量マップの例

7.2.2　力量-業務を通じた教育訓練(OJT)

［要求事項］　IATF 16949

> 7.2.2　力量-業務を通じた教育訓練(OJT)
> ①　品質要求事項への適合、内部要求事項、規制・法令要求事項に影響する、新規または変更された責任を負う要員に対し、業務を通じた教育訓練(OJT)を行う。
> ②　OJTの内容には、顧客要求事項の教育訓練も含まれる。
> ③　OJTの対象には、契約・派遣の要員を含める。
> ④　業務を通じた教育訓練(OJT)に対する詳細な要求レベルは、要員が有する教育および日常業務を実行するために必要な任務の複雑さのレベルに見合うものとする。
> ⑤　品質に影響しうる仕事に従事する要員には、顧客要求事項に対する不適合の因果関係について知らせる。

［要求事項の解説］

　要員に対して、知識だけでなく実地訓練(OJT)を行うことを意図しています。

　知識(knowledge、座学による教育)だけでなく技能(skill)も必要であり、その技能を習得するためには、現場で行うOJT(on-the-job training、業務を通じた教育訓練)が必要となります。①は、このOJTを、新規要員だけでなく、配置転換された要員に対しても行うことを述べています。②は、OJTとして教育訓練を行う内容には、顧客要求事項を含めることを述べています。また③は、OJTの対象には契約・派遣社員も含めることを述べています。なお、日本には派遣法があるため、派遣社員に対する教育訓練には注意が必要です。

　⑤は、"品質に影響しうる仕事に従事する要員"、すなわち設計、製造、品質保証などの、製品要求事項に影響を与える要員に対して、"顧客要求事項に対する不適合の因果関係について知らせる"、例えば作業者がミスをして、不適合製品が発生した場合に、顧客にどのような影響を与えるかを知らせることを意味します。とくに、特殊特性や特殊工程に従事する要員に対しては重要です。

　OJTは、主として現場において実施されます。自動車産業では、期間従業員、パートタイマー、派遣社員、外国人なども多く、OJTは重要な課題です。

［旧規格からの変更点］（旧規格 6.2.2.3）　変更の程度：中

　①、②、④が追加されました。

7.2.3 内部監査員の力量

［要求事項］　IATF 16949

> 7.2.3　内部監査員の力量
> ① 組織によって規定された要求事項および顧客固有の要求事項を考慮に入れて、内部監査員が力量をもつことを検証する文書化したプロセスをもつ。
> ② 監査員の力量に関する手引は、ISO 19011 規格を参照
> ③ 内部監査員のリストを維持する。
> ④ 品質マネジメントシステム監査員は、次の力量を実証する（最低限）。
>   a) 監査に対する自動車産業プロセスアプローチの理解（リスクにもとづく考え方を含む）
>   b) 顧客固有要求事項の理解
>   c) ISO 9001 規格および IATF 16949 規格要求事項の理解
>   d) コアツールの理解
>   e) 監査の計画・実施・報告、および監査所見の完了方法の理解
> ⑤ 製造工程監査員は、監査対象となる該当する製造工程の、工程リスク分析（例えば、PFMEA）およびコントロールプランを含む、専門的理解を実証する（最低限）。
> ⑥ 製品監査員は、製品の適合性を検証するために、製品要求事項の理解、および測定・試験設備の使用に関する力量を実証する。
> ⑦ 組織の人が、内部監査員の力量獲得のための教育訓練を行う場合は、上記要求事項を備えたトレーナーの力量を実証する文書化した情報を保持する（最低限）（記録）。
> ⑧ 内部監査員の力量の維持・改善のために、次の事項を実証する。
>   f) 年間最低回数の監査の実施
>   g) 要求事項の知識の維持
>   1) 内部変化（製造工程技術・製品技術など）
>   2) 外部変化（ISO 9001、IATF 16949、コアツール、顧客固有要求事項など）

［要求事項の解説］

　内部監査員に必要な力量を確保することを意図しています。

　旧規格では、内部監査員は適格性確認による資格認定をすることを求めていましたが、その具体的な内容については規定されていませんでした。今回内部監査員に必要な力量が明確になりました。重要な要求事項です。

　上記①は、内部監査員が力量をもつことを検証する文書化したプロセスを要求しています。

　②では、監査員の力量に関する手引として、ISO 19011（マネジメントシス

テム監査のための指針)を参照することを述べています。ISO 19011 では、監査員に必要な力量のうち、監査員が監査の際にとるべき行動として、"監査員に求められる個人の行動"について述べています。これは、図 7.14 に示す 13 項目からなり、教育・訓練の結果として得られる力量というよりも、監査員としての資質に相当するものといえます。すなわち、監査員に適した人と、適さない人がいるということかもしれません。なお、ISO 19011 の詳細については、第 11 章で説明します。

　品質マネジメントシステム監査員として、少なくとも、上記④ a)〜 e)の 5 項目の力量の実証を求めています(図 7.15 参照)。

　⑤は、製造工程監査員は、製造工程、プロセス FMEA、コントロールプランなどの理解が必要であることを述べています。

　⑥は、製品監査員に必要な力量として、製品要求事項(製品規格)の理解だけでなく、測定・試験設備の使用方法を理解していることを述べています。製品監査は、できれば製品監査員自身が、製品の検査を行うのがベストですが、それができない場合は、監査員が製品をサンプリングし、検査員に監査員の目で検査をしてもらうなどの方法が考えられます。製品監査の項目については、9.2.2.4 項で詳しく説明します。

　内部監査員は、一度資格認定すればよいというものではなく、⑧に述べているように、毎年内部監査に参加することや、新しい知識を習得することが必要です。なお、顧客によっては、内部監査員の力量として、AIAG(全米自動車産業協会)で承認された SAC(supplier auditor certification、サプライヤー監査員資格)を要求する場合もあります。

　なお、上記要求事項には明確に記載されていませんが、品質マネジメントシステム監査員は、品質マニュアル、製品、製造工程などの理解も必要でしょう。また製造工程監査員や製品監査員も、上記④ a)〜 e)の理解も望ましいでしょう。

　⑦は、社内で内部監査員教育を行う場合のトレーナー(先生)は、少なくとも、上記内部監査員と同じ力量が必要であることを述べています。これは、内部監査員ではない人がトレーナーを務める組織に対する要求事項と考えられます。

　これらの内部監査員の力量に関する要求事項は、今までの GM やフォードの CSR としての要求事項を取り入れたものと考えることができます。

第7章　支　援

[旧規格からの変更点]（旧規格 8.2.2.5）　変更の程度：大
新規要求事項です。

監査員に求められる個人の行動		
・倫理的である。	・適応性がある。	・不屈の精神をもって行動する。
・心が広い。	・粘り強い。	・改善に対して前向きである。
・外交的である。	・決断力がある。	・文化に対して敏感である。
・観察力がある。	・自立的である。	・協働的である。
・知覚が鋭い。		

図 7.14　監査員に求められる個人の行動

項番		ポイント
7.2.3 ④	a)	・内部監査を自動車産業プロセスアプローチ方式で行う。 ・自動車産業プロセスアプローチ内部監査に関しては第 11 章参照
	b)	・顧客固有要求事項の理解（箇条 4.3.2 参照）
	c)	・ISO 9001 規格および IATF 16949 規格要求事項の理解
	d)	・APQP、PPAP、FMEA、SPC、MSA などのコアツールの理解
	e)	・監査の計画計画書の作成、監査の実施方法、および監査所見の作成方法などの理解（第 11 章参照）

図 7.15　品質マネジメントシステム内部監査員に必要な力量

項番		ポイント
7.2.4 ②	a)	・内部監査を自動車産業のプロセスアプローチ方式で行う（第 11 章参照）。
	b)	・顧客固有要求事項および組織の要求事項の理解（箇条 4.3.2 参照）
	c)	・ISO 9001 規格および IATF 16949 規格要求事項の理解
	d)	・APQP、PPAP、FMEA、SPC、MSA などのコアツールの理解
	e)	・監査対象（供給者）の製造工程の理解（供給者のプロセス FMEA・コントロールプランを含む）
	f)	・監査の計画計画書の作成、監査の実施方法、および監査所見の作成方法などの理解（第 11 章参照）

［備考］上記 a)、c)、d)、f)は、内部監査員に必要な力量と同じ

図 7.16　第二者監査員に必要な力量

7.2.4　第二者監査員の力量

[要求事項]　IATF 16949

> 7.2.4　第二者監査員の力量
> ①　第二者監査を実施する監査員の力量を実証する。
> ②　第二者監査員は、監査員の適格性確認に対する顧客固有要求事項を満たし、次の事項の理解を含む、次の力量を実証する(最低限)。
> 　a)　監査に対する自動車産業プロセスアプローチ(リスクにもとづく考え方を含む)
> 　b)　顧客・組織の固有要求事項
> 　c)　ISO 9001 および IATF 16949 規格要求事項
> 　d)　監査対象の製造工程(プロセス FMEA・コントロールプランを含む)
> 　e)　コアツール要求事項
> 　f)　監査の計画・実施、監査報告書の準備、監査所見完了方法

[要求事項の解説]

　IATF 16949 の供給者の監査を行う第二者監査員に必要な力量を確保することを意図しています。

　第二者監査の監査員に必要な力量として、② a)〜 f)の 6 項目が挙げられています(図 7.16 参照)。このうち、a)、c)、d)および f)は、内部監査員に必要な力量と同じです。

　これらの中でとくに重要なのは、a)と d)の 2 項目でしょう。a)のためには、自動車産業プロセスアプローチ監査について理解するとともに、供給者のタートル図を入手して理解することも必要になるでしょう。また d)のためには、供給者からプロセス FMEA やコントロールプランを入手し、理解しておくことが必要です。供給者がそれらを作成していない場合は、作成してもらう必要があります。供給者が FMEA の作成方法がわからない場合は、組織が教えるか、またはセミナーを受講するように依頼することも必要となるかも知れません。

　この第二者監査(供給者に対する監査)の監査員の力量に関する要求事項は、新しい要求事項です。内部監査員の力量確保よりも、行うべきことが多い組織もあるでしょう。

[旧規格からの変更点]　変更の程度：大

　新規要求事項です。

第7章　支　援

7.3　認　識

7.3.1　認識－補足、7.3.2　従業員の動機づけおよびエンパワーメント

[要求事項]　　ISO 9001 + IATF 16949

7.3　認識
① 組織の管理下で働く人々が、次の認識をもつことを確実にする。
   a) 品質方針
   b) 関連する品質目標
   c) 品質マネジメントシステムの有効性に対する自らの貢献(パフォーマンスの向上によって得られる便益を含む)
   d) 品質マネジメントシステム要求事項に適合しないことの意味

7.3.1　認識－補足
② すべての従業員が、次の活動の重要性を認識することを実証する、文書化した情報を維持する(文書・記録)。
   a) 製品品質に及ぼす影響
      ・顧客要求事項および不適合製品に関わるリスクを含む。
   b) 品質を達成し、維持し、改善すること

7.3.2　従業員の動機づけおよびエンパワーメント
③ 品質目標を達成し、継続的改善を行い、革新を促進する環境を創り出す、従業員を動機づける文書化したプロセスを維持する。
④ そのプロセスには、組織全体にわたって品質および技術的認識を促進することを含める。

[要求事項の解説]

　各要員が、必要な認識をもって仕事をすることを確実にすること、および品質目標を達成し、継続的改善を行うために、従業員を動機づけることを意図しています。

　認識(awareness)に関して、①～④に示す事項を実施することを求めています(図7.17参照)。①の"組織の管理下で働く人々"は、正社員だけでなく、契約社員や派遣社員も含まれます。① b)の"関連する品質目標"は、関連する機能、階層およびプロセスの品質目標と考えるとよいでしょう(箇条6.2.1参照)。

　IATF 16949では、②の要求事項が追加されました。すべての従業員が、活動の重要性を認識することを実証する、文書化した情報の維持(文書・記録の

140

7.3 認識

作成)が要求されています。② a)は、ISO 9001 の① d)に対する補足、② b)は、① c)に対する補足です。

IATF 16949 ではまた、従業員の動機づけ(motivation)およびエンパワーメント(empowerment)に関して、③、④に示す事項を実施することを求めています。

③は、従業員を動機づける文書化したプロセスを求めています。エンパワーメントは、従業員の認識を継続的に向上させることと考えるとよいでしょう。

なお、認識と知識の相違については、図 7.11(p.131)を参照ください。

[旧規格からの変更点]（旧規格 6.2.2、6.2.2.4）　変更の程度：小

"認識"という新たな要求事項が設けられ、認識の内容が具体的になりました。また、②が追加されました。

従業員を動機づける文書化したプロセスが追加されました。

項番		ポイント
7.3 ①		・"組織の管理下で働く人々"は、正社員だけでなく、契約社員や派遣社員も含まれる。
	a)	・品質方針は、各要員が認識することが必要となる。
	b)	・"関連する品質目標"は、関連する機能、階層およびプロセスの品質目標と考えるとよい(箇条 6.2.1 参照)。
	c) d)	・要員が、自らの貢献や、不適合が発生した場合の影響について認識する。 ・これらに関しては、例えば内部監査では、要員にインタビューして確認するとよい。
7.3.1 ②	a)	・要員が失敗をしたり、不適合製品が発生した場合に、顧客にどのような迷惑がかかるかを認識させる。
	b)	・品質を達成し、維持し、改善することが重要であることを、従業員に周知する。
7.3.2		・エンパワーメントは、従業員の認識を継続的に向上させること
③		・品質目標の達成、継続的改善および革新の推進が重要であることについて、従業員を動機づける文書化したプロセスを求めている。
④		・③のプロセスには、品質および技術的認識の促進を含める。

図 7.17　認識

7.4 コミュニケーション

[要求事項] ISO 9001

> 7.4 コミュニケーション
> ① 品質マネジメントシステムに関連する、内部・外部のコミュニケーションを決定する。
> ② 内部・外部のコミュニケーションには、次の事項を含む。
>   a) コミュニケーションの内容
>   b) コミュニケーションの実施時期
>   c) コミュニケーションの相手
>   d) コミュニケーションの方法
>   e) コミュニケーションを行う人

[要求事項の解説]

コミュニケーション不足が原因で、問題が起こらないように、品質マネジメントシステムに関連する、内部・外部のコミュニケーションの方法を決定して、実施することを意図しています。

内部(社内)および外部(顧客、供給者など)とのコミュニケーションに関して、コミュニケーションの内容、実施時期、相手、方法、担当者などを決めることを述べています。

なお、外部コミュニケーションの中心をなす顧客とのコミュニケーションについては、箇条 8.2.1(p.156)において詳しく述べています。

[旧規格からの変更点] (旧規格 5.5.3)　変更の程度：小

内部・外部のコミュニケーションに対する要求事項が具体的になりました。

	文書化した情報の維持(文書)	文書化した情報の保持(記録)
内容	・仕事のルールを決めたもの	・仕事を実施した証拠
承認	・内容の承認が必要	・内容の承認はない。
改訂	・改訂がある。	・改訂はない。
帳票	・結果を記入する前は文書	・結果を記入したものは記録
保管期間	・改訂されるまで保管する。	・保管期間を決める。
配付と保管	・配付先を決める。	・保管部門を決める。

図 7.18　文書化した情報の維持(文書)と保持(記録)(7.5.3.2)

7.5 文書化した情報

7.5.1 一般、7.5.2 作成および更新

[要求事項] ISO 9001

```
7.5  文書化した情報
7.5.1  一般
①  品質マネジメントシステムの文書には、下記を含む。
   a)  ISO 9001 規格が要求する文書化した情報
   b)  品質マネジメントシステムの有効性のために必要であると、組織が
       決定した文書化した情報
②  注記  品質マネジメントシステムの文書化した情報の程度は、次のよ
   うな理由によって、それぞれの組織で異なる場合がある。
   a)  組織の規模・活動・プロセス・製品・サービスの種類
   b)  プロセスとその相互作用の複雑さ
   c)  人々の力量

7.5.2  作成および更新
③  文書化した情報を作成・更新する際、次の事項を確実にする。
   a)  識別・記述…タイトル、日付、作成者、参照番号など
   b)  適切な形式…例えば、言語、ソフトウェアの版、図表、および媒体
       (例えば、紙・電子媒体)など
   c)  適切性および妥当性に関する、適切なレビュー・承認
```

[要求事項の解説]

組織が必要な品質マネジメントシステムの文書(記録を含む)を明確にして、作成することを意図しています。

一般的に、ISO 9001 で要求されている文書だけでは、組織の品質マネジメントシステムは構築できず、① b)の"組織が必要と決定した文書(記録を含む)"が必要となります。すなわち ISO 9001 では、必要な文書は自分で決めなさいという自己責任型の表現になっています。

②は文書化の程度(詳しさ)について述べています。文書は詳しいほどよいというものではなく、組織の規模、業務の種類、プロセスの複雑さ、要員の力量などを考慮することを述べています(図 7.19 参照)。

これらの文書に関する要求事項は、いわゆる紙媒体の文書・記録だけでなく、

第7章 支　援

電子媒体に対しても適用することが必要です。したがって、例えば③c)のレビュー・承認についても、権限のある人がレビューし、また承認するような電子システムの仕組みを構築して運用することが必要です。その文書は誰が承認したのかがわからない、また誰でも変更できるといった、電子媒体の文書の仕組みは適切とはいえません。

IATF 16949で要求している、文書化したプロセスを図3.9(p.56)に、文書・記録をそれぞれ図3.8(p.55)および図3.10(p.57)に示します。

[旧規格からの変更点]（旧規格4.2.1）　変更の程度：小

図7.20に示す3つの変更があります。

項　番		ポイント
7.5.1 ②		・"情報"は、電子媒体を考慮した表現
	a)	・一般的に、大企業の文書は多くなり、中小企業の文書は少なくてよい。 ・製品やサービスの種類によっても、文書に求められる詳しさが異なる。
	b)	・重要な業務や複雑な業務の文書は詳しく ・品質保証と顧客満足のために必要な文書はしっかりと作成する。 ・簡単な業務の文書は簡単でよい。
	c)	・パートタイマー・アルバイト主体の業務の文書は、わかりやすくする。 ・力量(能力)のある要員を割りあてる業務の文書は簡単でよい。

図7.19　文書の程度(詳しさ)を決める要素

区　分	ポイント	
1) 品質マニュアルの文書化の要求がなくなった。	・ISO 9001規格が、文書重視の規格から、パフォーマンス(結果)重視の規格に変わったため(図3.3、p.47参照)	・なおIATF 16949では、これらの文書を要求している。
2) 6つの手順書の要求がなくなった。	・文書管理、記録の管理、不適合製品の管理、内部監査、是正処置および予防処置の手順書の要求がなくなった。	
3) 文書および記録という用語が、"文書化した情報"に統一された。	・文書と記録は、次のように区別された。 －文書：文書化した情報を維持(maintain)する。 －記録：文書化した情報を保持(retain)する。	

図7.20　ISO 9001：2008からISO 9001：2015への文書に関する要求事項の変更

7.5.1.1 品質マネジメントシステムの文書類

［要求事項］　IATF 16949

> 7.5.1.1　品質マネジメントシステムの文書類
> ① 　品質マネジメントシステムは文書化し、品質マニュアルに含める。
> 　　a)　品質マニュアルは一連の文書でもよい。
> 　　　　また、電子版または印刷版でもよい。
> 　　b)　品質マニュアルの様式と構成は、組織の規模・文化・複雑さによって決まる。
> 　　c)　一連の文書が使用される場合、品質マニュアルを構成する文書のリストを保持する。
> ② 　品質マニュアルには、次の事項を含める(最低限)。
> 　　a)　品質マネジメントシステムの適用範囲
> 　　　・(適用除外がある場合)適用除外の詳細とそれを正当とする理由
> 　　b)　品質マネジメントシステムについて確立された、文書化したプロセス、またはそれらを参照できる情報
> 　　c)　プロセスとそれらの順序・相互作用(インプット・アウトプット)。
> 　　　・アウトソースしたプロセスの管理の方式と程度を含む。
> 　　d)　品質マネジメントシステムの中のどこで、顧客固有要求事項に取り組んでいるかを示す文書(例　表、リストまたはマトリックス)
> ③ 　注記　IATF 16949 規格の要求事項と組織のプロセスとのつながりを示すマトリックスを利用してもよい。

［要求事項の解説］

　IATF 16949 では、ISO 9001 では要求事項ではなくなった品質マニュアルの作成を求めています。

　品質マネジメントシステムの文書(品質マニュアル)に関して、上記①〜③に示す事項を実施することを求めています(図 7.21 参照)。

　① a)は、品質マニュアルは1つの文書でも一連(複数)の文書でもよいこと、また、印刷物でも電子版でもよいこと、そして c)は、品質マニュアルが一連の文書で構成される場合は、品質マニュアルを構成する文書のリストを作成することを述べています。

　② a)〜 d)は、品質マニュアルに含める内容について述べています。

［旧規格からの変更点］　(旧規格 4.2.2)　変更の程度：中

　品質マニュアルは、1つの文書でも一連の文書でもよいことになりました。また、② d)が追加されました。これらへの対応が必要です。

7.5.3 文書化した情報の管理

7.5.3.1 （一般）、7.5.3.2 （文書管理）

[要求事項]　ISO 9001

> 7.5.3　文書化した情報の管理
> 7.5.3.1　（一般）
> ①　品質マネジメントシステムおよびISO 9001規格で要求されている文書化した情報は、次の事項を確実にするために管理する。
>   a)　文書化した情報が、必要なときに、必要なところで、入手可能かつ利用に適した状態である。
>   b)　文書化した情報が十分に保護されている。
>   ・例えば、機密性の喪失、不適切な使用および完全性の喪失からの保護
> ②　次の行動に取り組む（該当する場合には必ず）。
>   a)　配付・アクセス・検索・利用
>   b)　保管・保存（読みやすさが保たれることを含む）
>   c)　変更の管理。例えば、版の管理
>   d)　保持・廃棄
> ③　注記　アクセスとは、文書化した情報の閲覧許可の決定、または文書化した情報の閲覧・変更許可・権限の決定を意味しうる。
> ④　品質マネジメントシステムの計画と運用のために組織が必要と決定した、外部からの文書化した情報は、特定し、管理する。
>
> 7.5.3.2　（文書管理）
> ⑤　適合の証拠として保持する文書化した情報は、意図しない改変から保護する。

[要求事項の解説]

　文書化した情報（文書・記録）の管理を適切に行うことを意図しています。

　上記① b)は、文書・記録の改ざんと機密の保護について述べています。

　④は、組織以外で作成された文書（いわゆる外部文書）の管理について述べています。外部文書には、顧客の図面・仕様書、関連法規制、業界の規格類、ISO 9001やIATF 16949規格などがあります。

　旧規格では、文書と記録に分けて表現していましたが、ISO 9001：2015では、記録という表現はなくなりました。"文書化した情報を維持（maintain）する"は文書の作成を表し、"文書化した情報を保持（retain）する"は、記録

の作成を表しています。文書と記録の管理方法の相違を図7.18（p.142）に示します。

[旧規格からの変更点]（旧規格 4.2.3、4.2.4）　変更の程度：小

記録は文書に含まれました。① b)の文書・記録の機密保護が追加されました。また③のアクセスの説明が追加されました。

項　番		ポイント
7.5.1.1 ①	a)	・品質マニュアルは1つの文書でも一連(複数)の文書でもよいこと、また、印刷物でも電子版でもよい。
	b)	・ISO 9001 規格箇条 7.5.1 ②と同様、文書の程度(詳しさ)を決める要素について述べている。
	c)	・品質マニュアルが一連の文書で構成される場合は、品質マニュアルを構成する文書のリストを作成する。
②	a)	・品質マネジメントシステムの適用範囲を記載する。 ・適用除外がある場合は、適用除外の詳細とその理由を記載する。
	b)	・IATF 16949で要求されている文書化したプロセスを、品質マニュアルに記載するか、または参照情報(文書名)を記載する。
	c)	・プロセスとそれらの順序・相互作用(インプット・アウトプット)は、プロセスマップおよびタートル図などで表すことができる。
	d)	・顧客固有要求事項が、漏れないようにする。 ・箇条 4.3.2 "顧客固有要求事項"への対応
③		・プロセスと要求事項との対応表(マトリックス)の例については、図2.12(p.38)参照

図 7.21　品質マニュアルの構成

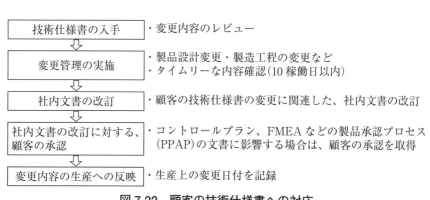

図 7.22　顧客の技術仕様書への対応

7.5.3.2.1　記録の保管

［要求事項］　IATF 16949

> 7.5.3.2.1　記録の保管
> ① 記録保管方針を定め、文書化し、実施する。
> ② 記録の管理は、法令・規制・組織・顧客要求事項を満たすものとする。
> ③ 次の記録は、製品が生産・サービス要求事項に対して有効である期間に加えて1暦年、保持する。
> 　・ただし、顧客または規制当局によって規定されたときは、この限りでない。
> 　a)　生産部品承認　　b)　治工具の記録（保全・保有者を含む）
> 　c)　製品設計・工程設計の記録　　d)　購買注文書（該当する場合には必ず）
> 　e)　契約書（修正事項を含む）
> ④ 注記　生産部品承認の文書化した情報には、承認された製品、設備の記録、または承認された試験データを含めてもよい。

［要求事項の解説］

　法規制や顧客要求事項にもとづいて、記録の保管を適切に行うことを意図しています。

　自動車産業における記録は、自動車のリコールが発生した場合に、迅速かつ適切に必要な処置がとれるように管理することが必要です。

　①は、記録保管方針の文書化を求めています。

　記録の保管期間は、一般的には組織で決めることになりますが、②は自動車産業の関連する法規制の要求期間を満たすことを述べています。

　保管期間について規定されている③ a)〜 e)の記録は、リコールが発生した場合などに必要となる、特に重要な記録と考えるとよいでしょう。

　③の"製品が生産・サービス要求事項に対して有効である期間"は、顧客の生産用およびその後の保守サービス用の注文がある期間と考えればよいでしょう。

　IATF 16949で要求している記録のリストを図3.10（p.57）に示します。なおIATF 16949では、これらの要求事項となっている記録以外にも、それぞれの要求事項を適切に行ったことを示す証拠（記録）を作成するとよいでしょう。

［旧規格からの変更点］（旧規格 4.2.4.1）　変更の程度：小
大きな変更はありません。

7.5.3.2.2　技術仕様書

［要求事項］　IATF 16949

> 7.5.3.2.2　技術仕様書
> ①　顧客のすべての技術規格・仕様書および関係する改訂に対して、顧客スケジュールにもとづいて、レビュー・配付・実施を記述した文書化したプロセスをもつ。
> ②　技術規格・仕様書の変更が、製品設計変更になる場合は、設計・開発の変更(箇条 8.3.6)の要求事項を参照する。
> ③　技術規格・仕様書の変更が、製品実現プロセスの変更になる場合は、変更の管理(箇条 8.5.6.1)の要求事項を参照する。
> ④　生産において実施された変更の日付の記録を保持する。
> 　・実施には、更新された文書を含める。
> ⑤　レビューは、技術規格・仕様書の変更を受領してから、10 稼働日内に完了することが望ましい。
> ⑥　注記　技術規格・仕様書の変更は、仕様書が設計記録に引用されている、または、コントロールプラン、リスク分析(**FMEA のような**)のような、生産部品承認プロセス文書に影響する場合、顧客の生産部品承認の更新された記録が要求される場合がある。

［要求事項の解説］

顧客の技術仕様書への対応をタイムリーに行うことを意図しています。

①は、顧客の技術仕様書管理の文書化したプロセスを求めています。

②、③は、顧客の技術規格・仕様書の変更によって、製品の設計変更になる場合は、箇条 8.3.6 に従って管理し、製品実現プロセスの変更になる場合は、箇条 8.5.6.1 に従って管理し、⑤は、顧客の技術仕様書が変更された場合、タイムリーな内容確認(10 稼働日以内)を行うこと、⑥は、コントロールプランや FMEA などの製品承認プロセス文書に影響する場合、顧客の製品承認(PPAP)が必要となることを述べています(図 7.22、p.147 参照)。

［旧規格からの変更点］（旧規格 4.2.3.1）　変更の程度：小

顧客の技術仕様書の管理の文書化したプロセスを求めています。

技術仕様書のレビュー期間が、旧規格の"稼働 2 週間以内"という要求事項から"10 稼働日内"という推奨事項に変わりました。

第8章
運　用

本章では、IATF 16949（箇条8）"運用"の要求事項の詳細について解説しています。

この章のIATF 16949規格要求事項の項目は、次のようになります。

8.1	運用の計画および管理
8.1.1	運用の計画および管理－補足
8.1.2	機密保持
8.2	製品およびサービスに関する要求事項
8.2.1	顧客とのコミュニケーション
8.2.1.1	顧客とのコミュニケーション－補足
8.2.2	製品およびサービスに関連する要求事項の明確化
8.2.2.1	製品およびサービスに関する要求事項の明確化－補足
8.2.3	製品およびサービスに関連する要求事項のレビュー
8.2.3.1	（一般）
8.2.3.1.1	製品およびサービスに関する要求事項のレビュー－補足
8.2.3.1.2	顧客指定の特殊特性
8.2.3.1.3	組織の製造フィージビリティ
8.2.3.2	（文書化）
8.2.4	製品およびサービスに関連する要求事項の変更
8.3	製品およびサービスの設計・開発
8.3.1	一般
8.3.1.1	製品およびサービスの設計・開発－補足
8.3.2	設計・開発の計画
8.3.2.1	設計・開発の計画－補足
8.3.2.2	製品設計の技能
8.3.2.3	組込みソフトウェアをもつ製品の開発
8.3.3	設計・開発へのインプット
8.3.3.1	製品設計へのインプット
8.3.3.2	製造工程設計へのインプット
8.3.3.3	特殊特性
8.3.4	設計・開発の管理
8.3.4.1	監視
8.3.4.2	設計・開発の妥当性確認
8.3.4.3	試作プログラム
8.3.4.4	製品承認プロセス
8.3.5	設計・開発からのアウトプット
8.3.5.1	設計・開発からのアウトプット－補足
8.3.5.2	製造工程設計からのアウトプット
8.3.6	設計・開発の変更
8.3.6.1	設計・開発の変更－補足
8.4	外部から提供されるプロセス、製品およびサービスの管理
8.4.1	一般
8.4.1.1	一般－補足
8.4.1.2	供給者選定プロセス
8.4.1.3	顧客指定の供給者（指定購買）
8.4.2	管理の方式および程度
8.4.2.1	管理の方式および程度－補足
8.4.2.2	法令・規制要求事項
8.4.2.3	供給者の品質マネジメントシステム開発
8.4.2.3.1	自動車製品に関係するソフトウェアまたは組込みソフトウェアをもつ製品
8.4.2.4	供給者の監視
8.4.2.4.1	第二者監査
8.4.2.5	供給者の開発
8.4.3	外部提供者に対する情報
8.4.3.1	外部提供者に対する情報－補足
8.5	製造およびサービス提供
8.5.1	製造およびサービス提供の管理
8.5.1.1	コントロールプラン
8.5.1.2	標準作業－作業者指示書および目視標準
8.5.1.3	作業の段取り替え検証
8.5.1.4	シャットダウン後の検証
8.5.1.5	TPM
8.5.1.6	生産治工具ならびに製造、試験、検査の治工具および設備の運用管理
8.5.1.7	生産計画
8.5.2	識別およびトレーサビリティ
8.5.2.1	識別およびトレーサビリティ－補足
8.5.3	顧客または外部提供者の所有物
8.5.4	保存
8.5.4.1	保存－補足
8.5.5	引渡し後の活動
8.5.5.1	サービスからの情報のフィードバック
8.5.5.2	顧客とのサービス契約
8.5.6	変更の管理
8.5.6.1	変更の管理－補足
8.5.6.1.1	工程管理の一時的変更
8.6	製品およびサービスのリリース
8.6.1	製品およびサービスのリリース－補足
8.6.2	レイアウト検査および機能試験
8.6.3	外観品目
8.6.4	外部から提供される製品およびサービスの検証および受入れ
8.6.5	法令・規制への適合
8.6.6	合否判定基準
8.7	不適合なアウトプットの管理
8.7.1	（一般）
8.7.1.1	特別採用に対する顧客の正式許可
8.7.1.2	不適合品の管理－顧客規定のプロセス
8.7.1.3	疑わしい製品の管理
8.7.1.4	手直し製品の管理
8.7.1.5	修理製品の管理
8.7.1.6	顧客への通知
8.7.1.7	不適合製品の廃棄
8.7.2	（文書化）

第8章 運用

8.1 運用の計画および管理

8.1.1 運用の計画および管理－補足

[要求事項]　ISO 9001 ＋ IATF 16949

8.1　運用の計画および管理
① 次のために必要なプロセスを、計画し、実施し、管理する。
　a) 製品・サービスの提供に関する要求事項を満たすため
　b) 箇条6(計画)で決定した取組みを実施するため(箇条4.4参照)
② 上記のために、次の事項を実施する。
　a) 製品・サービスに関する要求事項の明確化
　b) 次の事項に関する基準の設定
　　1) プロセス
　　2) 製品・サービスの合否判定
　c) 製品・サービスのために必要な資源の明確化
　d) b)の基準に従った、プロセス管理の実施
　e) 次のために必要な、文書化した情報の明確化・維持・保管
　　1) プロセスが計画どおりに実施されたという確信をもつ。
　　2) 製品・サービス要求事項への適合を実証する。
③ 計画した変更を管理し、意図しない、変更によって生じた結果をレビューし、(必要に応じて)有害な影響を軽減する処置をとる。
④ 外部委託プロセスが管理されていることを確実にする(8.4参照)。

8.1.1　運用の計画および管理－補足
⑤ 製品実現の計画には、次の事項を含める。
　a) 顧客の製品要求事項・技術仕様書
　b) 物流要求事項
　c) 製造フィージビリティ
　d) プロジェクト計画(ISO 9001 箇条8.3.2参照)
　e) 合否判定基準
⑥ 上記② c)の資源は、製品と製品の合否判定基準に固有の、要求される検証・妥当性確認・監視・測定・検査・試験活動のためである。

[要求事項の解説]

　運用(製品実現)の計画を作成し、管理することを意図しています。
　ISO 9001では運用(operation)という用語を使っていますが、IATF 16949では旧規格と同じ製品実現(product realization)という用語を使っています。

上記①は、製品・サービス提供に関する要求事項を満たすため、および箇条6.1"リスクおよび機会の取組み"を実施するために必要なプロセスを計画して、箇条4.4で述べたプロセスアプローチで実施することを求めています。そして、そのために② a)〜 e)の事項を実施することを述べています(図8.1参照)。

①〜④は図8.2に示すようになります。② b-1)の"プロセスに関する基準"は、箇条4.4.1で設定した品質マネジメントシステムの各プロセスの判断基準や製造工程の管理基準、またb-2)の"製品・サービスの合否判定基準"は、箇条8.6.6で述べている合否判定基準、② e)は、箇条8の各要求事項を満たしていることを示す記録と考えることができます。

そして③は、変更管理について述べています。変更によって生じる、意図しない結果についても管理することを求めています。例えば、品質問題が発生し、その是正処置として設計変更を行った場合に、当初の品質問題は解決されても、他に副作用が起こる可能性があります。意図しない結果とはこの副作用のことを述べています。この変更によって生じる意図しない結果は、変更によるリスクと考えることができます。すなわち、"意図しない変更によって生じた結果のレビュー"は、変更によるリスクの評価ということになります。

⑤ a)〜 e)は、IATF 16949において、製品実現の計画に含める内容について述べています(図8.3参照)。b)の"物流要求事項"には、顧客から納品先への輸送や、荷姿などの要求事項があります。物流要求事項が追加された背景には、物流関係で種々の問題が発生しているためと考えられます。

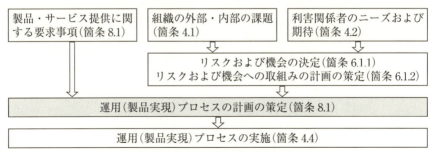

図8.1 製品実現計画策定のフロー

第8章 運用

[旧規格からの変更点]（旧規格 7.1、7.1.1）　変更の程度：大

① b)、③、④、および⑤ b)、c)、d)が追加されました。

なお、旧規格の 7.1 a)で述べていた、"製品に関する品質目標"はなくなりました。

項番		ポイント
8.1 ①		・次のために必要なプロセスを、計画し、実施する。
	a)	・製品・サービスの提供に関する要求事項を満たすため
	b)	・箇条 6.1 "リスクおよび機会の取組み"を実施するため
②	a)	・製品・サービスに関する要求事項を明確にする。 ・顧客の要求事項、法規制要求事項、組織の要求事項などがある。
	b)	・b-1)の"プロセスに関する基準"は、箇条 4.4.1 で設定した品質マネジメントシステムの各プロセスの判断基準や製造工程の管理基準、b-2)の"製品・サービスの合否判定基準"は、箇条 8.6.6 で述べている合否判定基準と考えられる。
	c)	・製品・サービスのために必要な資源を明確にする。
	d)	・上記 b)の基準に従った、プロセス管理を実施する。
	e)	・箇条 8 の各要求事項を満たしていることを示す記録を作成する。
③		・変更によって生じる、意図しない結果についても管理する。 ・この変更によって生じる意図しない結果は、変更による副作用など、変更によるリスクと考えることができる。すなわち、"意図しない変更によって生じた結果のレビュー"は、変更によるリスクの評価となる。
④		・アウトソース・プロセスについても、管理を確実にする。

図 8.2　製品実現計画に関する実施事項

項番		ポイント
8.1.1 ⑤	a)	・顧客の製品規格・技術仕様書など
	b)	・顧客からの納品先、荷姿などの要求事項
	c)	・箇条 8.2.3.1.3 "組織の製造フィージビリティ"参照
	d)	・プロジェクト計画は、ISO 9001 規格箇条 8.3.2 "設計・開発の計画"に相当 ・プロジェクトマネジメントの方法には、APQP、VDA-RGA などがある。
	e)	・箇条 8.6.6 "合否判定基準"参照

図 8.3　製品実現計画に含める事項

8.1.2 機密保持

［要求事項］ IATF 16949

> 8.1.2 機密保持
> ① 顧客と契約した開発中の製品・プロジェクト・関係製品情報の機密保持を確実にする。

［要求事項の解説］

新製品情報やノウハウなどの、顧客の機密情報を、顧客の同業他社などに漏れないように管理することを意図しています。

複数の自動車メーカーあるいはその供給者と取引のある場合は、ある自動車メーカーの機密情報が、ほかの自動車メーカーに漏れないように管理することが必要です。顧客の機密情報の管理は、不適合製品の廃棄（箇条 8.7.1.7）の際にも、注意を払うことが必要な場合があるでしょう。顧客情報が外部にもれないようにするために、組織内や供給者に対しても管理が必要です。紙媒体の文書情報だけでなく、とくに最近は電子媒体の情報が増えているため、これらの電子情報の機密流出や、コンピュータウイルス対策なども必要となるでしょう。なお、IATF 16949 の要求事項ではありませんが、組織自身の機密情報の管理も必要でしょう。

［旧規格からの変更点］（旧規格 7.1.3）　変更の程度：小

大きな変更はありません。

項番		ポイント
8.2.1 ①	a)	・製品要求事項に関して、顧客の要望（要求・期待）を聞く。
	b)	・引合い・契約・受注から製品・サービスの引渡しまでの各段階における顧客とのコミュニケーション
	c)	・製品・サービス提供後の、顧客からのフィードバック情報（苦情を含む）のコミュニケーション
	d)	・顧客の所有物の取扱い・管理については、後述の箇条 8.5.3 に詳細が述べられている。
	e)	・不測の事態への対応は、IATF 16949 の緊急事態対応計画（箇条 6.1.2.3）に対応するものと考えることができる。

図 8.4　顧客とのコミュニケーション

8.2 製品およびサービスに関する要求事項

8.2.1 顧客とのコミュニケーション

8.2.1.1 顧客とのコミュニケーション―補足

[要求事項]　ISO 9001 ＋ IATF 16949

> 8.2　製品およびサービスに関する要求事項
> 8.2.1　顧客とのコミュニケーション
> ①　顧客とのコミュニケーションには、下記を含める。
>   a)　製品・サービスに関する情報の提供
>   b)　引合い・契約・注文の処理(変更を含む)
>   c)　製品・サービスに関する顧客からのフィードバック(苦情を含む)
>   d)　顧客の所有物の取扱い・管理
>   e)　不測の事態への対応に関する特定の要求事項(関連する場合)
>
> 8.2.1.1　顧客とのコミュニケーション―補足
> ②　顧客とのコミュニケーション(記述または口頭のコミュニケーション)では、顧客と合意した言語を用いる。
> ③　顧客に規定されたコンピュータ言語・書式(例　CADデータ、電子データ交換)を含めて、必要な情報を伝達する能力をもつ。

[要求事項の解説]

　顧客とのコミュニケーションを確実に行うことを意図しています。

　上記① a)〜 e)は、運用(製品実現)の各段階における顧客とのコミュニケーションについて述べています(図8.4 参照)。① e)の"不測の事態への対応"は、IATF 16949 の"緊急事態対応計画"(箇条 6.1.2.3)に相当します。

　IATF 16949 では、②、③において、顧客と合意した言語でコミュニケーションを実施することを求めています。顧客とのやりとりは、用いる言語(英語、日本語など)、CADデータ、電子データ交換や、是正処置報告書の様式など、顧客指定の方法で行うことを述べています。複数の顧客がある場合は、それぞれ異なる対応が必要となります。

[旧規格からの変更点]　(旧規格 7.2.3、7.2.3.1)　変更の程度：小
　① d)、e)が追加されました。

8.2 製品およびサービスに関する要求事項

8.2.2 製品およびサービスに関する要求事項の明確化

8.2.2.1 製品およびサービスに関する要求事項の明確化－補足

［要求事項］　ISO 9001 ＋ IATF 16949

> 8.2.2　製品およびサービスに関する要求事項の明確化
> ①　顧客に提供する製品・サービスに関する要求事項を明確にするために、次の事項を確実にする。
> 　a)　製品・サービスの要求事項が定められている(次の事項を含む)。
> 　　1)　適用される法令・規制要求事項　　2)　組織が必要と見なすもの
> 　b)　提供する製品・サービスに関して主張していることを満たすことができる。
>
> 8.2.2.1　製品およびサービスに関する要求事項の明確化－補足
> ②　これらの要求事項には、製品・製造工程について、組織の知識の結果として特定されたリサイクル・環境影響・特性を含める。
> ③　材料の入手・保管・取扱い・リサイクル・除去・廃棄に関係する、すべての政府規制・安全規制・環境規制を含める。

［要求事項の解説］

顧客要求事項を満たした製品を提供するために、製品に関する要求事項を正確に把握することを意図しています。

①　a-1)の"適用される法令・規制要求事項"としては、自動車では、安全、環境(排気ガス、騒音など)面での種々の法規制があります。材料を海外から購入したり、製品を海外に出荷する場合は、日本の法規制以外に、関係する各国の法規制も対象となります。なお、a)には記載されていませんが、IATF 16949 では、顧客要求事項が含まれることはいうまでもありません。

①　b)は、提供する製品に関して、組織が主張している事項(例えば、自動車の燃費、性能保証、耐用年数など)を明確にすることを述べています。

②、③は、IATF 16949 における追加要求事項として、材料の安全および環境法規制について述べています。国によって、規制有害物質に関する法規制が異なるため、海外から材料などを輸入している場合は、注意が必要です。

［旧規格からの変更点］　(旧規格 7.2.1)　変更の程度：小

大きな変更はありません。

②、③は、注記から要求事項に変わり、法規制への対応が厳しくなりました。

8.2.3 製品およびサービスに関する要求事項のレビュー

8.2.3.1 （一般）、8.2.3.2 （文書化）
8.2.3.1.1　製品およびサービスに関する要求事項のレビュー－補足
［要求事項］　ISO 9001 ＋ IATF 16949

8.2.3　製品およびサービスに関する要求事項のレビュー
8.2.3.1　（一般）
① 顧客に提供する製品・サービスに関する要求事項を満たす能力をもつことを確実にする。
② 製品・サービスを顧客に提供することをコミットメントする前に、次の事項を含め、レビューを行う。
　a) 顧客が規定した要求事項
　　・引渡しおよび引渡し後の活動に関する要求事項を含む。
　b) 顧客が明示してはいないが、指定された用途または意図された用途が既知である場合、それらの用途に応じた要求事項
　c) 組織が規定した要求事項
　d) 製品・サービスに適用される法令・規制要求事項
　e) 以前に提示されたものと異なる、契約・注文の要求事項
③ 契約・注文の要求事項が以前に定めたものと異なる場合には、それが解決されていることを確実にする。
④ 顧客がその要求事項を書面で示さない場合には、顧客要求事項を受諾する前に確認する。

8.2.3.2　（文書化）
⑤ 次の文書化した情報を保持する（記録）（該当する場合は必ず）。
　a) レビューの結果
　b) 製品・サービスに関する新たな要求事項

8.2.3.1.1　製品およびサービスに関する要求事項のレビュー－補足
⑥ 上記箇条 8.2.3.1 の要求事項に対する、顧客が正式許可した免除申請の文書化した証拠を保持する（記録）。

［要求事項の解説］

　組織が、顧客に提供する製品・サービスに関する要求事項を満たす能力があることを、顧客との契約締結または注文を受諾する前に確認し、顧客の意図しな

8.2 製品およびサービスに関する要求事項

い製品が提供されたり、納期遅れなどがないようにすることを意図しています。

この要求事項は、箇条8.2.2で明確にした製品・サービスに関する要求事項を、組織が満たす能力があるかどうかをレビューすることです。

② a)～ e)は、旧規格では、製品およびサービスに関する要求事項の明確化（箇条7.2.1）に含まれていたものです（図8.5参照）。

⑥は、顧客の特別採用の証拠の記録を保管することを述べています（箇条8.7.1.1参照）。

[旧規格からの変更点]（旧規格7.2.2、7.2.2.1）　変更の程度：小

製品・サービスに関する要求事項のレビュー結果の文書化に関して、旧規格の"レビュー結果に対する処置"がなくなり、⑤ b)製品・サービスに関する新たな要求事項が追加されました。

項目		内容	詳細
顧客の要求事項	a) 顧客要求事項	・顧客が明示した要求事項	・文書と口頭による要求を含む。 ・契約型製品（注文製品）における主な要求事項
		・製品引渡し後の要求事項	・保証契約 ・アフターサービス ・リサイクル、など
	b) 顧客の暗黙のニーズ（期待）	・製品の用途に応じた要求事項	・市場型製品（既製品）における、主な要求事項
組織の追加要求事項	c) 組織が必要と判断する追加要求事項	・品質保証と顧客満足のための条件	・品質・技術で他社と差別
		・パフォーマンス改善の条件	・コスト、生産性など
	d) 法令・規制要求事項	・製品に適用される法令・規制要求事項	・自動車の安全や環境に関する法規制など
	e) 以前とは異なる、契約・注文の要求事項	・顧客の新たな契約条件など	・新たな契約条件に対して、新たなレビューが必要

［備考］a)～ e)は ISO 9001 規格（箇条8.2.3.1）の項目を示す。

図8.5　製品・サービスに関連する要求事項のレビュー

8.2.3.1.2 顧客指定の特殊特性

[要求事項] IATF 16949

> 8.2.3.1.2 顧客指定の特殊特性
> ① 特殊特性の指定・承認文書・管理に対する顧客要求事項に適合する。

[用語の定義]

特殊特性 special characteristics	・安全もしくは規制への適合、合わせ立て付け、機能、性能、要求事項、または製品の後加工に影響しうる、製品特性または製造工程パラメータの区分。

[要求事項の解説]

顧客指定の特殊特性に対して、顧客指定どおりに適切に管理することを意図しています。

特殊特性(special characteristics)とは、自動車の安全性や環境を含めた法規制、およびその後の製造工程などに重大な影響のある特性です。特殊特性は、まず最初に顧客が指定し、次いで組織が追加します。

顧客指定の特殊特性に対しては、安全に関する実験データの提出、環境に関する環境負荷物質等を使用していないことの証拠、および製造工程の工程能力指数(C_{pk})のデータなどが必要となる場合があります。

顧客指定の特殊特性がある場合は、特殊特性に関する顧客指定の記号を、コントロールプラン、FMEA、図面、作業指示書などの文書に記載することが必要です。

わが国では、この自動車の安全性に影響する特殊特性を含んだ自動車部品を、重要保安部品と呼ぶことがあります。

なお、特殊特性に対しては、測定システム解析(箇条7.1.5.1.1)、コントロールプランにおける特別な管理(箇条8.5.1.1)、および製造工程の監視・測定(箇条9.1.1.1)などの、特別の管理が必要となります。

特殊特性とその管理の詳細については、箇条8.3.3.3で説明します。

[旧規格からの変更点] (旧規格 7.2.1.1) 変更の程度:小

大きな変更はありません。

8.2.3.1.3　組織の製造フィージビリティ

［要求事項］　IATF 16949

8.2.3.1.3　組織の製造フィージビリティ
① 　製造工程が一貫して、顧客の規定したすべての技術・生産能力の要求事項を満たす製品を生産できることが実現可能か否かを判定するための分析を実施する。
② 　上記の判定・分析のために、部門横断的アプローチを利用する。
③ 　製造フィージビリティ分析を、新規の製造技術・製品技術に対して、および変更された製造工程・製品設計に対して実施する。
④ 　生産稼働、ベンチマーキング調査、または他の適切な方法で、仕様どおりの製品を要求される速度で生産する能力を、妥当性確認を行うことが望ましい。

［用語の定義］

製造フィージビリティ manufacturing feasibility	・製品を、顧客要求事項を満たすように製造することが技術的に実現可能か否かを判定するための、提案されたプロジェクトの分析および評価。 ・これには、見積りコスト内で、必要な資源、施設、治工具、生産能力、ソフトウェア、および必要な技能をもつ要員が、業務支援機能を含めて、提供できるかまたは提供できるように計画されているかどうかの評価を含む(該当する場合)。

［要求事項の解説］

　顧客に提供する製品に対して、量産時の生産能力があるかどうかの評価を、生産上のリスク評価を含めて、顧客との契約締結前に行うことを意図しています。

　ISO 9001 規格(箇条 8.2.3)では、製品・サービスに関する要求事項のレビュー、すなわち組織が、製品・サービスに関する要求事項を満たす能力をもっているかどうかをレビューすることを求めていますが、IATF 16949 では、このレビューを製造フィージビリティ(manufacturing feasibility)と呼んでいます。

　製造フィージビリティとは、製品を、顧客要求事項を満たすように製造することが技術的に実現可能か否かを判定するための分析・評価をいいます。これには、見積りコスト内で、必要な資源・施設・治工具・生産能力・ソフトウェアおよび必要な技能をもつ要員が、支援部門を含めて提供できるかの検討が含

第8章 運用

まれます。すなわち製造フィージビリティ評価とは、生産性、工程能力、生産上のリスク、製造工程の有効性を含めた、生産能力の総合的な評価のことです。

なお、工場・施設・設備に関する製造フィージビリティ評価については、箇条 7.3.1 で述べています。

製造フィージビリティ分析は、③に記載されているように、新製品・新製造工程だけでなく、変更された製造工程・製品設計に対しても実施することが、IATF 16949 の要求事項として追加されました。

この製造フィージビリティは、顧客との契約締結前(受注前)に実施すること、および部門横断的アプローチで行うことが必要です。また製造フィージビリティは、製品の設計が顧客によって行われた場合も対象となります。製品設計は顧客が行ったから、組織に責任はないというわけではありません。

実現可能性検討報告書			
		日付:	
顧客名:			
部品名:			
部品番号:			
考察項目	① 製品および要求事項が定義されているか?	☐ Yes	☐ No
	② 要求された性能仕様を満たすことができるか?	☐ Yes	☐ No
	③ 図面に指定された許容差で製造できるか?	☐ Yes	☐ No
	④ 要求事項を満たす工程能力で製造できるか?	☐ Yes	☐ No
	⑤ 十分な生産能力はあるか?	☐ Yes	☐ No
	⑥ 効率的な材料取扱手法が使えるか?	☐ Yes	☐ No
	⑦ 下記のコストは問題ないか? ・主要設備コスト ・治工具コスト	☐ Yes ☐ Yes	☐ No ☐ No
	⑧ 統計的工程管理が要求されるか?	☐ Yes	☐ No
	⑨ 類似製品の統計的工程管理に関して、 ・その工程は安定しているか? ・その工程の工程能力は、$C_{pk} > 1.67$ か?	☐ Yes ☐ Yes	☐ No ☐ No
結論	☐実現可能 ☐条件付実現可能 ☐実現不可能		
承認	APQP チームメンバー:(署名)		

図 8.6 製造フィージビリティ(実現可能性)検討報告書の例

なお、製造フィージビリティの詳細については、IATF 16949 のコアツールである APQP(先行製品品質計画)参照マニュアルに記載されています。APQP 参照マニュアルで紹介されている、製造フィージビリティ(実現可能性)検討報告書の様式の例を図 8.6 に示します。

[旧規格からの変更点]（旧規格 7.2.2.2）　変更の程度：大

製造フィージビリティの具体的な内容として、①〜④が追加されました。また製造フィージビリティは、新規の製造技術・製品技術だけでなく、変更された製造工程・製品設計に対しても要求事項となりました。

8.2.4　製品およびサービスに関する要求事項の変更

[要求事項]　ISO 9001

> 8.2.4　製品およびサービスに関する要求事項の変更
> ①　製品・サービスの要求事項が変更されたときには、下記を行う。
> 　a)　関連する文書化した情報を変更することを確実にする。
> 　b)　変更後の要求事項が、関連する人々に理解されていることを確実にする。

[要求事項の解説]

製品・サービスの要求事項が変更されたときの管理を確実にすることを意図しています。

製品・サービスに関する要求事項の変更の対象は、大きく設計変更と製造工程の変更の 2 つに分けることができます。前者については箇条 8.3.6 に、そして後者については箇条 8.5.6 に、それらの管理方法の詳細について規定されています。

上記① a)は、これらの変更が行われた場合に、関連する文書(図面、コントロールプラン、FMEA、作業指示書など)を変更すること、そして b)は、変更内容を組織内に確実に伝達することを述べています。

[旧規格からの変更点]（旧規格 7.2.2）　変更の程度：小

大きな変更はありません。

第8章 運用

8.3 製品およびサービスの設計・開発

8.3.1 一般、8.3.1.1 製品およびサービスの設計・開発－補足

［要求事項］　ISO 9001 ＋ IATF 16949

> 8.3　製品およびサービスの設計・開発
> 8.3.1　一般
> ①　設計・開発以降の製品・サービスの提供を確実にするために、設計・開発プロセスを確立し、実施し、維持する。
>
> 8.3.1.1　製品およびサービスの設計・開発－補足
> ②　設計・開発プロセスを文書化する。
> ③　設計・開発は、不具合の検出よりも不具合の予防を重視する。
> ④　設計・開発プロセスの対象には下記を含める。
> 　a)　製品の設計・開発
> 　b)　製造工程の設計・開発

［用語の定義］

設計・開発 design and development	・要求事項をより詳細な要求事項に変換するプロセス

［要求事項の解説］

　IATF 16949では、製品（サービスを含む）の設計・開発と、製造工程の設計・開発の両方を、箇条8.3 "設計・開発" の対象とすることを意図しています。

　ISO 9001では、要求事項としての設計・開発の対象は、製品（およびサービス）です。すなわち、製造工程の設計・開発は、ISO 9001の要求事項ではありません。しかしIATF 16949では、上記④のように、製品と製造工程の両方が設計・開発の対象となります。IATF 16949において設計・開発の要求事項が適用除外となるのは、顧客が製品の設計・開発を行っている場合だけです（図4.8, p.73参照）。

　③は、設計・開発では、不具合の検出よりも不具合の予防を重視すること、すなわちリスクを考慮して設計・開発を行うことを述べています。

［旧規格からの変更点］（旧規格7.3、7.3.1）　変更の程度：大

　①のように、製品・サービスの提供方法を決めることが設計・開発となりました。またIATF 16949では、設計・開発プロセスの文書化が追加されました。

8.3.2　設計・開発の計画

8.3.2.1　設計・開発の計画－補足

［要求事項］　ISO 9001

8.3.2　設計・開発の計画
① 次の事項を考慮して、設計・開発の段階と管理を決定する。
  a)　設計・開発活動の性質・期間・複雑さ
  b)　プロセスの段階(適用される設計・開発のレビューを含む)
  c)　設計・開発の検証・妥当性確認活動
  d)　設計・開発プロセスに関する責任・権限
  e)　製品・サービスの設計・開発のための内部資源・外部資源の必要性
  f)　設計・開発プロセスに関与する人々の間のインタフェース管理の必要性
  g)　設計・開発プロセスへの顧客・ユーザの参画の必要性
  h)　設計・開発以降の製品・サービスの提供に関する要求事項
  i)　顧客・利害関係者によって期待される、設計・開発プロセスの管理レベル
  j)　設計・開発の要求事項を満たしていることを実証するために必要な文書化した情報(記録)

8.3.2.1　設計・開発の計画
② 設計・開発プロセスに影響を受けるすべての組織内の利害関係者、および(必要に応じて)サプライチェーンを含めることを確実にする。
③ 次のような場合には、部門横断的アプローチを用いる。
  a)　プロジェクトマネジメント(例　APQP、VDA-RGA)
  b)　代替の設計提案・製造工程案の使用を検討するような、製品設計・製造工程設計の活動(例　DFM、DFA)
  c)　製品設計リスク分析(FMEA)の実施・レビュー(潜在的リスクを低減する処置を含む)
  d)　製造工程リスク分析の実施・レビュー(例　FMEA、工程フロー、コントロールプラン、標準作業指示書)
④ 注記　部門横断的アプローチには、通常、組織の設計・製造・技術・品質・生産・購買・保全・供給者および他の適切な部門を含める。

［用語の定義］

製造設計 design for manufacturing、DFM	・容易に、かつ、経済的に製造される製品を設計するために製品設計および工程計画の統合化
組立設計 design for assembly、DFA	・組立性を考慮した製品設計のプロセス ・例えば、製品がより少ない部品点数からなれば、組立時間を少なくでき、従って組立コストを削減できる。

第 8 章　運　用

[要求事項の解説]

設計・開発のはじめに、設計・開発の計画を作成することを意図しています。

① a)〜j)は、設計・開発の計画書に含める項目(設計・開発の段階と管理の内容)について述べています(図 8.7 参照)。

IATF 16949 では、設計・開発を部門横断的アプローチ(multidisciplinaly approach)で進めることを述べています。②の組織内の利害関係者は組織内の関係部門、またサプライチェーンは顧客や供給者のことです。④は、部門横断的アプローチのメンバーについて述べています。

③は、部門横断的アプローチで進めるべき項目について述べています(図 8.8 参照)。

③ a)の APQP および VDA-RGA は、次のようなプロジェクトマネジメントを表します。

発　行	参考文献
AIAG	先行製品品質計画 advanced product quality planning、APQP
VDA	新規部品の成熟レベル保証 maturity level assurance(MLA、英語名)、VDA-RGA

APQP(先行製品品質計画)は、新製品に関する品質計画のことで、新製品の計画から量産までの製品実現の一貫した段階を対象としています。APQP は、(1)プログラムの計画・定義、(2)製品の設計・開発、(3)プロセス(製造工程)の設計・開発、(4)製品・プロセスの妥当性確認、および(5)量産・改善(フィードバック・評価・是正処置)の 5 つのフェーズ(段階)で構成されています。

ここで、(5)量産・改善段階が含まれていることが、APQP の特徴です。これは、設計・開発が終了し、量産段階に入ってからも、継続的改善が必要ということです。APQP の詳細については、拙著『図解 IATF 16949　よくわかるコアツール』を参照ください。

「設計・開発計画書」の例を図 8.9 に示します。

[旧規格からの変更点]（旧規格 7.3.1）　変更の程度：中

設計・開発計画(書)に含める項目として、① a)、e)、g)、h)、i)、j)が追加されました。また IATF 16949 では、④に示すように、部門横断的アプローチで進める具体的な内容が追加されました。

8.3 製品およびサービスの設計・開発

項番		ポイント
8.3.2 ①	a)	・新製品の技術の新規性によってランクづけされ、開発期間、難易度などが決定される。
	b)	・設計・開発の計画、設計・開発のレビュー、検証、妥当性確認などの設計・開発の段階、あるいは APQP(先行製品開発計画)の各フェーズを決定する。
	c)	・上記 b)の各段階で、どのような検証や妥当性確認を行うかを決める。
	d)	・上記 b)の各段階における責任・権限を明確にする。APQP では、設計・開発は部門横断チーム(APQP チーム)で進めることになる。
	e)	・どのような資源(人的資源および CAD や実験設備などの設備)が必要かを明確にする。
	f)	・設計・開発は部門横断チームによって行われるため、関係する各部門の役割分担を明確にする。
	g)	・顧客やユーザの参画の必要性を決める。
	h)	・設計・開発以降の、製造・検査・引渡しなどに関する要求事項を明確にする。
	i)	・設計・開発プロセスの管理レベルは、a)のランクづけに依存する。
	j)	・設計・開発の要求事項を満たしていることを実証するための記録

図 8.7　設計・開発の計画に含める項目(設計・開発の段階と管理の内容)

項番		ポイント
8.3.2.1 ③	a)	・APQP はアメリカ、VDA-RGA はドイツのプロジェクトマネジメントの例
	b)	・代替の設計提案・製造工程案は、複数の案を検討する。 ・例　製造設計 DFM、組立設計 DFA
	c)	・製品のリスク分析のために、設計 FMEA(製品 FMEA)を実施する。
	d)	・製造工程のリスク分析のために、プロセス FMEA を行い、コントロールプランや標準作業指示書などを作成する。
④		・部門横断チームには、組織の設計・製造・技術・品質・生産・購買・保全・供給者および他の適切な部門を含める。

図 8.8　部門横断的アプローチで進める項目

設計・開発計画書				
		承認：20xx-xx-xx ○○○○		作成：20xx-xx-xx ○○○○
開発テーマ	新製品 XX（品番 xxxx）の開発			
設計責任者	設計部 ○○○○			
APQP チーム	営業部○○○○、製造部○○○○、品質保証部○○○○			
設計のインプット	・顧客仕様書（○○○○）　　　　・ベンチマーク ・顧客指定の特殊特性　　　　　　・関連法規制（○○○○） ・各種設計目標（工程能力指数、不良率、生産性、製造コストなど）			
設計のアウトプット	・製品図面　　　　　・プロセス FMEA　　　・コントロールプラン ・製品仕様書　　　　・設計検証結果　　　　・製造フィージビリティ検討結果 ・設計 FMEA　　　　・工程能力調査結果			
設計目標	項　目		目　標	
設計目標	特殊特性 A の工程能力指数		$C_{pk} > 1.67$	
設計目標	製造コスト		$< 1,000$ 円	
設計目標	⋮		⋮	
APQP 日程	段階	$\phi 1$ 開始	$\phi 1$ 終了	$\phi 2$ 終了	$\phi 3$ 終了	$\phi 4$ 終了	生産開始
APQP 日程	計画	xx-xx-xx	xx-xx-xx	xx-xx-xx	xx-xx-xx	xx-xx-xx	xx-xx-xx
APQP 日程	実績						

図 8.9　設計・開発計画書の例

名　称	定　義
オートモーティブスパイス automotive SPICE	・ヨーロッパの自動車産業で使用されている、自動車機能安全、車載ソフトウェア開発プロセスのフレームワーク（framework、枠組み）を定めた業界標準のプロセスモデル ・CMMI と同様、開発プロセスを定量的に測定し、アセスメントやプロセス監査の見える化を通じて評価するフレームワークとして機能 ・システムを含んだソフトウェア開発が対象であり、それらの開発プロセスが詳細に定義されており、製品開発プロジェクトの品質改善につなげやすいことが特徴
CMMI capability maturity model integration、能力成熟度モデル統合	・アメリカで開発された能力成熟度モデル統合で、システム開発を行う組織が、プロセス改善を行うためのガイドラインを示したもの

図 8.10　ソフトウェア開発方法論の例

8.3 製品およびサービスの設計・開発

8.3.2.2 製品設計の技能
［要求事項］　IATF 16949

8.3.2.2　製品設計の技能
① 製品設計責任のある要員が、次の力量・技能をもつようにする。
　a）設計要求事項を実現する力量
　b）適用されるツールと手法の技能
② 適用されるツール・手法を明確にする。
③ 注記　製品設計技能の例として、数学的デジタルデータの適用がある。

［要求事項の解説］
製品設計者が、必要な力量をもつことを意図しています。
必要な製品設計の技能を確保することを求めています。
　自動車産業の製品設計では、製品固有の技術だけでなく、品質管理、信頼性技術、製造設計、組立設計など種々の力量が要求されます。さらに、FMEAやSPCも重要な技法です。③の"数学的デジタルデータ"には、CAD（computer aided design、コンピュータ支援設計）などがあります。
　また、製造工程設計のために必要な力量も明確にして、確保するとよいでしょう。
［旧規格からの変更点］（旧規格 6.2.2.1）　変更の程度：小
大きな変更はありません。

8.3.2.3 組込みソフトウェアをもつ製品の開発
［要求事項］　IATF 16949

8.3.2.3　組込みソフトウェアをもつ製品の開発
① 内部で開発された組込みソフトウェアをもつ製品に対する、品質保証のプロセスを用いる。
② ソフトウェア開発評価の方法論を、ソフトウェア開発プロセスを評価するために利用する。
③ リスクおよび顧客に及ぼす影響を考慮して、ソフトウェア開発能力の自己評価の文書化した情報を保持する（記録）。
④ ソフトウェア開発を内部監査プログラムの範囲に含める。

第8章 運　用

[要求事項の解説]

　組込みソフトウェア（図8.86、p.264参照）をもつ自動車部品に対する製品の設計・開発を確実にすることを意図しています。

　最近は、ソフトウェアを組み込んだ自動車部品（電子機器）が増えています。コンピュータ（いわゆるマイコン）を使用した制御です。当初は、排気ガス制御のためなどに使われていましたが、最近では、カーナビ、自動ブレーキ、自動運転と、コンピュータ制御の対象が増えました。これらの機器は、コンピュータに組み込まれたソフトウェアによって動作しています。ソフトウェアが誤動作すると、自動車の事故にもつながります。そこで、ソフトウェアに関する要求事項が、IATF 16949で新たに追加されました。

　ソフトウェアは目で見えないものであり、その開発手順は従来のハードウェアとしての電子部品とは異なります。上記①のソフトウェアに対する品質保証のプロセスや、ソフトウェア開発評価の方法論は、ソフトウェア用の開発手順に従うことを述べています。

　②のソフトウェア開発の方法論としては、IATF 16949規格附属書Bに記載されている、オートモーティブスパイス（automotive SPICE、A-SPICE）やCMMI（capability maturity model integration、能力成熟度モデル統合）などがあります（図8.10、p.168参照）。

　ソフトウェアは、完全に客観的評価をすることが困難なため、②では、自己評価も求められています。

　また③は、ソフトウェアを内部監査の対象とすることを述べています。内部監査員もソフトウェアの理解が必要です。

　日本では、ISO 26262（自動車の機能安全規格）の使用が開始されました。これは、ある機能が故障したとしても、システムの安全性を確保するという考え方です。

[旧規格からの変更点]（旧規格 7.3.1.1）　変更の程度：大

新規要求事項です。

8.3.3　設計・開発へのインプット

［要求事項］　ISO 9001

> 8.3.3　設計・開発へのインプット
> ①　設計・開発する特定の種類の製品・サービスに不可欠な要求事項を明確にする。
> 　　その際に、次の事項を考慮する。
> 　a)　機能・パフォーマンスに関する要求事項
> 　b)　以前の類似の設計・開発活動から得られた情報
> 　c)　法令・規制要求事項
> 　d)　組織が実施することをコミットメントしている、標準・規範
> 　e)　製品・サービスの性質に起因する失敗により起こりうる結果
> ②　インプットは、設計・開発の目的に対して適切で、漏れがなく曖昧でないものとする。
> ③　設計・開発へのインプット間の相反は、解決する。
> ④　設計・開発へのインプットに関する文書化した情報を保持する(記録)。

［要求事項の解説］

設計・開発へのインプットを、明確にすることを意図しています。

設計・開発へのインプットとは、設計・開発の要求事項・目標・条件のことです(図8.11参照)。ISO 9001規格(箇条8.3.3)の設計・開発のインプットは、IATF 16949では、製品と製造工程の両方に適用されます。

［旧規格からの変更点］　(旧規格7.3.2)　変更の程度：小

① d)、e)が追加されました。

項番		ポイント
8.3.3 ①	a)	・(製品の)機能・性能 ・ここで機能は項目、パフォーマンスは目標値
	b)	・過去の同様の品質問題の発生防止など
	c)	・安全に関する法規制、環境に関する法規制
	d)	・顧客の要求事項と組織の要求事項(標準・規範、codes of practice) 　－耐久性、取り扱いやすさ、生産性、スケジュール、コスト 　－品質方針・目標、など
	e)	・不完全な設計・開発の結果として生じる問題

図8.11　設計・開発へのインプット

8.3.3.1 製品設計へのインプット
［要求事項］　IATF 16949

8.3.3.1　製品設計へのインプット
① 　契約内容の確認の結果として、製品設計へのインプット要求事項を特定・文書化・レビューする。
② 　製品設計へのインプット要求事項には、次の事項を含める。
　a)　製品仕様書(特殊特性を含む)
　b)　境界およびインタフェース要求事項
　c)　識別・トレーサビリティ・包装
　d)　設計の代替案の検討
　e)　インプット要求事項に伴うリスク、およびリスクを緩和し管理する組織の能力の、フィージビリティ分析の結果を含む評価
　f)　製品要求事項への適合に対する目標
　　・保存・信頼性・耐久性・サービス性・健康・安全・環境・開発タイミング・コストを含む。
　g)　顧客指定の仕向国の該当する法令・規制要求事項(顧客から提供された場合)
　h)　組込みソフトウェア要求事項
③ 　現在・未来の類似するプロジェクトのために、次の情報源から得られた情報を展開するプロセスをもつ。
　a)　過去の設計プロジェクト
　b)　競合製品分析(ベンチマーキング)
　c)　供給者からのフィードバック
　d)　内部からのインプット
　e)　市場データ
　f)　他の関連する情報源
④ 　注記　設計の代替案を検討する方法の一つに、トレードオフ曲線の活用がある。

［用語の定義］

トレードオフ曲線 trade-off curves	・製品のさまざまな設計特性の相互の関係を理解し伝達するためのツール ・1つの特性に関する製品の性能を縦軸に描き、もう1つの特性を横軸に描く。それから2つの特性に対する製品性能を示すために曲線がプロットされる。

8.3 製品およびサービスの設計・開発

[要求事項の解説]

IATF 16949 として必要な、製品の設計・開発へのインプット要求事項を明確にすることを意図しています。

①の"契約内容の確認の結果"とは、製品およびサービスに関する要求事項のレビュー(箇条 8.2.3)および組織の製造フィージビリティ(箇条 8.2.3.1.3)のことを述べています。

製品設計へのインプット要求事項には、② a)～h)があります(図 8.12 参照)。③ a)～f)は、現在開発中の製品で経験した種々の情報を、現在開発中の他の類似品や将来の開発製品に利用できるようにしておくというものです。これらの情報は、箇条 7.1.6 "組織の知識" に含めることになります。④のトレードオフ曲線は、複数の代替案を比較検討する方法と考えるとよいでしょう。

[旧規格からの変更点]（旧規格 7.3.2.1）　変更の程度：中

製品設計へのインプットとして、② a)、d)、e)、g)、h)および③が追加されました。

項番		ポイント
8.3.3.1 ②	a)	・製品の寸法、機能、特性など ・特殊特性を含む。
	b)	・製品間の関係や、ISO 9001 の設計・開発の計画(箇条 8.3.2-f)で述べている、設計・開発プロセスに関与する人々の間のインタフェース管理などが考えられる。
	c)	・識別・トレーサビリティは、製品安全問題やリコールが発生した場合に、とくに重要となる。
	d)	・設計の代替案とは、新製品を設計・開発する際に、最初から 1 つの案に絞るのではなく、計画段階では、複数案(すなわち代替案)について検討する。
	e)	・製造フィージビリティ(箇条 8.2.3.1.3)のことを述べているが、ISO 9001：2015 で導入されたリスク緩和が含まれている。
	f)	・製品要求事項への適合に対する各種の目標(項目と目標値)を設計・開発のはじめに決めておく。 ・これらの目標に対するパフォーマンス(実績)は、箇条 8.3.4.1 監視の対象項目となり、またマネジメントレビューのインプットとなる。
	g)	・仕向国は、最終出荷国のこと
	h)	・電子部品・電子機器に組み込まれたソフトウェアに対する要求事項

図 8.12　製品設計へのインプット

第8章 運用

8.3.3.2 製造工程設計へのインプット
［要求事項］　IATF 16949

> 8.3.3.2　製造工程設計へのインプット
> ① 製造工程設計へのインプット要求事項を特定・文書化・レビューする。
> ② 製造工程設計へのインプットには、次の事項を含める。
>   a)　製品設計からのアウトプットデータ（特殊特性を含む）
>   b)　生産性・工程能力・タイミング・コストに対する目標
>   c)　製造技術の代替案
>   d)　顧客要求事項（該当する場合）
>   e)　過去の開発からの経験
>   f)　新材料
>   g)　製品の取扱いおよび人間工学的要求事項
>   h)　製造設計・組立設計
> ③ 製造工程設計には、遭遇するリスクに見合う程度のポカヨケ手法の採用を含める。

［要求事項の解説］

　製造工程の設計・開発へのインプット要求事項を明確にすることを意図しています。

　IATF 16949 における製造工程の設計・開発へのインプット要求事項には、ISO 9001 規格（箇条 8.3.3）の設計・開発へのインプット要求事項も含まれます。

　IATF 16949 で追加された、製造工程設計へのインプットには、上記② a)～h) があります（図 8.13 参照）。

　③のポカヨケを考える対象は、ISO 9001 で述べているヒューマンエラー（箇条 8.5.1-g）だけでなく、装置の誤動作についても考えるとよいでしょう。"遭遇するリスクに見合う程度のポカヨケ" とあることから、問題が発生した場合のリスクと、ポカヨケのためのコストを考慮して決めることになります。ポカヨケの詳細については、箇条 10.2.4（p.301）を参照ください。

［旧規格からの変更点］（旧規格 7.3.2.2）　変更の程度：中

　製造工程設計のインプットとして、② b)、c)、f)、g)、h) が追加されています。③のポカヨケは、注記から要求事項に変更されました。

8.3 製品およびサービスの設計・開発

項　番		ポイント
8.3.3.2 ②	a)	・製品設計の結果を考慮して、工程設計を行う。 ・例えば、特殊特性について考えると、製品の特殊特性に対する工程管理を厳しくするとか、製品の特殊特性に対する製造工程の特殊特性を決めるなどがある。
	b)	・製造工程における種々の目標値を、工程設計に入る前に決めておく ・生産性やコストが含まれていることは、ISO 9001 に対する IATF 16949 の特徴。タイミングは、スケジュールのこと。工程能力については、箇条 9.1.1.1 を参照。
	c)	・代替案は、製品設計と同様、工程設計でも求められている。
	d)	・製造工程に関する顧客の要求事項がある場合は、それを明確にする。
	e)	・過去の類似製造工程で発生したトラブルや問題点を明確にする。
	f)	・新しい材料を使用する場合は、製造工程や製造設備への影響を考慮する。
	g)	・人間工学的要求事項は、作業者が作業しやすい工程設計のこと。ポカヨケも含まれる。
	h)	・組立設計(design for assembly、DFA)は組立しやすい設計、製造設計(design for manufacturing、DFM)は製造しやすい設計のこと。

図 8.13　製造工程設計へのインプット

	特殊特性	特殊工程
定　義	・自動車の安全性や法規制に影響するような特性のほか、顧客や次工程の生産に大きな影響与える重要な特性	・プロセス実施後の結果(アウトプット)を、それ以降の監視・測定で検証することが不可能な製造プロセス
実施事項	・顧客・組織によって決定される。 ・FMEA、コントロールプラン、作業指示書などに、特殊特性の記号を記載する。 ・工程能力評価など特別な管理が必要	・製造プロセスの、計画した結果を達成する能力について、妥当性をあらかじめ確認し、その後は定期的に妥当性を再確認する。 ・製品のできばえの検査は行わない。
規格項番	・IATF 16949 規格箇条 8.3.3.3	・ISO 9001 規格箇条 8.5.1-f

図 8.14　特殊特性と特殊工程

8.3.3.3 特殊特性

[要求事項] IATF 16949

> 8.3.3.3 特殊特性
> ① 特殊特性を特定するプロセスを確立・文書化・実施する。
> ② 特殊特性は、次のような方法によって特定される。
>   a) 顧客によって決定
>   b) 組織によって実施されたリスク分析
>   ・そのために、部門横断的アプローチを用いる。
> ③ それには次の事項を含める。
>   a) 次の文書に特殊特性を記載し、固有の記号で識別する
>   1) 文書(要求に応じて)
>   2) <u>関連するリスク分析(プロセス **FMEA** のような)</u>
>   3) コントロールプラン   4) 標準作業・作業者指示書
>   b) 製品・製造工程の特殊特性に対する管理・監視戦略の開発
>   c) 顧客の承認(要求がある場合)
>   d) 顧客規定の定義・記号または記号変換表に定められた、組織の同等の記号・表記法

[要求事項の解説]

特殊特性を明確にして、管理することを意図しています。

特殊特性とは、自動車の安全性や、環境を含めた法規制に影響するような特性のほか、顧客や次工程の生産に大きな影響を与える、重要な特性をいいます。

特殊特性は、一般的にはまず顧客が指定し(箇条 8.2.3.1.2 参照)、次に組織が追加します。製品の特殊特性と、製品の特殊特性に影響する製造工程の特殊特性の関係を示すと、図 8.15 のようになります。

上記①は、特殊特性を特定するプロセスを確立し、文書化することを求めています。② b)は、組織が特殊特性を決定する際には、リスク分析を行うことを求めています。FMEA を行った結果、この特性は、顧客への影響度が高い(S が 10 または 9)、または RPN の値が大きいから特殊特性とするなどの方法です。何となく重要な特性であるから特殊特性としました、という方法は、通用しません。

製品によっては、顧客指定の特殊特性が存在しない場合があります。その場合は例えば、組織によって実施された FMEA によるリスク分析の結果、組織として重要な管理特性を特殊特性に設定するとよいでしょう。

8.3 製品およびサービスの設計・開発

　IATF 16949 規格では、特殊特性に対して、図 8.16 に示すように、工程能力評価などの各種の管理を要求しています。継続的改善の対象にもなるでしょう。
　なおこの"特殊特性"と、後述の製造プロセスの妥当性確認(箇条 8.5.1-f)が必要な、一般的に"特殊工程"といわれている特性を混同しないことが必要です(図 8.14、p.175 参照)。

[旧規格からの変更点]（旧規格 7.3.2.3）　変更の程度：中

①の特殊特性を特定するプロセスの文書化が追加され、それに含める③の内容が明確になりました。

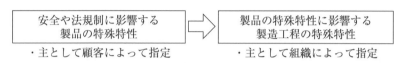

図 8.15　製品の特殊特性と製造工程の特殊特性

項　番	特殊特性の管理
7.1.5.1.1	・測定システム解析の実施
8.3.3.3	・特殊特性を特定するプロセスの確立・文書化
	・図面、FMEA、コントロールプランなどの文書への特殊特性記号の記載
	・特殊特性に対する管理および監視戦略の開発
8.4.3.1	・特殊特性を供給者に伝達
8.5.1.1	・特殊特性に対して実施する管理の監視方法をコントロールプランに記載
9.1.1.1	・特殊特性に対する工程能力調査の実施

図 8.16　特殊特性の管理

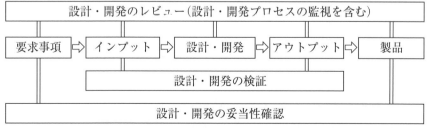

図 8.17　設計・開発のレビュー、検証および妥当性確認の関係

8.3.4　設計・開発の管理

[要求事項]　ISO 9001

> 8.3.4　設計・開発の管理
> ① 次の事項を確実にするために、設計・開発プロセスを管理する。
>   a) 達成すべき結果を定める。
>   b) 設計・開発の結果の要求事項を満たす能力を評価するために、レビューを行う。
>   c) 設計・開発からのアウトプットが、インプットの要求事項を満たすことを確実にするために、検証活動を行う。
>   d) 結果として得られる製品・サービスが、指定された用途または意図された用途に応じた要求事項を満たすことを確実にするために、妥当性確認活動を行う。
>   e) レビュー・検証・妥当性確認の活動中に明確になった問題に対して、必要な処置をとる。
>   f) これらの活動についての文書化した情報を保持する(記録)。
> ② 注記　設計・開発のレビュー・検証・妥当性確認は、異なる目的をもつ。これらは、製品・サービスに応じた適切な形で、個別にまたは組み合わせて行うことができる。

[用語の定義]

レビュー review	・設定された目標を達成するための対象の適切性、妥当性または有効性の確定
検証 verification	・客観的証拠を提示して、規定要求事項が満たされていることを確認すること
妥当性確認 validation	・客観的証拠を提示して、特定の意図された用途または適用に関する要求事項が満たされていることを確認すること

[要求事項の解説]

　設計・開発の管理を確実に行うことを意図しています。

　設計・開発プロセスの管理、すなわちレビュー、検証および妥当性確認に関して、① a) ～ f)に示す事項を実施することを求めており(図8.17 ～ 8.19 参照)、IATF 16949 では、製品設計と製造工程設計の両方に適用されます。

[旧規格からの変更点]　(旧規格 7.3.4)　変更の程度：小

　設計・開発のレビュー・検証・妥当性確認が1つの要求事項の項目としてまとめられました。なお① a)の"達成すべき結果"は、新たな要求事項です。

8.3 製品およびサービスの設計・開発

項番		ポイント
8.3.4 ①	a)	・達成すべき結果は、製品設計および製造工程設計における目標と考えるとよい。例えば、 －製品設計では、性能(特性)、信頼性、コストなどの目標 －製造工程設計では、製造コスト、工程能力、生産タクト、保全性などの目標
	b)	・設計・開発の結果の要求事項を満たす能力を評価する(レビュー)。
	c)	・設計・開発からのアウトプットが、インプットの要求事項を満たすことを確実にする(検証)。
	d)	・結果として得られる製品・サービスが、指定された用途または意図された用途に応じた要求事項を満たすことを確実にする(妥当性確認)。
	e)	・レビュー・検証・妥当性確認の活動中に明確になった問題に対して、必要な処置をとる。
	f)	・これらの活動についての文書化した情報を保持する(記録の作成)。

図 8.18 設計・開発の管理

区分	実施事項	実施時期
レビュー	・設計・開発の計画的・体系的なレビュー ・設計・開発の結果が要求事項を満たせるかどうかの評価 ・設計・開発段階に関連する部門の代表者が参加する(部門横断アプローチ)。	・設計・開発の適切な段階に計画的に実施(複数回行われる場合がある)
検証	・設計・開発プロセスのアウトプット(結果)が、設計・開発のインプット(要求事項)を満たしていることの評価 ・すなわち、設計・開発プロセスのアウトプットとインプット要求事項との比較	・計画的に実施
妥当性確認	・設計・開発された製品が、実際に使用できるかどうかの評価 ・(レビュー・検証が設計者の立場で行う評価であるのに対して)妥当性確認は顧客の立場で行う評価 ・妥当性確認は、顧客と共同でまたは分担して行われることがある。	・製品の引渡し前に計画的に実施(原則として)

図 8.19 レビュー、検証および妥当性確認の比較

8.3.4.1 監視

[要求事項] IATF 16949

> 8.3.4.1 監視
> ① 製品・製造工程の設計・開発中の規定された段階での測定項目を定め、分析し、その要約した結果をマネジメントレビューへのインプットとして報告する。
> ② 製品・製造工程の開発活動の測定項目は、規定された段階で顧客に報告する、または顧客の合意を得る(顧客に要求された場合)。
> ③ 注記 測定項目には、品質リスク・コスト・リードタイム・クリティカルパスなどの測定項目を含めてもよい(必要に応じて)。

[要求事項の解説]

設計・開発が順調に進んでいるかどうかを監視することを意図しています。

これは、設計・開発プロセスを監視するというもので、設計・開発のレビューに相当すると考えるとよいでしょう。①の製品・製造工程の設計・開発中の規定された段階とは、例えば、APQPの各フェーズ、すなわち製品企画終了時、製品設計終了時、工程設計終了時、妥当性確認終了時などと考えるとよいでしょう。

また①では、その要約した結果をマネジメントレビューへのインプットとして報告することを述べています。これは、設計・開発中の規定された段階での監視・測定の結果を、その都度経営者に報告すると考えるとよいでしょう。

[旧規格からの変更点] (旧規格 7.3.4.1)　変更の程度：小

②の顧客への報告が追加されました。

8.3.4.2 設計・開発の妥当性確認

[要求事項] IATF 16949

> 8.3.4.2 設計・開発の妥当性確認
> ① 設計・開発の妥当性確認は、顧客要求事項に従って実行する(該当する産業規格・政府機関の発行する規制基準を含む)。
> ② 設計・開発の妥当性確認のタイミング(スケジュール)は、顧客規定のタイミングに合わせて計画する(該当する場合には必ず)。
> ③ 設計・開発の妥当性確認には、顧客の完成品のシステムの中で、組込みソフトウェアを含めて、組織の製品の相互作用の評価を含める(顧客との契約がある場合)。

8.3 製品およびサービスの設計・開発

［要求事項の解説］
設計・開発の妥当性確認を、顧客の視点で行うことを意図しています。
③は、組込みソフトウェアの評価について述べています。ソフトウェアはハードウェア製品とは異なる管理が必要ということになります。また③は、妥当性確認は、製品単体で行える場合と、自動車など顧客のシステムに組み込んで行う必要がある場合があることを述べています。顧客が実施した場合は、その結果の証拠を入手しておくとよいでしょう。

［旧規格からの変更点］（旧規格7.3.6.1）　変更の程度：小
①、③が追加されました。

8.3.4.3　試作プログラム

［要求事項］　IATF 16949

> 8.3.4.3　試作プログラム
> ①　試作プログラムおよび試作コントロールプランをもつ（顧客から要求される場合）。
> ②　量産と同一の供給者・治工具・製造工程を使用する（可能な限り）。
> ③　タイムリーな完了と要求事項への適合のために、すべての性能試験活動を監視する。
> ④　試作プログラムをアウトソースする場合、管理の方式と程度を品質マネジメントシステムの適用範囲に含める。

［要求事項の解説］
設計・開発段階における試作品の作成・評価を行うことを意図しています。
試作プログラムに関して、①～④に示す事項を実施することを求めています。
試作プログラムは、顧客から要求された場合に要求事項となり、一般的に顧客がそのプログラムを決めます。
試作コントロールプランは、IATF 16949規格の附属書Aに記載されているように、試作中に行われる寸法測定、材料および性能試験を記述したものをいいます。

［旧規格からの変更点］（旧規格7.3.6.2）　変更の程度：小
大きな変更はありません。

8.3.4.4　製品承認プロセス
［要求事項］　IATF 16949

> 8.3.4.4　製品承認プロセス
> ① 顧客に定められた要求事項に適合する、製品と製造の承認プロセスを、確立し、実施し、維持する。
> ② 外部から提供される製品・サービスに対して、部品承認を顧客に提出するのに先立って、組織自ら承認する。
> ③ 出荷に先立って、文書化した顧客の製品承認を取得する（顧客に要求される場合）。
> ④ 注記　製品承認は、製造工程が検証された後で実施することが望ましい。

［要求事項の解説］

製品を顧客に出荷する前に顧客の承認を得る、製品承認プロセスを確実に行うことを意図しています。

製品承認プロセス（product approval process）とは、製品を出荷するために、顧客の承認を取得する手順のことです。

製品承認プロセスに関する参照マニュアルとしては、次のものがあります。

発　行	参考文献
AIAG	生産部品承認プロセス production part approval process、PPAP サービス生産部品承認プロセス service production part approval process、サービスPPAP
VDA	VDA2　生産プロセスおよび製品承認 VDA2　production process and product approval、PPA

製品承認プロセスの詳細は、コアツールの一つであるPPAP（生産部品承認プロセス）参照マニュアルなどに記載されています。

PPAP参照マニュアルにおける、顧客へのPPAP提出・承認と通知の基準の例を図8.20に示します。また、PPAP要求事項と提出・承認レベルの例を図8.21に示します。顧客の承認レベル1～5のうちのいずれを適用するかは、顧客によって指定されます。この図から、S（submit、顧客の承認が必要）が最も厳しく、R（retain、保管しておけばよい）が最も緩いことがわかります。

8.3 製品およびサービスの設計・開発

顧客からの指定がない場合は、最も厳しいレベル3を標準レベルとして適用することになっています。

AIAG発行の製品承認プロセスの参照マニュアルとしては、生産部品承認プロセス(PPAP)以外に、サービス生産部品承認プロセス(サービスPPAP)があります。PPAPは、自動車の生産用の製品に対する要求事項で、サービスPPAPは、自動車の保守サービス(修理など)用の製品に対する要求事項です。

なお、顧客が日本の自動車メーカーの場合や、組織がティア2以下の供給者に相当する場合は、製品承認プロセス要求事項として、AIAGのPPAPやVDAのPPAとは異なる製品承認プロセスが、顧客から要求される場合があります。その場合は、図8.21に述べたPPAP要求事項の内容や、提出・承認レベルが異なることになります。

この要求事項の項目名が製品承認プロセスであるのに対して、上記②では部品承認という用語が使われています。その背景は下記のとおりです。ISO 9001規格では、2000年版の発行時から、部品・材料、工程内製品(半製品)、完成品もすべて、"製品"と表現することになりました。その意を受けて、IATF 16949規格では、この要求事項の項目名が製品承認プロセスとなっています。

区分	対象
顧客へのPPAPの提出・承認が必要な場合	・新しい部品・製品 ・以前に提出された部品の不具合の是正 ・生産用製品に対する、設計文書、仕様書または材料の技術変更
顧客へのPPAPの通知が必要な場合	・以前に承認された部品・製品に用いられたものとは異なる構造・材料の使用 ・新規または修正された治工具(消耗性治工具を除く)、金型、鋳型、パターンなどによる生産(治工具の追加・取替を含む) ・現在の治工具または装置のアップグレードまたは再配置後の生産 ・異なる生産事業所から移設された治工具・装置による生産 ・部品、非等価材料またはサービス(例：熱処理、メッキ)の供給者の変更 ・量産に使用されない期間が12カ月以上あった治工具で製造される製品、など

図8.20 顧客へのPPAP提出・承認と通知

第8章 運用

一方、コアツール参照マニュアルでは、最初の制定時以来現在にいたるまで、製品ではなく部品(自動車部品の意味)という用語が使われています。したがって、IATF 16949規格では、基本的にはISO 9001に合わせて、製品という用語が使われていますが、コアツール参照マニュアルを引用した箇所などでは、部品という用語が使われています。IATF 16949においては、製品も部品も同じものを表していると考えるとよいでしょう。

[旧規格からの変更点]（旧規格7.3.6.3）　変更の程度：小

大きな変更はありません。

	要求事項＼提出・承認レベル	レベル1	レベル2	レベル3	レベル4	レベル5
1	製品設計文書	R	S	S	X	R
	・組織が専有権をもつ場合	R	R	R	X	R
2	技術変更文書(顧客承認)*	R	S	S	X	R
3	顧客技術部門承認*	R	R	S	X	R
4	設計FMEA	R	R	S	X	R
5	プロセスフロー図	R	R	S	X	R
6	プロセスFMEA	R	R	S	X	R
7	コントロールプラン	R	R	S	X	R
8	測定システム解析(MSA)	R	R	S	X	R
9	寸法測定結果	R	S	S	X	R
10	材料・性能試験結果	R	S	S	X	R
11	初期工程調査結果	R	R	S	X	R
12	有資格試験所文書	R	R	S	X	R
13	外観承認報告書(AAR)*	S	S	S	X	R
14	製品サンプル	R	S	S	X	R
15	マスターサンプル	R	R	R	X	R
16	検査補助具	R	R	R	X	R
17	顧客固有要求事項適合記録	R	R	S	X	R
18	部品提出保証書(PSW)	S	S	S	S	R
	バルク材料チェックリスト	S	S	S	S	R

[備考]　S(submit、提出・承認)：PPAPを顧客に提出して承認を得ることが必要
　　　　X：顧客の要請があれば、PPAPを提出して承認を得ることが必要
　　　　R(retain、保管)：顧客が利用できるように、PPAPを保管しておくことが必要
　　　　*：該当する場合に要求事項となる。
　　　　・顧客からの指定がない場合は、レベル3を標準レベルとして適用する。

図8.21　PPAP要求事項と提出・承認レベル

8.3.5　設計・開発からのアウトプット

［要求事項］　ISO 9001

> 8.3.5　設計・開発からのアウトプット
> ①　設計・開発からのアウトプットが、下記であることを確実にする。
>   a)　インプットで与えられた要求事項を満たす。
>   b)　製品・サービスの提供に関する、以降のプロセスに対して適切である。
>   c)　監視・測定の要求事項と合否判定基準を含むか、またはそれらを参照する（必要に応じて）。
>   d)　意図した目的、安全で適切な使用、および提供に不可欠な、製品・サービスの特性を規定する。
> ②　設計・開発からのアウトプットについて、文書化した情報を保持する（記録）。

［要求事項の解説］

設計・開発からのアウトプット（いわゆる製品）が、必要な条件を満たすことを意図しています。

設計・開発からのアウトプットに関して、①、②に示す事項を実施することを求めています（図8.22参照）。この要求事項は、IATF 16949では、製品の設計・開発のアウトプットと製造工程の設計・開発のアウトプットの両方に適用されます。

設計・開発のアウトプットに、①　b)"製品・サービスの提供に関する、以降のプロセスに対して適切である"とあるのは、製品の製造（またはサービスの提供）のための情報を準備することが、設計・開発ということになります。すなわち、次のようになります（図8.23参照）。

"設計・開発のアウトプット"＝"製造・サービスのインプット"

なお、設計・開発のアウトプットというと、最も代表的なものとして、図8.24に示すように、製品図面、製品仕様書、コントロールプラン、FMEAなどが考えられますが、どういうわけかISO 9001規格では、具体的な設計・開発のアウトプットについては述べていません。

第8章 運用

[旧規格からの変更点]（旧規格 7.3.3）　変更の程度：小
②の文書化した情報の保持（記録の作成）が追加されました。

項　番		ポイント
8.3.5 ①		・具体的な設計・開発のアウトプットについては述べていない。
	a)	・8.3.4 c)で述べた、"設計・開発からのアウトプットが、インプットの要求事項を満たすことを確実にすること"、すなわち検証活動を行うことができるようにする。
	b)	・"以降のプロセス"には、設計・開発の後に行われる、製造・購買・保全・物流などがあり、それらに適切なアウトプットであること。
	c)	・検査・試験方法と合否判定基準を述べたものを作成する。
	d)	・製品の取扱方法や注意事項を述べたものを作成する。
②		・設計・開発からのアウトプットについて、文書化した情報を保持する（記録の作成）。

図 8.22　設計・開発からのアウトプットの条件

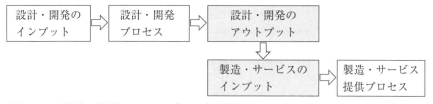

図 8.23　設計・開発のアウトプットと製造・サービスプロセスのインプット

業　種	設計・開発のアウトプットの例
製品設計	・設計 FMEA、製品仕様書、製品図面、製造仕様書、コントロールプラン、検査基準書、材料仕様書、購買製品仕様書、製品設計・開発のレビュー、検証および妥当性確認記録、合否判定基準、プロセス仕様書、取扱説明書、教育訓練の要求事項、など
製造工程設計	・工程 FMEA、製造仕様書、工程設計レビュー、検証、妥当性確認記録、試作品評価記録、コントロールプラン、作業指示書、品質・信頼性データ、製造工程フローチャート、在庫管理、生産性に関する情報（単純化、最適化、革新、ムダの削減）、作業安全基準書、など

図 8.24　設計・開発のアウトプットの例

8.3.5.1 設計・開発からのアウトプットー補足
[要求事項］　IATF 16949

8.3.5.1　設計・開発からのアウトプットー補足
① 製品設計からのアウトプットは、製品設計へのインプット要求事項と対比した検証・妥当性確認ができるように表現する。
② 製品設計からのアウトプットには、次の事項を含める（該当する場合には必ず）。
 a)　設計リスク分析（FMEA）
 b)　信頼性調査の結果
 c)　製品の特殊特性
 d)　製品設計のポカヨケの結果（DFSS、DFMA、FTA など）、
 e)　製品の定義（3D モデル、技術データパッケージ、製品製造の情報、幾何寸法・公差（GD&T）など）
 f)　製品の定義（2D 図、製品製造の情報、幾何寸法と公差（GD&T）など）
 g)　製品デザインレビューの結果
 h)　サービス故障診断の指針および修理・サービス性の指示書
 i)　サービス部品要求事項
 j)　出荷のための包装、ラベリング要求事項
③ 注記　暫定設計のアウトプットには、トレードオフプロセスを通じて解決された技術問題を含めることが望ましい。

[用語の定義]

故障モード影響解析 failure mode and effects analysis、FMEA	・製品や製造工程において発生する可能性のある潜在的に存在する故障を、あらかじめ予測して実際に故障が発生する前に、故障の発生を予防または故障が発生する可能性を低減させるための解析手法 ・設計 FMEA（製品 FMEA）とプロセス FMEA（製造工程 FMEA）がある。
ポカヨケ error proofing	・不適合製品の製造を予防するための、製品および製造工程の設計・開発
シックスシグマ設計 design for six Sigma、DFSS	・顧客の期待を満たしシックスシグマ品質レベルで生産可能な製品または工程の頑健な設計をねらいとする、体系的方法論、ツール、および手法

第 8 章 運 用

製造および組立設計 design for manufacturing and assembly、DFMA	・2つの方法論の組合せ。製造設計(DFM)は、より容易に生産するための設計を最適化するプロセスであり、より高いスループット、改善した品質をもつ。 ・組立設計(DFM)は、不具合のリスクを低減する、コストを下げる、および組立しやすくするための設計の最適化である。
故障の木解析 fault tree analysis、FTA	・システムの望ましくない状態が解析する演繹故障解析の方法論。故障の木解析は、システム全体の論理図を創出することによって、故障、サブシステム、および冗長設計要素との関係を描く。
トレードオフプロセス trade-off process	・製品およびその性能特性に対して、設計の代替案の間で顧客、技術、および経済的な関係を確立する、トレードオフ曲線を作成し使用する方法論
GD&T geometric dimensioning and tolerancing	・アメリカのビッグスリーやマツダで使用されている、幾何公差を使った設計図面の記載方法

[要求事項の解説]

　必要な製品設計のアウトプットを作成することを意図しています。

　この要求事項の項目名は、設計・開発からのアウトプットとなっていますが、この要求事項は、IATF 16949 における"製品設計からのアウトプット"に対するものです。

　ISO 9001 規格(箇条 8.3.5)では、設計・開発の具体的なアウトプット(いわゆる成果物)については述べていませんが、IATF 16949 規格では、製品設計のアウトプットとして、具体的に上記② a)～ j)について述べています(図 8.25 参照)。最終的なアウトプットの記録は、問題点が解決され，"適合"または"問題が解決された状態が明確になって完結している"ことが必要です。

　③のトレードオフプロセスは、製品設計へのインプット(箇条 8.3.3.1)で述べた、トレードオフ曲線を活用した、設計の代替案を検討する方法と同じと考えるとよいでしょう。

　FMEA 様式の例を図 8.27(p.190)に示します。この様式は、設計 FMEA(設計 FMEA)とプロセス FMEA の両方に適用することができます。FMEA の詳細に関しては、拙著『図解 IATF 16949　よくわかるコアツール』を参照ください。

　FMEA に関する参照マニュアルには、次のものがあります。

8.3 製品およびサービスの設計・開発

発　行	参考文献
AIAG & VDA	故障モード影響解析 failure mode & effects analysis、FMEA

[旧規格からの変更点]（旧規格 7.3.3.1）　変更の程度：中

② d)、e)、f)、h)、i)、j)が追加されました。

項　番		ポイント
8.3.5.1 ②	a)	・設計リスク分析として設計 FMEA を作成する。
	b)	・信頼性調査の結果には、市場信頼性データのワイブル解析などがある。
	c)	・製品の特殊特性は、顧客が指定した特殊特性に、組織として必要な特性を追加する。
	d)	・製品設計のポカヨケには、DFSS、DFMA、FTA などの、不良品を作らないようにする技法がある。
	e)	・製品の定義としては、三次元(3D)モデル、技術データパッケージ、製品製造の情報、幾何寸法・公差(GD&T などの技法がある。
	f)	・製品の定義としては、図面(2D 図)、製品製造の情報、幾何寸法と公差(GD&T)などの技法がある。
	g)	・箇条 8.3.4 b)で行ったデザインレビューの結果
	h)	・サービス故障診断は、自動車の修理工場などのサービス部門で、故障箇所を短時間で検出する方法
	i)	・自動車の生産(量産)ではなく、自動車の修理サービスに使用される自動車部品に対する、サービス PPAP などの要求事項
	j)	・出荷のための包装、ラベリング要求事項は、顧客要求事項となる場合がある。

図 8.25　製品設計からのアウトプット

項　番	ポイント
8.3.6.1 ③	・製品承認(PPAP)の後のすべての設計変更に対して、潜在的な影響を評価する。
④	・変更は、生産で実施する前に、顧客要求事項に対する妥当性確認を実施して、組織内で承認する。
⑤	・文書化した承認を、生産で実施する前に顧客から入手する(顧客から要求される場合)。
⑥	・組込みソフトウェアをもつ製品に対して、ソフトウェア・ハードウェアの改訂レベルを記録する。

図 8.26　設計・開発の変更

第8章 運 用

計画と準備（ステップ1）			
組織名：	件名（DFMEAプロジェクト名）：		DFMEA ID 番号：
技術部門の場所：	DFMEA開始日：		設計責任（DFMEAオーナーの名前）：
顧客名または製品ファミリ：	DFMEA改訂日：		機密性レベル：
プログラム：	部門横断チーム：		

構造分析（ステップ2）		機能分析（ステップ3）			故障分析（ステップ4）			
注1								
注2	番号	上位レベル	下位レベル	上位レベルの機能・要求事項	分析対象の機能・要求事項	下位レベルの機能・要求事項	上位レベルの故障影響 FE	分析対象の故障モード FM	下位レベルの故障原因 FC
							FEの影響度 S		
	1								
	2								
	…								

リスク分析（ステップ5）							最適化（ステップ6）							
番号	FCに対する現在の予防管理 PC	FCの発生度 O	FC/FMに対する現在の検出管理 DC	FC/FMの検出度 D	処置優先度 AP	フィルターコード *	番号	追加の予防処置	追加の検出処置	責任者の名前	完了予定日	処置状態	処置内容と証拠	完了日	影響度 S	発生度 O	検出度 D	処置優先度 AP	フィルターコード *
1							1												
2							2												
…							…												

［備考］注1：継続的改善、注2：履歴／変更承認（該当する場合）、＊：オプション

図 8.27 FMEA 様式の例

8.3 製品およびサービスの設計・開発

8.3.5.2 製造工程設計からのアウトプット
［要求事項］　IATF 16949

> 8.3.5.2　製造工程設計からのアウトプット
> ① 製造工程設計からのアウトプットを、製造工程設計へのインプットと対比した検証ができるように文書化する。
> ② アウトプットを、インプット要求事項と対比して検証する。
> ③ 製造工程設計からのアウトプットには、次の事項を含める。
>   a) 仕様書・図面
>   b) 製品および製造工程の特殊特性
>   c) 特性に影響を与える、工程インプット変数の特定
>   d) 生産・管理のための治工具・設備（設備・工程の能力調査を含む）
>   e) 製造工程フローチャート・レイアウト（製品・工程・治工具のつながりを含む）
>   f) 生産能力の分析
>   g) 製造工程 FMEA
>   h) 保全計画・指示書
>   i) コントロールプラン（附属書 A 参照）
>   j) 標準作業・作業指示書
>   k) 工程承認の合否判定基準
>   l) 品質・信頼性・保全性・測定性に対するデータ
>   m) ポカヨケの特定・検証の結果（必要に応じて）
>   n) 製品・製造工程の不適合の迅速な検出・フィードバック・修正の方法

［要求事項の解説］

必要な製造工程設計のアウトプットを作成することを意図しています。

上記②のインプットとアウトプットの比較は設計検証のことを述べています。

IATF 16949 では、製造工程設計からのアウトプットとして、③ a)～ n) を求めています（図 8.28、p.193 参照）。なお、製品設計のアウトプット（箇条 8.3.5.1) 要求事項の a)～ j) は、"該当する場合には必ず"と記載されているのに対して、製造工程設計からのアウトプット要求事項には、"該当する場合には必ず"というコメントがありません。注意が必要です。

［旧規格からの変更点］（旧規格 7.3.3.2）　変更の程度：中

製造工程設計からのアウトプットとして、③ b)、c)、d)、e)、f)、h)、j) が追加されました。

第8章 運用

8.3.6　設計・開発の変更

8.3.6.1　設計・開発の変更―補足

［要求事項］　ISO 9001 ＋ IATF 16949

8.3.6　設計・開発の変更
① 要求事項への適合に悪影響を及ぼさないことを確実にするために、次の変更を識別・レビュー・管理する。
　a)　製品・サービスの設計・開発の間の変更
　b)　製品・サービスの設計・開発以降の変更
② 次の事項に関する文書化した情報を保持する（記録）。
　a)　設計・開発の変更
　b)　レビューの結果
　c)　変更の許可
　d)　悪影響を防止するための処置

8.3.6.1　設計・開発の変更―補足
③ 初回の製品承認の後のすべての設計変更を、取付時の合い・形状・機能・性能または耐久性に対する潜在的な影響を評価する。
④ 変更は、生産で実施する前に、顧客要求事項に対する妥当性確認を実施して、内部で承認する。
⑤ 文書化した承認、または文書化した免除申請を、生産で実施する前に顧客から入手する（顧客から要求される場合）。
⑥ 組込みソフトウェアをもつ製品に対して、ソフトウェア・ハードウェアの改訂レベルを変更記録の一部として文書化する。

［要求事項の解説］

設計・開発の変更管理を確実にすることを意図しています。

上記①では、b) 製品・サービスの設計・開発以降の変更だけでなく、a) 製品・サービスの設計・開発途中の変更についても管理することを求めています。また②は、設計・開発の変更、レビューの結果、変更の許可、および悪影響を防止するための処置に関する記録について述べています。

IATF 16949 の③は、初回の製品承認（PPAP 承認）後のすべての設計変更に対して、潜在的な影響を評価すること、④は、変更は、生産で実施する前に、顧客要求事項に対する妥当性確認を実施して、組織内で承認すること、⑤は、文書化した承認または文書化した免除申請を、生産で実施する前に顧客から取得すること、⑥は、組込みソフトウェアをもつ製品に対して、ソフトウェ

8.3 製品およびサービスの設計・開発

ア・ハードウェアの改訂レベルを記録することを述べています(図 8.26、p.189 参照)。

［旧規格からの変更点］（旧規格 7.3.7）　変更の程度：小

　設計・開発以降の変更だけでなく、設計・開発中の変更管理も含まれることが明確になりました。なお、旧規格にあった、"独占権などによって詳細内容が開示されない設計に対しては、すべての影響が適切に評価できるよう、形状、組付け時の合い、機能(性能・耐久性を含む)への影響を、顧客とともにレビューする"はなくなりました。

項　番		ポイント
8.3.5.2 ③	a)	・製造工程の仕様書・図面 ・金型用図面、生産治工具の仕様書、検査ゲージの仕様書などがある。
	b)	・製品の設計開発のアウトプットである製品の特殊特性を受けて、製造工程の特殊特性を決める。 ・製造工程の特殊特性は、プロセス FMEA、コントロールプラン、作業指示書などに記載する。
	c)	・製品特性に影響を与える、工程パラメータ(製造工程の条件)。製造条件としての圧力、温度、時間、スピードなどがある。
	d)	・生産で使われる治工具や設備
	e)	・製造工程フローチャートや設備の配置図などがある。
	f)	・製造フィージビリティ(箇条 8.2.3.1.3)に対応するもの。
	g)	・製造工程 FMEA は、製品設計を行っていない組織の場合も作成が必要
	h)	・TPM(箇条 8.5.1.5)に規定されている、設備の予防保全のこと
	i)	・量産試作コントロールプランと量産コントロールプランがある。
	j)	・箇条 8.5.1.2 の要求事項
	k)	・製造工程承認のための合否判定基準で、顧客の工程能力指数(C_{pk})や、箇条 8.5.1-f)のいわゆる特殊工程に対する承認基準などがある。
	l)	・製品の品質・信頼性データ、および設備の保全性・測定性に対するデータがある。
	m)	・ポカヨケの特定と検証の結果(必要に応じて)
	n)	・製品・製造工程の不適合の迅速な検出と、フィードバック・修正の方法を決めておく。

図 8.28　製造工程設計からのアウトプット

8.4 外部から提供されるプロセス、製品およびサービスの管理

8.4.1 一般、8.4.1.1 一般－補足

[要求事項]　ISO 9001 ＋ IATF 16949

> 8.4　外部から提供されるプロセス、製品およびサービスの管理
> 8.4.1　一般
> ①　外部から提供されるプロセス・製品・サービスが、要求事項に適合していることを確実にする。
> ②　次の事項に該当する場合には、外部から提供されるプロセス・製品・サービスに適用する管理を決定する。
>   a)　外部提供者からの製品・サービスが、組織の製品・サービスに組み込むことを意図したものである場合
>   b)　製品・サービスが外部提供者から直接顧客に提供される場合
>   c)　プロセスが外部提供者から提供される場合
> ③　プロセス・製品・サービスを提供する外部提供者の能力にもとづいて、外部提供者の評価・選択・パフォーマンスの監視・再評価を行うための基準を決定し、適用する。
> ④　これらの活動およびその評価によって生じる必要な処置について、文書化した情報を保持する(記録)。
>
> 8.4.1.1　一般－補足
> ⑤　サブアセンブリ・整列・選別・手直し・校正サービスのような、顧客要求事項に影響するすべての製品・サービスを、外部から提供される製品・プロセス・サービスの定義の範囲に含める。

[要求事項の解説]

　要求事項に適合した製品・サービスを購買することを意図しています。

　ISO 9001 では外部提供者(external provider)と表現されていますが、IATF 16949 では、旧規格どおり供給者(supplier)と表現されています。

　上記①の外部から提供されるプロセス・製品・サービスには、図 8.29 に示すようなものがあります。プロセスはアウトソース、製品は部品・材料の購買と考えるとよいでしょう。なお IATF 16949 では、サービスには、測定機器の校正や運送だけでなく、一般的には製造といわれている、熱処理、めっき、塗装などの製品の"仕上げサービス"も含まれます(図 8.29 参照)。

8.4 外部から提供されるプロセス、製品およびサービスの管理

② a)～ c)は、外部から提供されるプロセス・製品・サービスに適用する管理の内容を決定することを述べています(図 8.30 参照)。

③は、供給者に対しては、初回評価を行って選定し、取引開始後は取引中のパフォーマンスを監視し、再評価を実施することを述べています(図 8.36、p.203 参照)。

⑤は、いわゆる生産委託や、外注加工、組立だけでなく、整列・選別・手直しのような小さな業務も、アウトソース管理の対象に含めて管理することを述べています。

[旧規格からの変更点]（旧規格 7.4.1）　変更の程度：小

購買の対象が、外部から提供されるプロセス、製品およびサービスとなり、アウトソースプロセスも含まれるようになりました。

③のパフォーマンスの監視が追加されました。また④は、注記から要求事項に変更されました。

項　目	例
プロセス	・製造・加工・組立などのアウトソース 　－サブアセンブリ・整列・選別・手直しを含む。
製品	・製品・部品・材料・副資材などの購入
サービス	・熱処理・めっき・塗装などの仕上げサービス ・測定機器の校正・運送などのサービス

図 8.29　外部から提供されるプロセス・製品・サービスの例

項　番		ポイント
8.4.1 ②	a)	・外部提供者に発注した製品・サービスが、組織の製品を製造するための部品・材料のこと
	b)	・外部提供者に発注した製品・サービスが、外部提供者から直接顧客に提供される場合
	c)	・アウトソースの対象が製品(部品・材料)ではなく、製造・加工・組立などのアウトソースである場合

図 8.30　外部から提供されるプロセス・製品・サービスに適用する管理の決定

8.4.1.2 供給者選定プロセス

[要求事項] IATF 16949

> 8.4.1.2 供給者選定プロセス
> ① 文書化した供給者選定プロセスをもつ。
> ② 供給者選定プロセスには、次の事項を含める。
>   a) 選定される供給者の製品適合性、および顧客に対する製品の途切れない供給に対するリスクの評価　b) 品質・納入パフォーマンス
>   c) 供給者の品質マネジメントシステムの評価　d) 部門横断的意思決定　e) ソフトウェア開発能力の評価（該当する場合には必ず）
> ③ 供給者の選定基準には、次の事項を考慮することが望ましい。
>   a) 自動車事業の規模　b) 財務的安定性
>   c) 購入する製品・材料・サービスの複雑さ
>   d) 必要な技術（製品・プロセス）
>   e) 利用可能な資源の適切性（例　人材・インフラストラクチャ）
>   f) 設計・開発の能力　g) 製造の能力　h) 変更管理プロセス
>   i) 事業継続計画（例　災害への準備・緊急事態対応計画）
>   j) 物流プロセス　k) 顧客サービス

[要求事項の解説]

供給者選定プロセスを確立し、実施することを意図しています。

上記①は、供給者選定プロセスを文書化することを求めています。

② a)～ e)は、供給者選定基準に含めるべき事項（要求事項）（図 8.31 参照）、
③ a)～ k)は、供給者選定基準に含めるとよい事項（推奨事項）です。

[旧規格からの変更点]　変更の程度：大

新規要求事項です。

項番		ポイント
8.4.1.2 ②	a)	・顧客への製品の安定供給に対するリスクの評価
	b)	・品質・納入パフォーマンス（実績データ）の評価
	c)	・供給者の品質マネジメントシステムの評価
	d)	・供給者の選定は、購買部門だけでなく部門横断チームで行う。
	e)	・ソフトウェア開発能力の評価を含める。

図 8.31　供給者選定プロセスに含める事項

8.4 外部から提供されるプロセス、製品およびサービスの管理

8.4.1.3　顧客指定の供給者（指定購買）
［要求事項］　IATF 16949

> **8.4.1.3　顧客指定の供給者（指定購買）**
> ① 製品・材料・サービスを顧客指定の供給者から購買する（顧客指定の供給者がある場合）。
> ② 箇条 8.4 のすべての要求事項は、顧客指定の供給者の管理に対して、適用される（組織と顧客との間で契約によって定められた特定の合意がない限り）。
> ・箇条 8.4.1.2 "供給者選定プロセス" の要求事項を除く。

［要求事項の解説］

　顧客指定の供給者に対しても、組織の責任で管理を確実に行うことを意図しています。

　顧客指定の供給者がある場合は、その供給者から購買することが必要です。しかし、顧客指定の供給者だからといって、組織の責任が免除されることはありません。顧客指定の供給者に対しても、供給者選定プロセス（箇条 8.4.1.2）を除く、外部から提供されるプロセス・製品・サービスの管理（箇条 8.4、いわゆる購買管理）のすべての要求事項への適合が必要です。

　供給者に対する箇条 8.4 の要求事項には、法令・規制要求事項（箇条 8.4.2.2）、供給者の品質マネジメントシステム開発（箇条 8.4.2.3）、供給者の監視（箇条 8.4.2.4）、第二者監査（箇条 4.2.4.1）、供給者の開発（箇条 8.4.2.5）、外部提供者に対する情報（箇条 8.4.3）などの要求事項も含まれます。すなわち、顧客指定の供給者であるからといって、管理を省略したり甘くすることはできません。組織の責任が免除されることはありません。

　顧客指定の供給者に対する指定購買と顧客支給品が混同されている場合があるようです。顧客支給品は、顧客から無償で支給される部品・材料などの場合です。この場合は、箇条 8.5.3 "顧客または外部提供者の所有物" の要求事項が該当します。顧客が供給者を指定した場合でも、組織が代金を支払っている場合は、指定購買として箇条 8.4.1.3 の管理が必要と考えるべきでしょう。

［旧規格からの変更点］（旧規格 7.4.1.3）　変更の程度：大
　顧客指定の供給者がある場合は、大きな変更になる可能性があります。

8.4.2 管理の方式および程度

8.4.2.1 管理の方式および程度－補足
［要求事項］　ISO 9001 ＋ IATF 16949

8.4.2　管理の方式および程度
① 外部から提供されるプロセス・製品・サービスが、顧客に一貫して適合した製品・適合サービスを引き渡すという、組織の能力に悪影響を及ぼさないことを確実にする。
② そのために、次の事項を行う。
　a) 外部から提供されるプロセスを、品質マネジメントシステムの管理下にとどめることを、確実にする。
　b) 外部提供およびそのアウトプットの管理を定める。
　c) 次の事項を考慮に入れる。
　　1) 外部から提供されるプロセス・製品・サービスが、顧客要求事項および適用される法令・規制要求事項を一貫して満たす組織の能力に与える潜在的な影響
　　2) 外部提供者によって適用される管理の有効性
　d) 外部から提供されるプロセス・製品・サービスに対する検証またはその他の活動を明確にする。

8.4.2.1　管理の方式および程度－補足
③ 次の文書化したプロセスをもつ。
　a) アウトソースしたプロセスを特定するプロセス
　b) 外部から提供される製品・プロセス・サービスに対し、内部・外部顧客の要求事項への適合を検証するために用いる管理の方式と程度を選定するプロセス
④ そのプロセスには、次の開発活動を含める。
　a) 管理の方式と程度を拡大または縮小する判断基準と処置
　b) 供給者パフォーマンス、製品・材料・サービスのリスク評価
⑤ <u>特性・コンポーネントが、妥当性確認・管理なしに、品質マネジメントシステムを"パススルー（通過）"となる場合は、適切な管理が製造場所で行われることを確実にする。</u>

［要求事項の解説］
　購買管理を確実に行うことを意図しています。
　② a)～d)は、外部提供者の管理方法について述べています（図 8.32 参照）。
　IATF 16949 では、③において、アウトソースしたプロセスを特定するため

8.4 外部から提供されるプロセス、製品およびサービスの管理

のプロセス、および管理の方式と程度を選定するプロセスを文書化することを求めています。

④ a)の管理の方式と程度の拡大は、今までよりも管理を厳しくする、例えば、品質・納期などのパフォーマンス実績がよくないため、今までは行っていなかった受入検査や供給者の監査を実施する、一方管理の方式と程度の縮小は、今までよりも管理を緩和する、例えば、品質・納期などのパフォーマンス実績がよいため、今までは行っていた受入検査や供給者の監査をやめるというように、考えるとよいでしょう(図8.33参照)。どのような場合に管理を拡大するか、また縮小するかを決めておくことが必要です。④ b)は、供給者のパフォーマンス(品質・納期の実績)、および供給者の製品・材料・サービスに対するリスク評価を行う方法を開発することを述べています。また⑤は、部品・材料の受入検査を行わずに使用する場合の管理について述べています。

[旧規格からの変更点]（旧規格 7.4.1、7.4.3）　変更の程度：中

②が追加され、要求事項が多くなりました。

IATF 16949 では、③〜⑤が追加されました。

項　番		ポイント
8.4.2 ②	a)	・アウトソースプロセスについても、組織の品質マネジメントシステムに含めて、確実に管理する。
	b)	・供給者に対する管理と、購買製品に対する管理の両方を行う。
	c-1)	・購買製品の重要性(顧客要求事項および関連する法規制への影響)を考慮する。
	c-2)	・供給者のパフォーマンスの実績を考慮する。
	d)	・購買製品の検証活動を明確にする。

図 8.32　外部提供者の管理方法

管理の区分	解　説
管理の拡大	・今までよりも管理を厳しくする。 ・例えば、品質・納期などのパフォーマンス実績がよくないため、今までは行っていなかった受入検査や供給者の監査を実施する。
管理の縮小	・今までよりも管理を緩和する。 ・例えば、品質・納期などのパフォーマンス実績がよいため、今までは行っていた受入検査や供給者の監査をやめる。

図 8.33　アウトソースプロセス管理の拡大・縮小

8.4.2.2 法令・規制要求事項

[要求事項] IATF 16949

> 8.4.2.2 法令・規制要求事項
> ① 購入した製品・プロセス・サービスが、受入国・出荷国および仕向国の要求事項に適合することを確実にするプロセスを文書化する。
> ・仕向国に対しては、顧客に特定され、現在該当する法令・規制要求事項が提供される場合。
> ② 顧客が、法令・規制要求事項をもつ製品に対して特別管理を定めている場合は、供給者で管理する場合を含めて、定められたとおりに実施し、維持することを確実にする。

[要求事項の解説]

購買製品が製造される国だけでなく、販売される国の法規制にも適合することを確実にすることを意図しています。

①は、購買製品(部品・材料)の種々の国の法令・規制要求事項への適合と、それを確実にするプロセスの文書化を求めています(図 8.34 参照)。

欧州諸国など有害物質の規制が厳しい国については、通常は顧客から指示されますが、組織としては、その情報を供給者に伝達し、管理を徹底することが必要です。なお仕向国(最終出荷国)に対しては、顧客によって仕向国が特定され、該当する法令・規制要求事項が提供された場合に要求事項となります。

なおこの要求事項は、箇条 8.4.1.3 で述べたように、顧客指定の供給者(指定購買)に対しても適用される点に注意が必要です。

[旧規格からの変更点] (旧規格 7.4.1.1) 変更の程度：中

購買製品に関する法令・規制要求事項の対象国に、仕向国が追加されました。

対象国	解　説
受入国	・購買製品を受け入れる国
出荷国	・購買製品を使用した製品を直接出荷する国
仕向国	・製品の最終的な出荷国。ただし仕向国については、仕向国がどの国で、かつその仕向国の法規制が何であるかの情報を、顧客から提供される場合に要求事項となる。

図 8.34　購買製品の法規制への適合の対象国

8.4 外部から提供されるプロセス、製品およびサービスの管理

8.4.2.3　供給者の品質マネジメントシステム開発
［要求事項］　IATF 16949

8.4.2.3　供給者の品質マネジメントシステム開発
① 組織は、<u>IATF 16949 認証取得資格のある</u>、自動車の製品・サービスの供給者に対して、IATF 16949 規格に認証されることを最終的な目標として、品質マネジメントシステム(QMS)の開発・実施・改善を要求する。
② <u>リスクベースモデルを用いて、供給者の品質マネジメントシステム開発の最低許容レベルおよび QMS 開発レベルの目標を決定する。</u>
③ （顧客による他の許可がない限り）最初の最低許容開発レベルは、<u>ISO 9001 に認証された品質マネジメントシステム</u>である。
④ <u>現在のパフォーマンスと顧客に対する潜在的なリスクにもとづいて、次に示す段階に従って、供給者の品質マネジメントシステム開発の目標レベルを上げて行く。</u>
　a) ~~第二者監査を通じた ISO 9001 に対する適合~~
　b) 　第三者審査を通じた ISO 9001 に対する認証。
　　・顧客による他の規定がない限り、供給者は ISO 9001 に対する認証を実証する。
　　・実証するには認証機関が主に対象としている範囲は ISO/IEC 17021 へのマネジメントシステム認証が含まれるところで、正式に認められた IAF MLA メンバーの認定マークをもつ認定機関が発行する第三者認証を維持する。
　c) 　第二者監査を通じた、顧客が定めた他の品質マネジメントシステム要求事項への適合を伴う ISO 9001 に対する認証。
　　・例えば、MAQ MSR またはそれに相当するもの。
　d) 　第二者監査を通じた IATF 16949 に対する適合を伴う ISO 9001 への認証。
　e) 　第三者審査を通じた <u>IATF 16949</u> に対する認証。
　　・IATF が認めた認証機関による、IATF 16949 への供給者の有効な第三者認証。
⑤ <u>注記　顧客が承認した場合、品質マネジメントシステム開発の最低許容レベルは、第二者監査による ISO 9001 への適合である。</u>

［備考］　④ a)は SI(公式解釈集)によって削除された。

［要求事項の解説］

供給者の IATF 16949 認証を最終目標として、供給者の品質マネジメントシステムを開発することを意図しています。

①で述べているこの要求事項の対象は、"自動車の製品・サービス"の供給者、すなわち自動車に使用される部品・材料の"製造(manufacturing)"の供給者(IATF 16949 認証取得資格のある供給者)です。ここでいうサービスは、熱処

理、めっき、塗装などの、製品の仕上げサービスを意味し、製造工程の一種です。すなわち、自動車部品に使用される部品・材料と、製造の仕上げサービスの供給者が対象となります。一方、例えば梱包材の供給者、輸送、倉庫、測定機器の校正業者などは、この要求事項は適用されないと考えてよいでしょう。

①は、自動車の製品・サービスの供給者に対して、IATF 16949 認証を最終目標として、品質マネジメントシステムの開発・実施・改善を要求することを求めています。品質マネジメントシステム開発の最終目標は"IATF 16949 認証取得"であり、旧規格の"ISO/TS 16949 への適合"よりも1段階厳しくなっています。また②は、リスク評価を行って、供給者の品質マネジメントシステム開発レベルを決定することを述べています。

供給者の品質マネジメントシステム開発の順序は、④ b)～ e)のようになります(図8.35参照)。供給者の品質マネジメントシステム開発の最低レベルは、IAF MLA (international accreditation forum multilateral recognition arrangement) メンバーの認定機関による、ISO 9001 認証であることを述べています。

④ a)の"ISO 9001 への適合"は、SI (公式解釈集、1.1.4項参照)によって削除されました。旧規格では、最低レベルは ISO 9001 への適合であったため、これも1段階厳しくなっています。また⑤に示すように、顧客が承認した場合は、品質マネジメントシステム開発の最低許容レベルは、第二者監査による ISO 9001 への適合でよいことになります。

ここで、④ c)、d)および⑤の"適合"については、第二者監査の内容と結果が、IATF 16949 の審査で認められることが必要でしょう。

e)において、"IATF 16949 認定認証機関による第三者審査"とあるのは、IATF に承認されていない審査機関が存在することを表しています。注意が必要です。

④ c)の MAQ MSR は、"サブティア供給者(ティア2以下の供給者)のための自動車品質マネジメントシステム要求事項 MAQ MSR (mnimum automotive quality management system requirements for sub-tier suppliers)"のことで、フォードおよびクライスラーなどの要求事項の例です。

なお④において、"現在のパフォーマンスと顧客に対する潜在的なリスクにもとづいて、次に示す段階に従って、供給者の QMS 開発の目標レベルを上

8.4 外部から提供されるプロセス、製品およびサービスの管理

げて行く"と記載されていることから、すべての製造の供給者に対して、ISO 9001 認証取得から始まって、最終的に IATF 16949 認証を取得するまでの計画(ロードマップ)を作成するとよいでしょう。

[旧規格からの変更点]（旧規格 7.4.1.2）　変更の程度：大

供給者の品質マネジメントシステム開発に関して、最低レベルは ISO 9001 認証、最終目標は IATF 16949 認証取得と、それぞれ 1 段階厳しくなりました。

ステップ	内容
ステップ 1 スタート　…b)	ISO 9001 認証（第三者認証）
ステップ 2 　　　　…c)	ISO 9001 認証（第三者認証） ＋顧客指定の他の品質マネジメントシステム要求事項への適合（第二者監査）（例　サブティア供給者のための自動車品質マネジメントシステム要求事項 MAQ MSR など）
ステップ 3 　　　　…d)	ISO 9001 認証（第三者認証） ＋ IATF 16949 への適合（第二者監査）
ステップ 4 最終目標　…e)	IATF 16949 認証（IATF 認定認証機関による第三者認証）

［備考］b)〜e)は、上記要求事項④の項目を示す。

図 8.35　供給者の品質マネジメントシステム開発のステップ

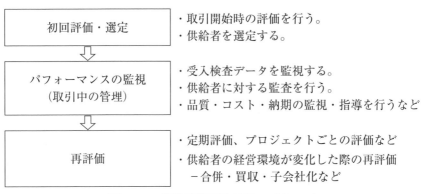

図 8.36　供給者管理のステップ（8.4.1）

8.4.2.3.1　自動車製品に関係するソフトウェアまたは組込みソフトウェアをもつ製品

［要求事項］　IATF 16949

> 8.4.2.3.1　自動車製品に関係するソフトウェアまたは組込みソフトウェアをもつ製品
> ①　次の供給者に対して、その製品に対するソフトウェアの品質保証のためのプロセスを実施し、維持することを要求する。
>   a)　自動車製品に関係するソフトウェアの供給者
>   b)　組込みソフトウェアを含む自動車製品の供給者
> ②　ソフトウェア開発評価の方法論は、供給者のソフトウェア開発を評価するために活用する。
> ③　リスクおよび顧客へ及ぼす潜在的影響にもとづく優先順位づけを用いて、供給者にソフトウェア開発能力の自己評価の文書化した情報を保持するよう要求する（記録）。

［要求事項の解説］

ソフトウェアを含む自動車製品に対する、供給者の管理を確実にすることを意図しています。

最近は、ソフトウェアを組み込んだ、コンピュータ（いわゆるマイコン）内蔵の自動車部品が増えています。それに関連して、組込みソフトウェアを含む自動車部品またはソフトウェアそのものを、供給者から調達するケースが増えています。ソフトウェアの管理方法は、ハードウェア製品とは異なるため、アウトソースした場合には、その管理が重要になります。この要求事項は、前述の社内でソフトウェアを開発している、組込みソフトウェアをもつ製品の開発に関する要求事項（箇条 8.3.2.3）と同じです。

ソフトウェア開発の方法論としては、オートモーティブスパイス（automotive SPICE）や CMMI（capability maturity model integration、能力成熟度モデル統合）などの、ソフトウェアに関する品質保証プロセスを適用することが必要です（箇条 8.3.2.3 参照）。

［旧規格からの変更点］　変更の程度：大

新規要求事項です。

8.4.2.4 供給者の監視

［要求事項］　IATF 16949

> 8.4.2.4　供給者の監視
> ① 外部から提供される製品・プロセス・サービスの、内部・外部顧客の要求事項への適合を確実にするために、供給者のパフォーマンスを評価する、文書化したプロセスおよび判断基準をもつ。
> ② 次の事項を含め、供給者のパフォーマンス指標を監視する。
>   a)　納入された製品の要求事項への適合
>   b)　受入工場において顧客が被った迷惑（構内保留・出荷停止を含む）
>   c)　納期パフォーマンス
> ③ 次の事項も供給者パフォーマンスの監視に含める（顧客から提供された場合）。
>   d)　品質問題・納期問題に関する、顧客からの特別状態の通知
>   e)　ディーラーからの返却・補償・市場処置・リコール

［要求事項の解説］

供給者のパフォーマンスを監視することを意図しています。

①は、供給者パフォーマンス評価プロセスの文書化を求めています。また②、③は、供給者パフォーマンスの監視指標について述べています（図8.37参照）。

［旧規格からの変更点］（旧規格 7.4.3.2）　変更の程度：中

供給者パフォーマンスの評価指標が、②、③のように具体的になりました。

項番		ポイント
8.4.2.4 ②	a)	・納入製品の不良率(ppm)、不良件数、特別採用件数などがある。
	b)	・顧客から使用保留や出荷停止処置がとられること
	c)	・納期遅延件数、納期遵守率などがある。
③	d)	・品質問題や納期問題を起こした場合に、顧客から連絡される特別状態の通知 ・フォードのQ1認定取り消しも、この特別状態の通知に相当する。この特別状態になると、新規発注停止などの処置がとられる。
	e)	・いわゆる市場クレームに関するもの

図8.37　供給者のパフォーマンス監視指標

8.4.2.4.1　第二者監査
［要求事項］　IATF 16949

> 8.4.2.4.1　第二者監査
> ① 供給者の管理方法に、第二者監査プロセスを含める。
> ② 第二者監査は、次の事項に対して使用してもよい。
> 　a)　供給者のリスク評価　　b)　供給者の監視
> 　c)　供給者の品質マネジメントシステム開発
> 　d)　製品監査　　e)　工程監査
> ③ 第二者監査の必要性・方式・頻度・範囲を決定するための基準を文書化する。
> ④ この基準には、次のようなリスク分析にもとづく。
> 　a)　製品安全・規制要求事項　　b)　供給者のパフォーマンス
> 　c)　品質マネジメントシステム認証レベル
> ⑤ 第二者監査報告書の記録を保持する(記録)。
> ⑥ 第二者監査で品質マネジメントシステムを評価する場合、その方法は自動車産業プロセスアプローチと整合性をとる。
> ⑦ 注記　IATF 監査員ガイドおよび ISO 19011 参照

［要求事項の解説］

　供給者に対する第二者監査を適切に行うことを意図しています。

　供給者の品質マネジメントシステム開発(箇条 8.4.2.3)において、ISO 9001 への適合や IATF 16949 への適合を供給者に要求することを述べています。その際には第二者監査が必要となります。

　上記②は、供給者に対する第二者監査の目的(用途)について述べています(図 8.38 参照)。③で述べているように、第二者監査の必要性・方式・頻度・範囲を決める基準を決めて、供給者に対する監査を実施します。

　この場合の基準は、④ a)～c)のように、製品安全・規制要求事項、供給者のパフォーマンス、および品質マネジメントシステム認証レベルなどとなります。顧客指定の供給者(箇条 8.4.1.3)であるからとか、供給者の会社の規模が大きい(または小さい)から、第二者監査を省略しよう、という方法では通用しません。

　⑥は、第二者監査の目的が、上記② c)供給者の品質マネジメントシステム開発である場合は、内部監査と同様、自動車産業プロセスアプローチ方式で行うことを述べています。自動車産業プロセスアプローチ監査の方法については、

8.4 外部から提供されるプロセス、製品およびサービスの管理

第11章で説明します。第二者監査で実施する内容を図8.39に示します。

第二者監査では、自動車産業プロセスアプローチ式監査技法、IATF 16949要求事項、コアツールの理解、供給者の製造工程の知識を含めて、第二者監査員の力量の確保が必要です。第二者監査員に必要な力量については、箇条7.2.4で述べています。

［旧規格からの変更点］　変更の程度：大

新規要求事項です。

項　番		ポイント
8.4.2.4.1 ②	a)	・箇条8.4.1.2 "供給者選定" のためのリスク評価を行う。
	b)	・箇条8.4.2.4 "供給者の監視" のための評価を行う。
	c)	・箇条8.4.2.3 に関連して ISO 9001/IATF 16949 への適合を監査する。
	d)	・供給者サイトにおいて、製品監査を実施する。
	e)	・供給者サイトにおいて、製造工程監査を実施する。

図8.38　第二者監査結果の用途

第二者監査員の力量（箇条7.2.4）		第二者監査で実施すべき事項
a) 監査に対する自動車産業プロセスアプローチ	⇒	・供給者に対する監査は、自動車産業プロセスアプローチ方式で監査する。 ・供給者からタートル図を入手して理解する。
b) 顧客・組織固有の要求事項	⇒	・顧客固有の要求事項を理解する。
c) ISO 9001 および IATF 16949 規格要求事項	⇒	・ISO 9001 および IATF 16949 規格要求事項を理解する。
d) 監査対象の製造工程（プロセスFMEA・コントロールプランを含む）	⇒	・供給者からコントロールプランやプロセスFMEAを入手し、理解する。
e) コアツール要求事項	⇒	・APQP、PPAP、FMEA、SPC、MSAなどのコアツールを理解する。
f) 監査の計画・実施、監査報告書の準備、監査所見完了方法	⇒	・監査計画書、監査報告書、監査所見などの作成ができる。

図8.39　品質マネジメントシステムに関する第二者監査で実施すべき事項

8.4.2.5 供給者の開発
［要求事項］　IATF 16949

> 8.4.2.5　供給者の開発
> ① 現行の供給者に対し、必要な供給者開発の優先順位・方式・程度・タイミング（スケジュール）を決定する。
> ② 供給者開発方式を決定をするためのインプットには、次の事項を含める。
>   a) 供給者の監視（箇条 8.4.2.4 参照）を通じて特定されたパフォーマンス問題
>   b) 第二者監査の所見（箇条 8.4.2.4.1 参照）
>   c) 第三者品質マネジメントシステム認証の状態
>   d) リスク分析
> ③ 未解決（未達）のパフォーマンス問題の解決のため、および継続的改善に対する機会を追求するために、必要な処置を実施する。

［要求事項の解説］

供給者のレベルを継続的に向上させることを意図しています。

供給者の開発（development）という要求事項の項目名から、新規供給者の開発と察する可能性もありますが、この要求事項は、現在取引のある供給者のレベルを、開発する（develop、レベルを上げる）というものです（図 8.40 参照）。

供給者を開発する方法を決める際には、② a) ～ d) に対する各供給者の現状と今後の必要性を考慮して決めることになります（図 8.41 参照）。それぞれの供給者に対して、開発の計画（マイルストーン）を作成するとよいでしょう。

この要求事項のように、IATF 16949 では旧規格（ISO/TS 16949）と比べて、供給者に対する管理が厳しくなっています。それらをまとめると、図 8.42 のようになります。

項番		ポイント
8.4.2.5 ②	a)	・品質・納期などの実績
	b)	・第二者監査の結果
	c)	・供給者の品質マネジメントシステム認証のレベルが、供給者の品質マネジメントシステムの開発（箇条 8.4.2.3）のどのレベルであるか。
	d)	・供給者に対して実施したリスク分析の結果

図 8.40　供給者開発方式を決定するためのインプット情報

8.4 外部から提供されるプロセス、製品およびサービスの管理

[旧規格からの変更点]　変更の程度：大

新規要求事項です。

```
┌──────────────────┐   ・供給者の監視の結果判明したパフォーマンスの問題
│ インプット情報の監視 │   ・第二者監査の結果(所見)
└──────────────────┘   ・第三者認証の状態(ISO 9001 認証など)
         ↓             ・リスク分析
┌──────────────────┐
│ 供給者開発方法の決定 │   ・供給者開発の優先順位、方式・程度、スケジュール
└──────────────────┘
         ↓
┌──────────────────┐
│   供給者の開発     │   ・供給者のレベルアップ
└──────────────────┘
         ↓
┌──────────────────┐   ・未解決(未達)のパフォーマンス問題解決のため
│  必要な処置の実施  │   ・継続的改善の機会追求のため
└──────────────────┘
```

図 8.41　供給者開発のフロー

箇条番号	項目	新規	強化
8.4.1.2	供給者選定プロセス	○	
8.4.1.3	顧客指定の供給者(指定購買)		○
8.4.2	管理の方式および程度		○
8.4.2.2	法令・規制要求事項		○
8.4.2.3	供給者の品質マネジメントシステム開発		○
8.4.2.3.1	供給者によるソフトウェア開発の管理	○	
8.4.2.4	供給者パフォーマンスの監視		○
8.4.2.4.1	第二者監査	○	
8.4.2.5	供給者の開発	○	
8.4.3	外部提供者に対する情報		○
7.2.4	第二者監査員の力量	○	
7.1.3.1、7.1.5.2.1	サイト内供給者の管理	○	
8.4.3.1	法令・規制要求事項ならびに特殊特性を供給者に引き渡し、展開するよう要求	○	

図 8.42　IATF 16949 で追加・強化された供給者の管理

8.4.3　外部提供者に対する情報

8.4.3.1　外部提供者に対する情報－補足
［要求事項］　ISO 9001 ＋ IATF 16949

8.4.3　外部提供者に対する情報
① 　外部提供者に情報を伝達する前に、要求事項が妥当であることを確実にする。
② 　次の事項に関する要求事項を、外部提供者に伝達する。
　a)　提供されるプロセス・製品・サービス
　b)　次の事項についての承認
　　1)　製品・サービス　　2)　方法・プロセス・設備
　　3)　製品・サービスのリリース
　c)　必要な力量(必要な適格性を含む)
　d)　組織と外部提供者との相互作用
　e)　組織が行う、外部提供者のパフォーマンスの管理・監視
　f)　組織・顧客が、外部提供者先での実施する検証・妥当性確認活動

8.4.3.1　外部提供者に対する情報－補足
③ 　**法令・規制要求事項、ならびに製品・製造工程の特殊特性を供給者に引き渡し、サプライチェーンをたどって、製造現場にまで、該当する要求事項を展開するよう、供給者に要求する。**

［要求事項の解説］

　供給者に伝達する購買情報の内容を明確にすること、およびその内容を供給者に確実に伝達することを意図しています。

　外部提供者に対する情報とは、旧規格の"購買情報"のことで、供給者に提供する注文書や仕様書などです(図8.43 参照)。

　外部提供者への情報(購買情報)の内容は、② a)～ f)のようになります(図8.44 参照)。

　IATF 16949 では、③に述べているように、供給者から購入する部品や材料に関係する法規制や特殊特性は何かを供給者に伝達し、供給者の製造現場にまで展開することを求めています。したがって、関係する法規制や特殊特性を供給者に伝達するだけでなく、第二者監査などで供給者を訪問した際に、製造現

場の担当者に対して、製造している製品(部品・材料)に関する法規制や特殊特性は何かを理解しているかどうかを確認することなども必要となるでしょう。なお③では、サプライチェーンとあることから、組織の直接の供給者だけでなく、その先の供給者にも伝えるように、直接の供給者に要求することが必要です。

[旧規格からの変更点]（旧規格 7.4.3）　変更の程度：中

② e)および IATF 16949 では③が追加されました。

区　分	購買情報
購買製品	・購買製品の仕様書、図面、注文書、購買契約書、業務委託契約書など
手順・プロセス・設備	・委託生産仕様書、製造要領書、検査要領書、作業指示書など
要員の適格性	・供給者の要員に必要な力量など ・特殊特性や特殊工程に関する要員の力量は重要
品質マネジメントシステム	・IATF 16949 認証取得の要請など
契約書	・購買契約書、委託契約書、外注契約書、品質保証協定書など

図 8.43　購買情報の例

項　番		ポイント
8.4.3 ②	a)	・購買製品の図面、仕様書など
	b)	・購買製品に対する組織の承認のための要求事項について述べている。PPAP は、アメリカのビッグスリーの、購買製品に対する組織への承認のための要求事項の例
	c)	・例えば、特殊特性や特殊工程に関係する業務を行っている要員に必要な力量がある場合は、その内容を明確にする。
	d)	・一般的には、売買契約書などで明確にする。
	e)	・箇条 8.4.2.4 の供給者パフォーマンスの監視の方法
	f)	・組織または顧客が、供給者先で検証や妥当性確認を行う場合は、その内容を明確にする。
8.4.3.1 ③		・法令・規制要求事項、ならびに製品・製造工程の特殊特性を供給者に伝達する。 ・サプライチェーンの各製造現場に、該当する要求事項を展開するよう、供給者に要求する。

図 8.44　供給者に伝達する情報(購買情報)

8.5 製造およびサービス提供

8.5.1 製造およびサービス提供の管理

[要求事項]　ISO 9001 + IATF 16949

8.5.1　製造およびサービス提供の管理
① 製造・サービス提供を、管理された状態で実行する。
② 管理された状態には次の事項を含める(該当するものは必ず)。
　a) 次の事項を定めた文書化した情報を利用できるようにする。
　　1) 製造する製品、提供するサービス、または実施する活動の特性
　　2) 達成すべき結果
　b) 監視・測定のための資源を利用できるようにし、かつ使用する。
　c) プロセスまたはアウトプットの管理基準、ならびに製品・サービスの合否判定基準を満たしていることを検証するために、適切な段階で監視・測定活動を実施する。
　d) プロセスの運用のために適切なインフラストラクチャ・環境を使用する。
　e) 力量を備えた人々を任命する(必要な適格性を含む)。
　f) 製造・サービス提供のプロセスで結果として生じるアウトプットを、それ以降の監視・測定で検証することが不可能な場合には、製造・サービス提供に関するプロセスの、計画した結果を達成する能力について、妥当性を確認し、定期的に妥当性を再確認する。
　g) ヒューマンエラーを防止するための処置を実施する。
　h) リリース、顧客への引渡しおよび引渡し後の活動を実施する。

8.5.1　製造およびサービス提供の管理
③ 注記　インフラストラクチャには、製品の適合を確実にするために必要な製造設備を含む。
・監視・測定のための資源には、製造工程の効果的な管理を確実にするために必要な監視・測定設備を含む。

[要求事項の解説]

製造工程を適切に管理することを意図しています。

この項は、製造工程(またはサービスプロセス)の管理についての項目で、製品の品質(またはサービスの質)の保証と顧客満足のために最も重要な項目です。例えば製造業の場合は、製造工程フロー、製造仕様書、コントロールプラン、検査仕様書など、材料の受入から製品の加工、組立、検査、包装など、一連の

製造工程についての手順書や基準書の作成とそれにもとづく管理、ならびに製造設備および検査設備の適切な管理が必要となるでしょう。

①の"管理された状態で実行する"には、次の2つの意味が含まれています。
a)　決められたルール・条件どおりに製造する。
b)　製造工程が管理された状態である(すなわち統計的に安定している)。

② a)～h)は、管理された状態にするために実施する事項について述べています(図8.45参照)。

IATF 16949では、インフラストラクチャの管理に関して、③に示す事項を実施することを述べています。これは、②の b)と d)を、それぞれ補足したものです。② h)のリリースおよび引渡し後の活動については、それぞれ後述の箇条8.6および箇条8.5.5にその詳細が規定されています。

② f)の 製造・サービス提供のプロセスの妥当性確認、および g)のヒューマンエラー防止策について、下記に説明します。

(1)　プロセスの妥当性確認について

ISO 9001規格要求事項の中でしばしば誤解されている項目の一つが、② f)の"製造およびサービス提供に関するプロセスの妥当性確認"でしょう。この要求事項は、"製品・サービスの検査が容易にできない場合は、そのプロセスの妥当性確認を、本格的な製造開始前(またはサービス提供前)に行いなさい"というものです。したがって、"事前に"妥当性を確認したプロセスで製造した製品(または提供したサービス)については、そのプロセス実施後の検査は行わないことになります。

しかし、このプロセスの妥当性確認が、"製造(サービス提供)を行った後で、プロセスの妥当性確認を行う"という要求事項であると誤解されている場合があるようです。正しくは、② f)で決められた製造(またはサービス提供)の条件に従って、①の製造(またはサービス提供)を実施することになります。

また"妥当性の再確認"は、妥当性の確認(検証)を事前に行った製造プロセス(またはサービス提供プロセス)でも、時間が経つと、設備・材料・要員・環境などの条件が変化する可能性があるため、その後もプロセスが引き続き妥当であることを、定期的に再確認しなさいというものです。

第8章 運用

　このプロセスの妥当性確認(箇条 8.5.1-f)の要求事項は、製造工程に関する設計・開発(箇条 8.3)、およびレビュー・検証・妥当性確認が含まれる設計・開発の管理(箇条 8.3.4)の要求事項と同じことを述べています。この要求事項があるのは、ISO 9001 には、製造工程の設計・開発という要求事項がないためと考えられます。IATF 16949 では、製造工程についても設計・開発や妥当性確認が要求事項であるため、(定期的な再確認を除いて)この"プロセスの妥当性確認"という要求事項は、なくてもよかったのかもしれません。プロセスの妥当性確認のフローを図 8.46 に示します。

項番		ポイント
8.5.1 ①		・"管理された状態で実行する"には、次の2つが含まれている。 －決められたルール・条件どおりに製造する。 －製造工程が管理された状態である(すなわち統計的に安定している)。
②	a)	・1)は、箇条 8.3.5 "設計・開発からのアウトプット" および箇条 8.3.5.1 "設計・開発からのアウトプット－補足" で述べた製品の特性 ・2)は、検査規格、合否判定基準など
	b)	・箇条 7.1.5.2 に述べた、監視機器・測定機器が利用できること。
	c)	・プロセスの管理基準は管理図の管理限界、アウトプットの管理基準は工程能力、製品の合否判定基準は検査規格などを意味する。
	d)	・箇条 7.1.3 に規定されたインフラストラクチャ、箇条 7.1.4 および 7.1.4.1 に規定されたプロセスの運用に関する環境を使用する。
	e)	・特殊特性作業者、特殊工程作業者、検査員などの、資格認定された要員を任命する。
	f)	・プロセスが実施した後の検査では検証することが不可能な工程、いわゆる特殊工程(special process)(旧規格 7.5.2)について述べている。 ・特殊工程は、事前にその製造工程の妥当性確認(検査しなくてもよいことの確認)を行い、定期的にその製造工程の妥当性を再確認する。
	g)	・ヒューマンエラー防止策は、ISO 9001 における新しい要求事項。 ・IATF 16949 には、これに対応するものとして、ポカヨケ(箇条 10.2.4) という要求事項がある。
	h)	・引渡し(delivery):プロセスの次の段階に進めること、すなわち、次工程や顧客に引渡すこと ・リリース(release):プロセスの次の段階に進めることを認めること、すなわち、引渡しのために製品を検査すること(箇条 8.6 参照) ・引渡し後の活動:クレームサービスのほか、契約にもとづく据付工事、故障修理、定期点検などの製品出荷後のアフターサービスがある(箇条 8.5.5 参照)。

図 8.45　製造を管理された状態で実行

8.5 製造およびサービス提供

プロセスの妥当性確認が必要なプロセスの例には、溶接、熱処理、半田づけ、塗装、めっきなどの工程があります（図 8.56、p.225 参照）。

(2) ヒューマンエラー防止策について

人間によるヒューマンエラー（間違い）が起こらないように、また起こったとしても、品質問題などが発生しない仕組みを考えることです。作業手順書を作成し、作業者の教育訓練を行うという方法ではなく、製品や製造工程の設計・開発段階で、ヒューマンエラー対策を仕組みとして取り入れることになります。ヒューマンエラー防止策には、次のような例が考えられます。

　　a)　ポカヨケの導入　　b)　加工機の自動化　　c)　検査機器の自動化
　　d)　安全装置の設置　　e)　生産管理システム　　f)　バーコードの採用

IATF 16949 では、ヒューマンエラー防止策に関連して、"ポカヨケ"という要求事項（箇条 10.2.4）があります。

[旧規格からの変更点]（旧規格 7.5.1）　変更の程度：中
② d)、e)、g)が追加されました。

なお、IATF 16949 の旧規格（ISO/TS 16949）の箇条 7.5.2.1 "製造およびサービス提供に関するプロセスの妥当性確認－補足"で述べていた、"要求事項箇条 7.5.2 は、製造およびサービス提供に関するすべてのプロセスに適用しなければならない"は、なくなりました。

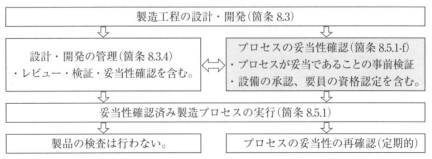

図 8.46　プロセスの妥当性確認のフロー

8.5.1.1　コントロールプラン

[要求事項]　IATF 16949

8.5.1.1　コントロールプラン
① 該当する製造サイトおよびすべての供給する製品に対して、コントロールプランを策定する。
② コントロールプランは、システム、サブシステム、構成部品、または材料のレベルで作成する。また、部品だけでなくバルク材料を含めて、作成する。
③ ファミリーコントロールプランは、バルク材料および共通の製造工程を使う類似の部品に対して容認される。
④ 量産試作および量産に対して、コントロールプランを作成する。
⑤ コントロールプランは、設計リスク分析からの情報や、工程フロー図、および製造工程のリスク分析のアウトプット（FMEAのような）からの情報を反映させる。
⑥ 量産試作・量産コントロールプランを実行した時に集めた、測定・適合データを顧客に提供する（顧客から要求される場合）。
⑦ 次の事項をコントロールプランに含める。
　a)　製造工程の管理手段（作業の段取り替え検証を含む）
　b)　初品・終品の妥当性確認（該当する場合には必ず）
　c)　（顧客・組織の双方で定められた）特殊特性の管理の監視方法
　d)　顧客から要求される情報（該当する場合）
　e)　次の場合の対応計画
　　・不適合製品が検出された場合
　　・工程が統計的に不安定または統計的に能力不足になった場合
⑧ 次の事項が発生した場合、コントロールプランをレビューし、更新する。
　f)　不適合製品を顧客に出荷した場合
　g)　製品・製造工程・測定・物流・供給元・生産量変更・リスク分析（FMEA）に影響する変更が発生した場合（附属書A参照）
　h)　顧客苦情および関連する是正処置が実施された後（該当する場合には必ず）
　i)　リスク分析にもとづいて設定された頻度で
⑨ コントロールプランのレビュー・改訂後、顧客の承認を得る（顧客要求のある場合）。

[用語の定義]

コントロールプラン control plan	・製品の製造を管理するために要求される、システムおよびプロセスを記述した文書

8.5 製造およびサービス提供

[要求事項の解説]

IATF 16949 の要求事項に対応したコントロールプランを作成し、実施することによって、製品要求事項への適合を確実にすることを意図しています。

上記①は、製造サイトごとおよび製品ごとに、コントロールプランを作成することを述べています。対象に製造サイト(すなわち工場)が追加されました。

②は、コントロールプランの対象範囲について述べています。校正部品・材料レベルのコントロールプランでは、バルク材料も含めます(図 8.47 参照)。また③は、ファミリーコントロールプランについて述べています。そして④は、コントロールプラン作成の段階について述べています(図 8.48 参照)。

⑤は、コントロールプランを作成する前に、設計 FMEA(製品 FMEA)やプロセス FMEA などを実施し、その結果をコントロールプランに反映させることを述べています。順番が逆になってはいけません。

区　分	コントロールプランの対象
システムレベルのコントロールプラン	・特定の機能を実行するために統合された、校正要素または装置の組合せ。例えば、燃料システム、制動装置、操舵装置など
サブシステムレベルのコントロールプラン	・それ自体がシステムの特性をもつ、上位システムの主要な部分。例えば、燃料系システムにおける、燃料タンク、燃料ポンプなど
構成部品・材料レベルのコントロールプラン	・バルク材料(bulk material)とは、接着剤、シール材、化学薬品、コーティング材、布、潤滑材などの物質(例　非定形固体、液体、気体)のことをいう。

図 8.47　コントロールプランの種類(対象範囲別)

区　分	コントロールプランの種類
試作コントロールプラン	・試作中に行われる寸法測定、材料および性能試験を記述した文書。試作コントロールプランは、顧客に要求される場合に作成する必要がある。
量産試作コントロールプラン	・試作後で量産の前に行われる寸法測定、材料および性能試験を記述した文書
量産コントロールプラン	・量産中に行われる、製品および製造工程の特性、工程管理、試験および測定システムを記述した文書

図 8.48　コントロールプランの種類(作成段階別)

第8章 運用

⑥は、量産試作コントロールプランと量産コントロールプランを実行した時に集めた測定・適合データを、顧客に提供することを述べています。

コントロールプランの項目は、IATF 16949 規格附属書 A に記載されていますが、⑦ a)～ e)の内容も、コントロールプランに記載することが必要です（図 8.49 参照）。

⑧は、コントロールプランは常に最新の内容に更新することを述べています。このうち f)と h)は問題が発生したとき、g)は変更を行ったときの見直しですが、i)は定期的な見直しについて述べています（図 8.52、p.221 参照）。

コントロールプランの詳細は、APQP 参照マニュアルに規定されています。コントロールプランの様式の例を図 8.50 に示します。

なお、図 8.50 のコントロールプラン様式の特性欄は、"製品"と"工程"、すなわち製品特性（できばえ特性）と製造工程条件の両方がありますが、図 8.48 に記載したように、試作コントロールプランと量産試作コントロールプランは、製品特性だけを記載すればよいことになっています。

[旧規格からの変更点]（旧規格 7.5.1.1）　変更の程度：中

①製造サイトのコントロールプラン、および⑥、⑦ a)、b)、⑧ g)、h)、i)が追加されています。また、IATF 16949 規格附属書 A コントロールプランでは、下記が変更されています。

・一般データに"機能グループ/責任領域"が追加
・対応計画から"是正処置"を削除

項番		ポイント
8.5.1.1 ⑦	a)	・段取り替え検証をコントロールプランに含めること
	b)	・初品・終品の妥当性確認を含める。
	c)	・特殊特性が管理されている、すなわち製造工程が安定し、工程能力を監視する方法を含める。
	d)	・工程能力指数などの顧客固有の要求事項含める。
	e)	・不適合製品が検出された場合や、製造工程が不安定または能力不足になった場合の対応処置の方法を記載する。

図 8.49　コントロールプランに含める事項

8.5 製造およびサービス提供

コントロールプラン

☐試作　☐量産試作　■量産

製品名			組織名		コントロールプラン番号	
自動車部品○○			○○精機(株)		CP-xxx	
製品番号／ファミリーコントロールプラン名			サイト(工場)名／コード		発行日付	改訂日付
xxxx			○○工場／xxxx		20xx-xx-xx	20xx-xx-xx
顧客名／顧客要求事項			顧客承認・日付		主要連絡先	
○○社／仕様書 xxxx			○○社○○○○, 20xx-xx-xx		○○部　○○○○	
技術変更レベル(図面・仕様書番号・日付)			APQPチーム		サイト(工場)長承認・日付	
xxxx (xxxx, 20xx-xx-xx)			○○○○, ○○○○, ○○○○		○○○○(印), 20xx-xx-xx	

番号	工程名	装置・治工具	特性		分類	管理方法					対応計画
			製品	工程		仕様・公差	測定方法	数量	頻度	管理方法	是正処置
…	…	…	…	…	…	…	…	…	…	…	…
11	研削工程	旋盤	寸法1		△	105 ± 0.5	ノギス	2個	ロットごと	図面A	手順書A
12	焼入工程	熱処理炉		熱処理温度	△	1000 ± 20	温度計	連続	ロットごと	手順書B	手順書B
				熱処理時間	△	10 ± 0.1	時計				
			硬度		△	25 ± 2	硬度計	2個	ロットごと	手順書C	手順書C
13	研磨工程	研磨機	寸法2		△	100 ± 0.2	ノギス	2個	ロットごと	図面B	手順書A
			寸法2 工程能力		△	$C_{pk} \geq 1.67$	ノギス	30個	1週間ごと	手順書D	手順書D
…	…	…	…	…	…	…	…	…	…	…	…

図 8.50　コントロールプランの例

[出典]『図解 IATF 16949 よくわかるコアツール』

8.5.1.2 標準作業-作業者指示書および目視標準
[要求事項] IATF 16949

> 8.5.1.2 標準作業-作業者指示書および目視標準
> ① 標準作業文書が次のとおりであることを確実にする。
>   a) 作業を行う責任をもつ従業員に伝達され、理解される。
>   b) 読みやすい。
>   c) それに従う責任のある要員に理解される言語で提供する。
>   d) 指定された作業現場で利用可能である。
> ② 標準作業文書には、作業者の安全に対する規則も含める。

[要求事項の解説]

作業者にとって使いやすい作業指示書を作成して運用することを意図しています。

① a)は、作業者指示書や目視標準などの標準作業文書は、実際に作業を行う従業員に伝達され、理解されることを述べています。そのためには、作業文書は、b)読みやすいこと、c)作業者に理解されること、そしてd)作業現場で利用できることが必要です。

このうち c)では、作業者が理解できる言語で作業文書を作成することを述べています。最近は、自動車産業において、日本語の読み書きができない作業者が増えています。通訳を介して口頭で作業内容を作業者に伝達する方法では、確実に伝わらない可能性があります。口頭は作業文書ではありません、作業者が理解できる言語で作業文書を作成することが必要になりました。

②は、作業文書に、作業者の安全に対する規則も含めることを述べています。わが国では、安全に関する規則や安全上の注意事項を、会社としてまたは工場ごとに制定している場合が多いのではないでしょうか。この要求事項は、各作業文書に安全上の注意事項を記載することです。安全管理を確実にするための方法で、これは欧米のやり方ですが、対応が必要です。

目視標準には、外観見本(サンプル)や外観検査の標準書などが考えられます。外観見本に関しては、箇条 8.6.3 "外観品目" において規定されています。

標準作業文書には、紙媒体の文書以外に、例えば通止ゲージ(go/no-go ゲー

ジ)のような検査標準も考えられます。通止ゲージや外観見本などの検査標準は、良品(規格内のぎりぎりのもの)と、不良品(規格外れのぎりぎりのもの)の両方を準備するとよいでしょう(図 8.51 参照)。

[旧規格からの変更点]（旧規格 7.5.1.2）　変更の程度：中
① c)および②が追加されました。

項番		ポイント
8.5.1.2 ①	a)	・作業者指示書(operator instructions)や目視標準(visual standards)などの標準作業文書(standardised work documents)は、実際に作業を行う従業員に伝達され、理解されること
	b)	・標準作業文書は、読みやすいこと
	c)	・標準作業文書は、作業を行う人に理解される言語で提供することが必要 ・通訳を介して口頭で作業内容を作業者に伝達するのではなく、作業者が理解できる言語で作業文書を作成することが必要になった。
	d)	・作業文書は作業現場に設置し、作業者が利用できること
②		・個々の作業文書に、作業者の安全に対する規則を含める。 ・安全に関する規則や安全上の注意事項を、会社としてまたは工場ごとに制定する方法ではない。 ・安全管理を確実にするための方法であり、対応が必要

図 8.51　標準作業文書

項番		ポイント
8.5.1.1 ⑧	f)	・顧客への不良品の出荷などの問題が発生したとき
	g)	・製造工程などに変更を行ったときや、生産量に変化があったとき ・とくに生産量の変更があった場合の見直しは要注意
	h)	・是正処置をとったとき
	i)	・IATF 16949 で追加された、定期的な見直し ・見直しの頻度は、リスク分析を行って決める。 ・例えば、製品 A は、FMEA の RPN の値が高い特性が多いため、半年ごとにコントロールプランを見直すとか、製品 B は、FMEA の RPN の値が高い特性がないため、2 年ごとにコントロールプランを見直すという要領で行う。

図 8.52　コントロールプラン見直しの時期(8.5.1.1)

8.5.1.3 作業の段取り替え検証

［要求事項］ IATF 16949

> 8.5.1.3 作業の段取り替え検証
> ① 段取り替え検証に関して、次の事項を実施する。
>   a) 次のような新しい段取り替えが実施される場合は、作業の段取り替えを検証する。
>   1) 1回目の稼働
>   2) 材料切り替え
>   3) 作業変更
>   b) 段取り替え要員のために文書化した情報を保持する。
>   c) 検証に統計的方法を使用する(該当する場合は必ず)。
>   d) 初品・終品の妥当性確認を実施する(該当する場合は必ず)。
>   ・必要に応じて、初品は終品との比較のために保持し、終品は次の工程稼働まで保持することが望ましい。
>   e) 段取り設定、初品・終品の妥当性確認後の、工程および製品承認の記録を保持する。

［要求事項の解説］

段取り替え検証を確実に行うことによって、製造工程のトラブルを回避することを意図しています。リスクへの対応です。

① a)は、作業の立上げ、材料切り替え、作業変更のような新しい設定を行う場合に、作業の段取り替え検証(verification of job set-ups)を実施することを求めています。

段取り替えの検証とは、仕事のセットアップ(job set-ups)、例えば、作業の立ち上げや材料を変更したときの確認、および金型などの治工具を交換したり、休止していた設備を再稼働した場合などに、設備の立ち上げ時の確認を行うことで、条件出しの検証のことです。段取り替えの実施時期と例を、図8.53に示します。

段取り替え検証の方法として、段取り替え直後の製品サンプル(初品)を評価して、製品規格内に収まっていることを確認する方法などが一般的に行われていましたが、① c)は、統計的に評価することを求めています。例えば、特性のばらつきが±1σ(シグマ)内に入っているかどうかというような評価方法で

す。段取り替え検証の目的は、段取り替え前の実績のある(安定した)工程と比較することであって、単に製品規格の範囲に入っていることの確認ではありません。したがって、前回の実績のある製造工程が安定していることが前提であることはいうまでもありません。

① d)は、段取り替え検証の対象サンプルとして、初品だけでなく、終品が追加されました。例えば、金型を交換する場合、金型交換直後の製品サンプル(初品)と、その金型で製造する最後の製品サンプル(終品)の両方を評価することになります。初品の評価結果が問題なく、終品の評価結果が規格外れなど問題のあることがわかった場合は、初品から終品までの間に製造した製品は、疑わしい製品としての管理(箇条 8.7.1.3)が必要となるでしょう。原因の究明や全数検査が必要となるかもしれません(図 8.54 参照)。

[旧規格からの変更点]（旧規格 7.5.1.3）　変更の程度：中
① b)、d)、e)が追加されました。
旧規格の注記 "前回操業の最終部品との比較を推奨する" はなくなりました。

時　期	段取り替えの例
作業の立ち上げ	・新規製品の生産開始
始業時	・休み明け、毎朝の始業時、シフト(交代勤務)変更時などの生産開始
材料変更時	・材料のロット変更時の生産開始
作業変更時	・金型、治工具などを変更して、異なる製品の生産を開始するとき

図 8.53　段取り替え検証の実施時期

項　目	内　容
段取り替え検証の時期	・１回目の稼働 ・材料切り替え ・作業変更、など
段取り替え検証の方法	・検証に統計的方法を使用する。 ・製品規格に入っているかどうかの判断ではない。
段取り替え検証のサンプル	・初品・終品の妥当性確認を実施する。 ・初品が合格で、終品が不合格の場合は、全数検査などの対応が必要となる可能性がある。

図 8.54　段取り替え検証の方法

8.5.1.4 シャットダウン後の検証
［要求事項］ IATF 16949

> 8.5.1.4 シャットダウン後の検証
> ① 計画的または非計画的シャットダウン後に、製品が要求事項に適合することを確実にするために必要な処置を定め、実施する。

［用語の定義］

| シャットダウン
production shutdown | ・製造工程が稼働していない状況。数時間から数カ月でもよい。 |

［要求事項の解説］

　工場や設備のシャットダウンの後、再稼働する際に、製品要求事項への適合を検証することを意図しています。

　シャットダウンとは、工場や設備が停止することです。上記①は、計画的シャットダウン、または非計画的シャットダウンが発生した後で、生産を再開するときに、製品が要求事項に適合することを確実にするための処置を定めて、実施することを述べています。この処置の内容には、設備、ユーティリティ、作業環境などの点検・修理、および製造工程や製品の検証などが含まれます。

　計画的シャットダウンの場合は、例えば毎日の就業から翌朝までの休止や、夏季休暇の前に工場の電源を順番に落とすなど、製品や生産に悪影響が出ないような処置をとります。前項の段取り替え検証(箇条 8.5.1.3)は、この計画的シャットダウンの場合の検証方法として利用することも考えられます。

　これに対して非計画的シャットダウンは、例えば地震などの緊急事態(箇条 6.1.2.3 参照)が発生したために、主電源が急に落ちてしまうような場合です。計画的シャットダウンと非計画的シャットダウンでは、その後生産を再開した際に、製品要求事項への適合性の確認など、行うべき内容が異なります。それぞれの場合の検証方法を決めておくことが必要です(図 8.55 参照)。

［旧規格からの変更点］　変更の程度：大
　新規要求事項です。

8.5 製造およびサービス提供

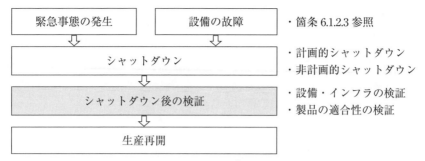

図 8.55　シャットダウン後の検証

プロセスの例	プロセスの妥当性確認が必要な理由
溶接工程	・溶接の強度試験は破壊試験となり、溶接の表面を見ても、内部の空洞やクラックを発見できない。
熱処理工程	・強度試験や焼入深さの検査は破壊検査となるため、日常の製品検査では実施できない。
半田づけ工程	・外観検査による確認では十分ではない。 ・半田づけの強度試験は破壊検査となる。

図 8.56　妥当性確認が必要なプロセスの例（8.5.1）

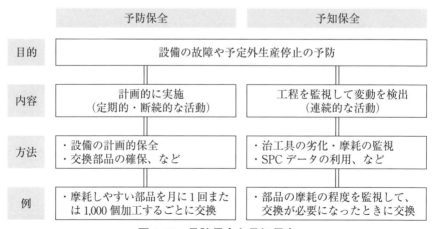

図 8.57　予防保全と予知保全

8.5.1.5 TPM
［要求事項］　IATF 16949

8.5.1.5　TPM
① 文書化した TPM システムを構築・実施・維持する。
② TPM システムには、次の事項を含める。
　a)　要求された量の製品を生産するために必要な工程設備の特定
　b)　a)項で特定された設備に対する交換部品の入手性
　c)　機械・設備・施設の保全のための資源の提供
　d)　設備・治工具・ゲージの包装・保存
　e)　顧客固有要求事項
　f)　文書化した保全目標
　　・例えば、総合設備効率(OEE)、平均故障間隔(MTBF)、平均修理時間(MTTR)および予防保全の順守指標
　　・保全目標に対するパフォーマンスは、マネジメントレビューへのインプットとする。
　g)　目標が未達であった場合の、保全計画・目標および是正処置に取り組む文書化した処置計画に関する定期的レビュー
　h)　予防保全の方法の使用
　i)　予知保全の方法の使用(該当する場合)
　j)　定期的オーバーホール

［用語の定義］

TPM total productive maintenance	・生産および品質システムの完全に整った状態を、組織に価値を付加する、機械、設備、工程、および従業員を通じて、維持し改善するシステム
予防保全 preventive maintenance	・製造工程設計のアウトプットとして、設備故障および予定外の生産中断の原因を除去するために、一定の間隔(時間ベース、定期的検査、およびオーバーホール)で計画した活動
予知保全 predictive maintenance	・いつ保全を実行すべきかを予測するために、定期的または継続的に設備条件を監視することによって、使用している設備の条件を評価する方法および一連の手法
定期的オーバーホール periodic overhaul	・重大な予期しない故障を予防するために故障または中断の経緯にもとづいて、設備の一部、または設備のサブシステムは事前に操業を中止し、分解し、修理し、部品交換し、再度組立て、それから操業に戻す、保全の方法論

8.5 製造およびサービス提供

[要求事項の解説]

設備の予防保全を確実に行うことを意図しています。

TPM(total productive maintenance、総合的生産保全)に関して、② a)～j) に示す事項を実施することを求めています(図 8.58 参照)。TPM は、生産ロスゼロを目標とする、生産システムの効率化を追求する生産システムで、品質と生産性の両方を対象としています。

①は、文書化した TPM システムを求めています。

② f)の保全目標に対するパフォーマンス(実績)は、マネジメントレビューへのインプットとなります。

・予防保全と予知保全

② h)の予防保全(preventive maintenance)と、i)の予知保全(predictive maintenance)があります。予防保全が、例えば摩耗しやすい部品を月に1回交換するなど定期的に行うのに対して、予知保全は、部品の摩耗の程度を継続的に監視して、交換が必要になったときに交換するというように、生産設備の有効性を継続的に改善するために行われます(図 8.57、p.225 参照)。

[旧規格からの変更点] (旧規格 7.5.1.4)　変更の程度:中

② e)、f)、g)、j)が追加されました。

項番		ポイント
8.5.1.5 ②	a)	・TPM 管理を行う設備を明確にする。
	b)	・a)項で明確にした設備に対する、交換部品(摩耗しやすい刃具など)を明確にして、準備する。
	c)	・機械・設備・施設の保全のための人的資源や予算を確保する。
	d)	・設備・治工具・ゲージを常に使用可能な状態に保存する。
	e)	・保全に関する顧客固有要求事項がある場合は、それに従う。
	f)	・各種保全目標を設定する。総合設備効率(OEE)、平均故障間隔(MTBF)、平均修理時間(MTTR)および予防保全の順守指標など。 ・それらの実績は、マネジメントレビューへのインプットとする。
	g)	・目標が未達であった場合に、是正処置をとる。
	h)	・計画的に設備の予防保全を行う。
	i)	・継続的に予知保全を行う。
	j)	・金型などの定期的オーバーホールを行う。

図 8.58　TPM に含める事項

8.5.1.6 生産治工具ならびに製造、試験、検査の治工具および設備の運用管理

[要求事項]　IATF 16949

8.5.1.6　生産治工具ならびに製造、試験、検査の治工具および設備の運用管理
① 　生産・サービス用材料およびバルク材料のための治工具・ゲージの設計・製作・検証活動に対して、資源を提供する(該当する場合には必ず)。
② 　下記を含む、生産治工具の運用管理システムを確立し、実施する。
　　　・これには、組織所有・顧客所有の生産治工具を含む。
　a)　保全・修理用施設・要員
　b)　保管・補充
　c)　段取り替え
　d)　消耗する治工具の交換プログラム
　e)　治工具設計変更の文書化(製品の技術変更レベルを含む)
　f)　治工具の改修および文書の改訂
　g)　次のような治工具の識別
　　　1)　シリアル番号または資産番号
　　　2)　生産中・修理中・廃却の状況　　3)　所有者　　4)　場所
③ 　顧客所有の治工具、製造設備および試験・検査設備に、所有権および各品目の適用が明確になるように、見やすい位置に恒久的マークがついていることを検証する。
④ 　治工具の運用管理作業がアウトソースされる場合、これらの活動を監視するシステムを実施する。

[要求事項の解説]

　製造設備や試験装置、検査機器などの設備とともに使われる治工具に対しても、必要な資源を割り当てて、管理を確実にすることを意図しています。

　② a)〜 g)を含めた、生産治工具の運用管理システムの確立を求めています。③の"所有権…が明確になるように…恒久的マーク"は、顧客の財産を守るためで、所有者名を記載した文字が消えてしまうことがないように、金属プレートなどを貼りつけるなどの方法が考えられます。

　なお上記①において、生産・サービス用"材料"とありますが、生産・サービス用"部品"も含まれると考えるとよいでしょう。

[旧規格からの変更点]（旧規格 7.5.1.5、7.5.4.1）　変更の程度：小
　①の"生産・サービス用材料およびバルク材料のための"が追加されました。

8.5.1.7　生産計画

[要求事項]　IATF 16949

8.5.1.7　生産計画
① 次のことを確実にする生産管理システムとする。
  a) ジャストインタイム(JIT)のような顧客の注文・需要を満たすために生産が計画されている。
  b) 発注・受注を中心としたシステムである。
② 生産管理システムは、製造工程の重要なところで生産情報にアクセスできるようにする情報システムによってサポートされているようにする。
③ 次のような、生産計画中に関連する計画情報を含める。
  a) 顧客注文　b) 供給者オンタイム納入パフォーマンス
  c) 生産能力　d) 共通の負荷(複数部品加工場)
  e) リードタイム　f) 在庫レベル　g) 予防保全　h) 校正

[要求事項の解説]

ジャストインタイム(JIT)のような顧客要求事項を満たすように、生産計画を立てて、運用することを意図しています。

①は、生産計画は、ジャストインタイム(just-in-time、JIT)の受注生産方式を基本とすることを述べています。ジャストインタイムは、必要な製品が、必要なときに、必要な数量だけ、生産工程に到着するという方式です。これは、顧客発注ベースの引っ張り生産方式、すなわち、顧客の注文を受けてから生産を行う、作り貯めをしない生産方式で、リーン生産システム(箇条 7.1.3.1 参照)やトヨタのカンバン方式に相当します。

②は、製造工程の生産情報にアクセス可能な情報システムの採用を求めています。これは、顧客から注文を受けた製品が、現在生産のどの段階にあるかや、リコールが発生した場合などに、生産工程の情報がわかる情報システムと考えるとよいでしょう。生産計画の内容は、単に最終製品の生産予定だけでなく、生産途中の生産状況がわかるようにすることを述べています。

③ g)、h)は、設備の予防保全や測定器の校正のスケジュールを考慮して、生産計画を作成することを述べています。

[旧規格からの変更点]（旧規格 7.5.1.6）　変更の程度：中
③が追加されました。

8.5.2　識別およびトレーサビリティ

8.5.2.1　識別およびトレーサビリティー補足

［要求事項］　ISO 9001 ＋ IATF 16949

8.5.2　識別およびトレーサビリティ
① （製品・サービスの適合を確実にするために必要な場合）アウトプットを識別するために、適切な手段を用いる。
② （製造・サービス提供の全過程において）監視・測定の要求事項に関連して、アウトプットの状態を識別する。
③ （トレーサビリティが要求事項の場合）アウトプットについて一意の識別を管理し、トレーサビリティを可能とするために必要な文書化した情報を保持する（記録）。
④ 注記　検査・試験の状態は、自動化された製造搬送工程中の材料のように本質的に明確である場合を除き、生産フローにおける製品の位置によっては示されない。
・状態が明確に識別され、文書化され、規定された目的を達成する場合は、代替手段が認められる。

8.5.2.1　識別およびトレーサビリティー補足
⑤ トレーサビリティの目的は、顧客が受け入れた製品、または市場において品質・安全関係の不適合を含んでいる可能性がある製品に対して、開始・停止時点を明確に特定することを支援するためにある。したがって、識別・トレーサビリティのプロセスを下記に記載されているとおりに実施する。
⑥ すべての自動車製品に対して、従業員・顧客・消費者に対するリスクのレベルまたは故障の重大度にもとづいて、トレーサビリティ計画の策定・文書化を含めて、内部・顧客・規制のトレーサビリティ要求事項の分析を実施する。
⑦ トレーサビリティの計画は、製品・プロセス・製造場所ごとに、適切なトレーサビリティシステム・プロセス・方法を、次のように定める。
　a)　不適合製品および疑わしい製品を識別できるようにする。
　b)　不適合製品および疑わしい製品を分別できるようにする。
　c)　顧客・規制の対応時間の要求事項を満たす能力を確実にする。
　d)　対応時間の要求事項を満たせる様式（電子版・印刷版・保管用）で文書化した情報を保持することを確実にする（記録）。
　e)　個別製品のシリアル化された識別を確実にする（顧客または規制基準によって規定されている場合）。
　f)　識別・トレーサビリティ要求事項が、安全・規制特性をもつ、外部から提供される製品に拡張適用することを確実にする。

8.5 製造およびサービス提供

[用語の定義]

トレーサビリティ traceability	・対象の履歴、適用または所在を追跡できること ・注記　製品またはサービスに関しては、トレーサビリティは、次のようなものに関連することがある。 　－材料および部品の源　　－処理の履歴 　－製品またはサービスの提供後の分布および所在

[要求事項の解説]

　間違って製造したり、問題のある製品を顧客に提供することを防ぐための識別管理、および市場で問題が起こった際に、アクションをタイムリーにとるためのトレーサビリティ管理を確実に行うことを意図しています。IATF 16949においてトレーサビリティ(traceability)要求事項が大幅に強化された背景には、自動車のリコールが相次ぎ発生していることがあります。

　上記①は製品の識別(identicication)、②は検査状態の識別、③はトレーサビリティのための識別について述べています(図8.59 参照)。

　トレーサビリティとは、対象となっている製品の履歴や所在を追跡できること、およびその製品がどこから提供されているのか、現在はどこにあるのかがわかることです。例えば、出荷後の製品でクレームが発生した場合に、その製品について、次のような固有の識別が記録からわかるようにします。

・使用した材料・材料メーカー・入荷日・ロット番号など

・各工程の実施時期・使用設備・異常の有無など

・各段階の検査の記録(受入検査・工程内検査・最終検査など)

　トレーサビリティには、下流から上流へたどる方法と、上流から下流へたどる方法があり、これらの両方が必要です(図8.60 参照)。いずれも、個々のあるいはグループごとの固有の識別(固有の番号)があることが必要です。製品や材料のロット番号、機械の製造番号、作業者の氏名などを記録しておくことで、品質問題が発生した場合に、その製品が、いつ、どこで、どのような設備によって、誰によって作られ、検査されたかがわかるように記録します。

　トレーサビリティは、品質問題が発生した場合に、製品の影響の範囲を明確にし、修正や是正処置を速やかにかつ効果的にとるために必要となります。トレーサビリティの識別は記録で確認します。

　③の"トレーサビリティが要求事項の場合"とは、法規制で要求されたり、

顧客から要求された場合だけとは限りません。品質問題が発生した場合の対応を効果的に進めるためには、基本的にすべての製品にとって、トレーサビリティの管理は必要と考えるべきでしょう。なお、トレーサビリティのためには、特定の履歴・所在の追跡、すなわち一つの源を特定することが必要で、この一つの源を特定するための識別を"一意の識別"(unique identification、すなわち固有の識別)と呼んでいます。

IATF 16949では、識別およびトレーサビリティに関して、④〜⑦に示す事項を実施することを述べています。

④は、自動化された製造ラインについて述べたもので、そのような場合は、検査・試験の状態は問題ないと考えることを述べています。

⑥は、トレーサビリティ計画の策定・文書化を求めています。詳細なトレーサビリティのためにはコストがかかります。どの程度のトレーサビリティとするかは、顧客の要求と組織としてのリスクを考慮して決めることになります。

⑦ a)〜f)は図8.61のようになります。

識別の種類	要求事項の意味	識別の方法
① 製品の識別	・製品(材料・半製品を含む)の品名・品番の識別(区別)	・品名、品番など
② 製品の監視・測定状態の識別	・製品は検査前か後か、検査後であれば合格品か不合格品かの識別	・検査前後:表示、作業記録など ・検査後:合否、製品置場など
③ トレーサビリティのための識別	・トレーサビリティ(追跡性)のための製品の固有の識別	・品番、ロット番号、作業記録、検査証明書、作業者名など

図8.59　3種類の識別

区分	内容
下流から上流へのトレーサビリティ	・市場クレームや品質問題が発生した場合に、その原因の工程や材料を特定する(図8.62の下から上へ)。
上流から下流へのトレーサビリティ	・上記の調査の結果、問題の原因が例えば材料にあることがわかった場合に、その材料を使用した製品がどの顧客に出荷されたかを特定する(図8.62の上から下へ)。

図8.60　下流から上流へおよび上流から下流へのトレーサビリティ

8.5 製造およびサービス提供

　ここで⑦ c)は、品質問題やリコールが発生したときに、タイムリーにトレーサビリティ対応ができることを述べています。
　トレーサビリティ識別記録の例を図8.62に示します。各記録が、トレーサビリティのキーでつながっていることがポイントです。
[旧規格からの変更点]（旧規格 7.5.3）　変更の程度：中
⑤～⑦が追加されました。

項　番		ポイント
8.5.2.1 ⑦	a)	・不適合製品や疑わしい製品を、ラベルなどで識別する。
	b)	・不適合製品や疑わしい製品の置き場所を区別する。
	c)	・トレーサビリティ調査にかかる時間が、顧客や法規制で決められている場合は、それを満たすようにする。
	d)	・上記c)の対応時間を満たしたという記録を作成する。
	e)	・安全保護装置（エアバッグなど）で、各製品の製造番号の識別を要求されている場合の対応
	f)	・供給者に対しても識別・トレーサビリティ要求事項を適用する。

図8.61　トレーサビリティの計画

工程名	記録など・日付		トレーサビリティのキー			
材料受入	材料納品書	xx-xx-xx	**材料ロット#**	納品書#	注文書#	作業者名
材料加工	加工図面	xx-xx-xx	**材料ロット#**	**加工ロット#**	加工機#	作業者名
中間検査	中間検査記録	xx-xx-xx	検査基準書	**加工ロット#**	検査機#	検査員名
製品組立	組立図面	xx-xx-xx	**製品ロット#**	**加工ロット#**	組立図#	作業者名
最終検査	最終検査記録	xx-xx-xx	**製品ロット#**	検査基準書	検査機#	検査員名
包装梱包	バーコード	xx-xx-xx	**製品ロット#**	製品品番	注文書#	作業者名
出荷	出荷伝票	xx-xx-xx	**製品ロット#**	製品品番	注文書#	顧客名

［備考］＃：番号
　　　　ゴシック体（太字）は、トレーサビリティのキーでつながっていることを示す。

図8.62　トレーサビリティ記録の例

8.5.3　顧客または外部提供者の所有物

［要求事項］　ISO 9001

> 8.5.3　顧客または外部提供者の所有物
> ①　顧客・外部提供者の所有物について、それが組織の管理下にある間、または組織がそれを使用している間は、注意を払う。
> ②　使用するため、または製品・サービスに組み込むために提供された、顧客・外部提供者の所有物の識別・検証・保護・防護を実施する。
> ③　注記　顧客・外部提供者の所有物には、材料・部品・道具・設備・施設・知的財産・個人情報などが含まれる。
> ④　顧客・外部提供者の所有物を紛失もしくは損傷した場合、またはこれらが使用に適さないと判明した場合には、その旨を顧客・外部提供者に報告し、発生した事柄について文書化した情報を保持する（記録）。

［要求事項の解説］

　顧客（または外部提供者）の財産の価値を保護するために、顧客（または外部提供者）の所有物の管理を確実に行うことを意図しています。

　顧客または外部提供者（供給者など）の所有物の管理について述べていますが、以下では顧客の所有物と表現します。

　顧客の所有物には、顧客から支給された、製品に組み込むための部品・材料、生産設備・治工具、検査機器や図面・仕様書などの知的財産などがあります（図 8.63 参照）。

　上記①〜④は、図 8.64 および図 8.65 に示すようになります。②の"防護"（safeguard）は、顧客の製品図面や仕様書、ソフトウェアなどの知的財産や個人情報の保護を考慮したものといえます。③は、顧客の保護の対象について述べています。②の"防護"および③の知的財産・個人情報保護は、箇条 8.1.2 "機密保持"の"顧客の製品情報"に対応しています。

　④は、顧客所有物を紛失したり損傷した場合や、使用には適さないとわかった場合には、顧客に報告し、記録を作成することを述べています。

　顧客と契約した開発中の製品、プロジェクトおよび関係製品情報の機密保持については、箇条 8.1.2 の"機密保持"において述べています。

また、顧客所有の測定機器の管理に関しては、箇条 7.1.5.2.1 "校正／検証の記録"において述べています。

[旧規格からの変更点]（旧規格 7.5.4）　変更の程度：小
顧客所有物に加えて、外部提供者の所有物が追加されました。

区　分	顧客の所有物の例
製品に組み込むもの	・部品・材料、など
設備	・生産設備・金型・治工具・測定機器・検査装置、など
知的財産	・製品図面・仕様書・ソフトウェア・新製品開発計画、など

図 8.63　顧客（または外部提供者）の所有物の例

項　番	ポイント
8.5.3 ①	・顧客（または外部提供者）から提供された所有物について、適切に管理する。
②	・顧客の所有物の識別・検証・保護・防護を実施する。
③	・注記　顧客の所有物には、材料・部品・道具・設備・施設・知的財産・個人情報などが含まれる。
④	・顧客の所有物を紛失もしくは損傷した場合、またはこれらが使用に適さないと判明した場合には、次のことを行う。 　－その旨を顧客に報告する。 　－発生した事柄について文書化した情報を保持する（記録の作成）。

図 8.64　顧客（または外部提供者）の所有物の管理

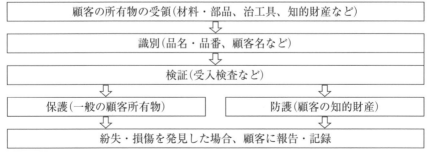

図 8.65　顧客（または外部提供者）の所有物の管理手順

8.5.4 保存、8.5.4.1 保存-補足

［要求事項］　ISO 9001 ＋ IATF 16949

> 8.5.4　保存
> ①　製造・サービス提供を行う間、要求事項への適合を確実にするために、アウトプットを保存する。
> ②　注記　保存に関わる考慮事項には、識別・取扱い・汚染防止・包装・保管・伝送・輸送・保護が含まれる。

> 8.5.4.1　保存-補足
> ③　保存は、外部・内部の提供者からの材料・構成部品に、受領・加工を通じて、顧客の納入・受入れまでを含めて、適用する。
> ④　劣化を検出するために、保管中の製品の状態、保管容器の場所・方式、および保管環境を、適切に予定された間隔で評価する。
> ⑤　旧式となった製品は、不適合製品と同様な方法で管理する。
> ⑥　在庫回転時間を最適化するため、"先入れ先出し"（FIFO）のような、在庫の回転を確実にする、在庫管理システムを使用する。
> ⑦　顧客の保存・包装・出荷・ラベリング要求事項に適合する。

［要求事項の解説］

製品の保存を確実に行うことを意図しています。

保存となっていますが、上記②に記載されているように、識別・取扱い・汚染防止・包装・保管・伝送・輸送・保護などが含まれます（図8.66参照）。

製造・サービス提供のアウトプット（製品）の保存および在庫管理システムに関して、①～⑦に示す事項を実施することを求めています（図8.67参照）。

IATF 16949では、④において、保管中の製品の劣化を検出するための定期的な評価や、在庫回転時間を最適化するため、および"先入れ先出し"（first-in and first-out、FIFO）のような、在庫管理システムの使用についても述べています。

"先入れ先出し"は、作業者がラベルに記載された材料の入荷日を目で確認するような方法ではなく、ヒューマンエラーが起こらない仕組みが必要です。

［旧規格からの変更点］（旧規格 7.5.5、7.5.5.1）　変更の程度：小

②の汚染防止・伝送・輸送、④の保管容器の場所・方式、保管環境の評価、および⑦の包装・出荷・ラベル表示に関する顧客要求事項への適合が追加されました。

8.5 製造およびサービス提供

保存の種類	管理方法
識 別	・他の製品と間違わないように区別 （製品の識別、製品固有の識別、顧客の識別など）
取扱い	・製品の損傷、劣化を防ぐための取扱い
汚染防止	・製品の汚染を防止するための包装・保管・保護・取扱い
包 装	・包装、梱包、表示作業の管理
保 管	・製品実現プロセスの各段階で、損傷・劣化を防ぐように保管する。 ・定期的な製品の評価も含まれる。
伝 送	・次工程への転送の際の管理
輸 送	・組織内および顧客に引渡すまでの輸送段階の管理
保 護	・最終検査終了後、製品を顧客に引渡すまでの間の損傷・劣化を防ぐ。 ・業種・製品ごとの保護の例 　－薬品：乾燥剤 　－金属：さびどめ、保護シール 　－電子部品：帯電防止

図 8.66　製品の保存方法の例

項 番	ポイント
8.5.4 ①	・アウトプットは、製品実現プロセスの各段階における製品と考えるとよい。
②	・伝送(transmission)は、次工程への転送と考えるとよい。
8.5.4.1 ③	・部品・材料の受入から製品の顧客への納入までの、製品実現プロセスの全段階が対象となる。
④	・金属製品のさび、樹脂製品の色褪せ、化学製品や電子部品の性能低下など、保管中の劣化を検出するために、定期的に評価する。
⑤	・設計変更などが行われ、旧式となった製品の対応について述べている。
⑥	・在庫管理システムの運用を求めている。 ・"先入れ先出し"(first-in and first-out、FIFO)は、その仕組みを構築することが必要 ・材料の入荷日をラベルに記載して、作業者が古いものを目で確認するというような方法は、ヒューマンエラー対策がとられているとはいえず、好ましいとはいえない。例えば、材料は棚の後方から供給し、手前から取り出すなどの方法や、バーコードで管理する方法などが考えられる。
⑦	・包装・出荷・ラベリングなどの方法は、顧客が指定する場合が多いため、それに従う。

図 8.67　製品の保存管理

第8章 運 用

8.5.5　引渡し後の活動

［要求事項］　ISO 9001

> 8.5.5　引渡し後の活動
> ①　製品・サービスに関連する引渡し後の活動に関する要求事項を満たす。
> ②　要求される引渡し後の活動の程度を決定するにあたって、次の事項を考慮する。
> 　a)　法令・規制要求事項
> 　b)　製品・サービスに関連して起こりうる望ましくない結果
> 　c)　製品・サービスの性質、用途および意図した耐用期間
> 　d)　顧客要求事項　　e)　顧客からのフィードバック
> ③　注記　引渡し後の活動には、補償条項・メンテナンスサービスのような契約義務、およびリサイクル・最終廃棄のような付帯サービスの活動が含まれうる。

［要求事項の解説］

　製品引渡し後の活動の際にも、法規制や顧客要求事項を満たすことを意図しています。

　製品・サービスに関連する引渡し後の活動について、具体的に述べています。

　上記② a)〜 e)は、引渡し後の活動の程度を決定する際に考慮すべき事項について述べています(図8.68参照)。

　③は、引渡し後の活動の例について述べています。引渡し後の活動には、補償条項、メンテナンスサービス(定期点検、故障修理)、リコールなどのアフターサービスのほか、リサイクル、廃棄、クレームサービス、製品の取扱いサービスなどの付帯サービスがあります(図8.69参照)。

　なお③において、補償条項(warranty provisions)がありますが、補償とは、損害・費用などを補いつぐなうことをいいます。そのような契約がある場合の対応と考えるとよいでしょう。IATF 16949では、補償管理システム(箇条10.2.5)という要求事項があります。

　また、③の最終廃棄の方法に関して、IATF 16949では不適合製品の廃棄(箇条8.7.1.7)で規定しています。

［旧規格からの変更点］　(旧規格7.5.1-f)　変更の程度：中

　引渡し後の活動の内容が具体的に規定されました。

8.5 製造およびサービス提供

項番		ポイント
8.5.5 ②	a)	・法令・規制要求事項としては、リコールに関わる法規制などがある。
	b)	・リスク分析(FMEA)で検討する内容
	c)	・3年、5年などの無償修理の保証期間と、実際の信頼性目標がある。
	d)	・顧客の特別な要求事項がある場合がある。
	e)	・顧客の苦情などがある。

図 8.68　引渡し後の活動の程度を決定する際に考慮すべき事項

区分	引渡し後の活動	関連要求事項
契約義務アフターサービス	補償条項	・補償管理システム(箇条 10.2.5)
	メンテナンスサービス(定期点検、故障修理)	・顧客とのサービス契約(箇条 8.5.5.2)
	リコール	・サービスからの情報のフィードバック(箇条 8.5.5.1)
付帯サービス	リサイクル	・製品およびサービスに関する要求事項の明確化-補足(箇条 8.2.2.1)
	廃棄	・不適合製品の廃棄(箇条 8.7.1.7)
	クレームサービス	・顧客苦情および市場不具合の試験・分析(箇条 10.2.6)
	製品の取扱いサービス	・製品の安全で適切な使用(箇条 8.3.5-d)

図 8.69　引渡し後の活動の例

8.5.5.1　サービスからの情報のフィードバック

［要求事項］　IATF 16949

8.5.5.1　サービスからの情報のフィードバック
① 製造・材料の取り扱い・物流・技術・設計活動へのサービスの懸念事項に関する情報を伝達するプロセスを確立・実施・維持する。
② 注記1　この箇条に"サービスの懸念事項"を追加する意図は、顧客のサイトまたは市場で特定される可能性がある、不適合製品・不適合材料を組織が認識することを確実にするためである。
③ 注記2　"サービスの懸念事項"に、市場不具合の試験解析(箇条 10.2.6 参照)の結果を含める(該当する場合には必ず)。

第8章 運用

[要求事項の解説]

　製品出荷後、市場で起こっている問題に関する情報を、組織内に速やかに伝達し、対応することを意図しています。

　これは、自動車の修理工場などの、外部のサービス部門からの情報を、組織の各部門などにフィードバックすることを述べています。①は、これらの手順を決めて（プロセスの確立）実施することを述べています。③の"サービスの懸念事項"とは、組織外（顧客先や市場など）で発生した不具合を意味しています。

　[旧規格からの変更点]　（旧規格 7.5.1.7）　変更の程度：小

　①の材料の取り扱い・物流、②の顧客のサイトまたは市場、および③が追加されました。

8.5.5.2　顧客とのサービス契約

[要求事項]　IATF 16949

8.5.5.2　顧客とのサービス契約
①　顧客とのサービス契約がある場合、次の事項を実施する。
　a) 関連するサービスセンターが、該当する要求事項に適合することを検証する。
　b) 特殊目的治工具・測定設備の有効性を検証する。
　c) サービス要員が、該当する要求事項について教育訓練されていることを確実にする。

[要求事項の解説]

　アフターサービスなど、顧客と契約を結んだサービス業務がある場合、そのサービスを行うサービスセンターを適切に管理することを意図しています。

　顧客とのサービス契約は、アフターサービス（after service）業務に関する顧客との契約がある場合のことです。この場合には、例えば修理などのアフターサービスに関して、組織のサービスセンターの活動の有効性、特殊治工具・測定装置の有効性、およびサービス要員の教育・訓練の有効性を検証します。

　この顧客とのサービス契約は、有償で行うサービス業務を意味します。一般的に無償で行う、顧客に対するクレームサービス（苦情処理）は、この顧客とのサービス契約ではなく、顧客苦情および市場不具合の試験・分析（箇条 10.2.6）、

8.5 製造およびサービス提供

是正処置(箇条 10.2)、あるいは問題解決(箇条 10.2.3)などの要求事項で対応することになります。

IATF 16949 規格では、各所でサービスという用語が使われていますが、図 8.70 に示すように、その意味が異なる場合があります。

[旧規格からの変更点] (旧規格 7.5.1.8)　変更の程度：小

① a)～c)で顧客とのサービス契約の具体的な内容が追加されました。

項　番	要求事項の用語	内　容
全般	製品およびサービス	・サービス業における製品
全般	製造およびサービス	・サービス業務の提供
4.4.1.1	サービス部品	・顧客(自動車メーカー)の保守サービス(修理)用の製品
7.1.5.3.1	校正サービス	・測定器の校正業務
7.5.3.2.1	生産およびサービス要求事項	・生産(製造)および種々のサービス業務
7.5.3.2.1	生産およびサービス	・サービス業務の提供
8.3.3.1-f	サービス性	・点検・修理・部品交換などの保守の容易性
8.3.4.3	アウトソースしたサービス	・アウトソースしたサービス業務
8.3.5.1-h	サービス故障診断	・部品の交換・修理のための故障診断業務
	修理・サービス性の指示書	・部品の交換・修理のしやすさ
8.3.5.1-i	サービス部品	・修理・部品交換などの保守サービス用に使用する製品
8.4.1.1	校正サービス	・測定器の校正業務
8.4.1.2	供給者の選定基準…顧客サービス	・供給者の顧客すなわち組織に対する種々のサービス
8.4.2.3	製品およびサービス	・熱処理、溶接、塗装、めっきなどの、製造における、仕上げサービス
8.5.1.6	生産およびサービス用材料	・サービス業務用の部品・材料
8.5.5	メンテナンスサービス、付帯サービス	・定期点検・修理などの保守サービス(アフターサービス)
8.5.5.1	サービスからの情報	・自動車の販売店・修理工場などのサービス部門からの情報
8.5.5.2	顧客とのサービス契約	・有料で行われる、顧客との点検・修理などのアフターサービス契約

図 8.70　IATF 16949 における種々のサービス

8.5.6　変更の管理

［要求事項］　ISO 9001

> 8.5.6　変更の管理
> ①　製造・サービス提供に関する変更を、要求事項への継続的な適合を確実にするために、レビューし、管理する。
> ②　変更のレビューの結果、変更を正式に許可した人、およびレビューから生じた必要な処置を記載した、文書化した情報を保持する(記録)。

［要求事項の解説］

ISO 9001の旧規格では、変更管理の対象が設計・開発だけで、製造工程の変更が含まれていなかったために、追加されたと考えられます。これも、リスクへの対応です。

なお、IATF 16949では、旧規格のときから、設計・開発だけでなく、製造工程や供給者を含む、あらゆる変更管理が対象となっていました。

ここで述べているのは、製造・サービス提供に関する変更管理、すなわち製品実現プロセスの変更管理です。設計・開発の変更管理については、箇条8.3.6で述べています(図8.71参照)。

［旧規格からの変更点］　変更の程度：中

新規要求事項です。ISO 9001において、設計変更ではない、製造・サービス提供の変更管理も対象となりました。

区　分	変更項目	IATF 16949規格
設計変更	・製品設計 ・製造工程設計	箇条8.3.6
製品実現プロセスの変更	・製品に関連する要求事項の変更	箇条8.2.4
	・供給者の変更 　(供給者、部品・材料、供給者の製造工程)	箇条8.4
	・製造工程 ・検査方法の変更、など	箇条8.5

図8.71　変更管理の対象

8.5.6.1 変更の管理－補足

[要求事項] IATF 16949

> 8.5.6.1 変更の管理－補足
> ① 製品実現に影響する変更を管理し対応する文書化したプロセスをもつ。
> ② 組織・顧客・供給者に起因する変更を含む、変更の影響を評価する。
> ③ 変更管理に関して、次の事項を実施する。
>   a) 顧客要求事項への適合を確実にするための検証・妥当性確認の活動を定める。
>   b) （生産における変更）実施の前に、変更の妥当性確認を行う。
>   c) 関係するリスク分析の証拠を文書化する（記録）。
>   d) 検証・妥当性確認の記録を保持する。
> ④ 変更は、製造工程に与える変更の影響の妥当性確認を行うために、その変更点(部品設計・製造場所・製造工程の変更のような)の検証に対する生産トライアル稼働を要求することが望ましい。
>   ・これには、供給者で行う変更を含める。
> ⑤ 次の事項を実施する（顧客に要求される場合）。
>   e) 製品承認後の、計画した製品実現の変更を顧客に通知する。
>   f) 変更の実施の前に文書化した顧客の承認を得る。
>   g) 生産トライアル稼働・新製品の妥当性確認のような、追加の検証・識別の要求事項を完了する。

[要求事項の解説]

顧客クレームやリコールなどの品質問題の多くは、変更に起因して発生することが多いため、変更時の管理を確実に行うことを意図しています。

上記①は、変更管理プロセスの文書化を要求しています。

製品、材料、製造工程および検査方法などの、製品実現プロセスの変更を行う場合に、従来の妥当性の確認だけでなく、変更によるリスク分析を行うことを求めています。

③～⑤は、図8.72のことを述べています。また、変更管理のフローを図8.73に示します。③は、変更に関して、検証・妥当性確認を行うこと、および変更によるリスク分析を行うことを述べています。

④は、製造工程に与える変更の影響の評価を行うために、その変更点(設

第8章 運用

計・製造工程の変化点)の検証のために、生産トライアル稼働を行うことを述べています。またこの変更管理は、供給者で行われる変更も含まれます。

[旧規格からの変更点]（旧規格 7.1.4）　変更の程度：中

①、③ c)、d)、⑤ e)、g)が追加されました。

"変更の影響の評価"から、③ c)の"リスク分析"に変更されました。

④の生産トライアル稼働が、推奨事項として追加されました。

なお、旧規格の箇条 7.1.4 "変更管理"で述べていた、"組織が独占権を保有しており、変更の詳細内容が開示されない設計に対しては、すべての影響が適切に評価できるよう、形状、組付け時の合い、機能(性能および耐久性を含む)への影響を、顧客とともにレビューする"という記述は、なくなりました。

項番		ポイント
8.5.6.1 ③	a)	・設計 FMEA、プロセス FMEA、デザインレビューなど、必要な検証・妥当性確認の活動を定めて実施する。
	b)	・生産における変更実施の前に、変更の妥当性確認を行う。
	c)	・FMEA を見直す。
	d)	・検証・妥当性確認の記録を作成する。
④		・変更の影響の検証方法として、実際に生産してみる、生産トライアル稼働を行う。
⑤	e)	・変更内容を PPAP などで顧客に通知する。
	f)	・PPAP の顧客承認などがある。
	g)	・顧客要求に応じて、追加の検証・識別の要求事項を行う。

図 8.72　変更管理における実施事項

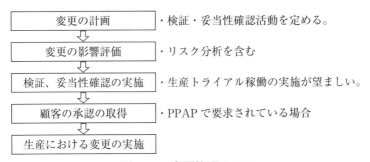

図 8.73　変更管理のフロー

8.5 製造およびサービス提供

8.5.6.1.1　工程管理の一時的変更

［要求事項］　IATF 16949

8.5.6.1.1　工程管理の一時的変更
① 検査・測定・試験・ポカヨケ装置を含む、工程管理のリストを特定・文書化・維持する。
・バックアップまたは代替法が存在する場合、このリストには、主要な当初の工程管理および承認されたバックアップまたは代替方法を含める。
② 代替管理方法の使用を運用管理するプロセスを文書化する。
・このプロセスには、リスク分析（FMEAのような）にもとづいて、重大性、および代替管理方法の生産実施の前に取得する内部承認を含める。
③ 代替手法を使用して、検査・試験された製品の出荷の前に、顧客の承認を取得する（要求される場合）。
・コントロールプランに引用され、承認された代替工程管理方法のリストを維持し、定期的にレビューする。
④ 工程管理の一時的変更に対して、標準作業指示書を利用可能にする。
・コントロールプランに定められた標準工程に可及的速やかに復帰することを目標とする。標準作業の実施を検証するために、代替工程管理の運用を、日常的にレビューする。
⑤ ④の工程管理の方法例には、次の事項を含める。
　a)　日常的品質重視監査（例　階層別工程監査（該当する場合には必ず））
　b)　日常的リーダーシップ会議
⑥ 再稼働の検証は、定められた期間内に、重大性・ポカヨケ装置・製造工程のすべての機能が有効に復帰していることを確認し、文書化する。
⑦ 代替工程管理装置・製造工程が使用されていた間に生産されたすべての製品に対して、トレーサビリティを実施する。
　・例　全シフトから得られた初品・終品の検証・保管

［要求事項の解説］

　正規の製造工程が、設備の故障などで稼働できない場合に、一時的に代わりの製造工程を利用する手順を、あらかじめ決めておくことを意図しています。

　例えば、緊急事態が発生し、工場がシャットダウンした場合、一般的には、工場が復旧するのを待ちます。しかし、数日間で復旧する場合はよいのですが、復旧に数カ月かかるような場合はどうでしょうか。顧客への製品供給を、何カ月間も待ってもらうことはできません。また他の例として、自動化ラインの故障やポカヨケ装置の故障、リコールで生産量が急増した場合などに、一時的に

第8章 運用

製造サイトや製造工程の追加や変更をする場合も考えられます。そこで登場したのが、この工程管理の一時的変更(代替工程管理)の要求事項です。工場や主要設備が使用できなくなった場合に、代わりの製造ラインや設備を使用することができるように、あらかじめ準備しておこうというものです。リスク対応の一つです。この要求事項は、緊急事態対応計画(箇条6.1.2.3)およびシャットダウン後の検証(箇条8.5.1.4)とつながるものと考えることができます(図8.74参照)。

上記①は、バックアップまたは代替法が存在する場合に、主要な当初の工程管理および承認されたバックアップまたは代替方法を含めたリストを作成することを述べています。

②は、代替工程管理プロセスの文書化を要求しています。代替方法の例として、コントロールプランで承認された設備が故障した際に、同じタイプの他の設備を使用できるように準備しておく場合が考えられます。

③、④は、代替工程管理の内容を規定しています。また⑤は、代替工程管理(確認)の方法を述べています。

⑤の階層別工程監査(layered process audit)は、クライスラー社などが要求している製造工程監査の手法です。階層別工程監査は、組織の各階層、例えば管理者第1階層(各シフトのスーパーバイザー)、管理者第2階層(エリアマネジャー)、管理者第3階層(技術・品質・設備・人事・教育訓練の各マネジャーなどの工場スタッフおよび工場長)に対して、定期的に行う監査です。その詳細は、AIAGのCQI-8"階層別工程監査"に記載されています(本書の9.2.2.3項参照)。

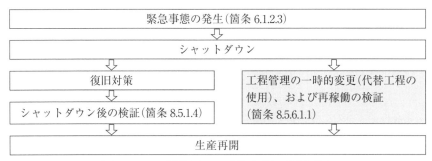

図8.74 工程管理の一時的変更の位置づけ

⑥は、代替工程管理プロセスを使用する期間が終わり、元の製造工程に戻るときの検証の方法について、そして⑦は、代替工程を使用した場合のトレーサビリティ管理について述べています。

①〜⑦は、図8.75のようになります。

[旧規格からの変更点]　変更の程度：大

新規要求事項です。

項　番	ポイント
8.5.6.1.1 ①	・工程管理のリストを特定し、文書化する。 　－これには検査・測定・試験・ポカヨケ装置を含む ・バックアップまたは代替法が存在する場合、上記リストには、主要な当初の工程管理および承認されたバックアップまたは代替方法を含める。
②	・代替工程管理プロセスを文書化する。 ・このプロセスには、リスク分析(FMEAのような)にもとづいて、重大性、代替管理方法の生産実施の前に取得する社内承認を含める。 ・リスク分析の技法には、FMEAやFTA(故障の木解析)がある。
③	・代替工程を使用して、検査・試験された製品の出荷の前に、顧客の承認を取得する(要求される場合)。 ・コントロールプランに引用され、承認された代替工程管理方法のリストを維持し、定期的にレビューする。
④	・代替工程管理に対して、標準作業指示書を利用可能にする。 ・代替工程管理の運用を、日常的にレビューする。
⑤	・④の工程管理の方法には、次の事項を含める。 　a)　日常的品質重視監査(例　階層別工程監査(該当する場合)) 　b)　日常的リーダーシップ会議
⑥	・再稼働の検証は、定められた期間内に、重大性・ポカヨケ装置・製造工程のすべての機能が有効に復帰していることを確認し、文書化する。
⑦	・代替工程管理装置・製造工程が使用されていた間に生産されたすべての製品に対して、トレーサビリティを実施する。 　－例　全シフトから得られた初品・終品の検証・保管、など

図8.75　工程管理の一時的変更

8.6　製品およびサービスのリリース

［要求事項］　ISO 9001

8.6　製品およびサービスのリリース
① 製品・サービスの要求事項を満たしていることを検証するために、（適切な段階において）計画した取決めを実施する。
② 計画した取決めが問題なく完了するまでは、顧客への製品・サービスのリリースを行わない。
・ただし、権限をもつ者が承認し、かつ顧客が承認したときは、この限りではない。
③ 製品・サービスのリリースについて文書化した情報を保持する（記録）。これには、次の事項を含む。
　a) 合否判定基準への適合の証拠
　b) リリースを正式に許可した人に対するトレーサビリティ

［用語の定義］

リリース release	・プロセスの次の段階または次のプロセスに進めることを認めること

［要求事項の解説］

　製品を出荷する前に、製品の検証を確実に行うことを意図しています。
　リリースは、受入検査・工程内検査・最終検査などの検証を行った後に、顧客に出荷または次工程に進めることをいいます。
　①では、リリース（製品の検査）のために、計画した取決めを実施することを述べています。この計画した取決めは、箇条8.1で述べた計画のことです。
　③は、リリースを判断した合否判定基準への適合の証拠と、リリースを正式に許可した人の情報を記録として保管することを述べています。③ b)の"リリースを正式に許可した人に対するトレーサビリティ"とは、リリースを許可した人の名前・番号などの特定情報のことです。いずれも、旧規格の製品の監視・測定（箇条8.2.4）すなわち製品の検査の要求事項と同じです。

［旧規格からの変更点］　（旧規格 8.2.4）　変更の程度：小

　"製品の監視・測定"から"製品およびサービスのリリース"に箇条の名称が変わりましたが、内容に大きな変更はありません。

8.6.1　製品およびサービスのリリースー補足

［要求事項］　IATF 16949

> 8.6.1　製品およびサービスのリリースー補足
> ①　製品・サービスの要求事項が満たされていることを検証するための計画した取決めが、コントロールプランを網羅し、かつコントロールプランに規定されたように文書化されていることを確実にする。
> ②　製品・サービスの初回リリースに対する計画した取決めが、製品・サービスの承認を網羅することを確実にする。
> ③　製品・サービスの承認が、箇条 8.5.6 "変更の管理" に従って、初回リリースに引き続く変更の後に遂行されることを確実にする。

［要求事項の解説］

製品の検証を、コントロールプランに従って、確実に行うことを意図しています。

箇条 8.6 で述べたように、リリースとは製品の検証(検査)のことです。

①～③は、次のことを述べています(図 8.76 参照)。

①は、リリースの方法がコントロールプランに記載されていること。

②は、製品・サービスの初回リリースに対する承認の手順が決まっていること。

そして③は、変更管理に対する承認の手順が決まっていること。

IATF 16949 では、製品検査をコントロールプランに従って実施することを求めています。

［旧規格からの変更点］（旧規格 8.2.4）　変更の程度：中

①～③において、製品・サービスのリリースの具体的な内容が追加されました。

項　番	ポイント
8.6.1 ①	・リリースの方法がコントロールプランに記載されていること
②	・製品・サービスの初回リリースに対する承認の手順が決まっていること
③	・変更管理に対する承認の手順が決まっていること

図 8.76　製品のリリース

8.6.2 レイアウト検査および機能試験

［要求事項］ IATF 16949

> 8.6.2 レイアウト検査および機能試験
> ① 次の検査をコントロールプランに規定されたとおり、各製品に対して実施する。
>   a) レイアウト検査（寸法検査）
>   b) 顧客の材料・性能の技術規格に対する機能検証
> ② その結果は、顧客がレビューのために利用できるようにする。
> ③ 注記1 レイアウト検査とは、設計記録に示されるすべての製品寸法を完全に測定することである。
> ④ 注記2 レイアウト検査の頻度は、顧客によって決定される。

［用語の定義］

レイアウト検査 layout inspection	・製品図面などの設計文書に示されるすべての製品寸法を完全に測定すること ・寸法検査または全寸法検査ともいう。
機能試験 functional testing	・仕様書などの設計文書に示されるすべての製品の特性を測定すること

［要求事項の解説］

　図面に記載されているすべての寸法や、顧客に保証した材料特性、機能・性能に関して、定期的に検証することを求めています。

　レイアウト検査と機能試験は、コントロールプランに規定されたとおりに実施します。したがって、コントロールプランには、レイアウト検査と機能試験を含めることが必要です。

　レイアウト検査と機能試験の頻度は、例えば年1回などのように、通常顧客によって指定されます。これは、日常行う検査ではなく、定期的に行う検査です。フォードとクライスラーでは、少なくとも年1回以上の実施を求めています。

［旧規格からの変更点］（旧規格 8.2.4.1）　変更の程度：小

　"寸法検査"から"レイアウト検査"に日本語訳が変わりましたが、内容に大きな変更はありません。また、注記2の"レイアウト検査の頻度は、顧客によって決定される"が追加されました。

8.6.3 外観品目

[要求事項] IATF 16949

> 8.6.3 外観品目
> ① "外観品目"として顧客に指定された組織の製造部品に対して、次の事項を提供する。
> a) 照明を含む、評価のための適切な資源
> b) 色・絞・光沢・金属性光沢・風合い・イメージの明瞭さ(DOI)のマスター、および触覚技術(必要に応じて)
> c) 外観マスターおよび評価設備の保全・管理
> d) 外観評価を実施する要員が、力量をもちそれを実施する資格をもっていることの検証

[要求事項の解説]

外観が重要な自動車部品に対して、外観検査を確実に行うことを意図しています。外観品目(appearance items)の管理に関して、① a)～ d)に示す事項を実施することを求めています(図 8.78、p.254 参照)。

顧客から外観品目として指定された製品を検査する場合、照明などの適切な資源、マスター(標準見本)、資格認定された外観検査要員を準備します。

① b)の触覚技術は、例えば自動車のシートのように、色合いだけでなく肌触りが重要な製品や、タッチパネルの反応を評価する際に適用されます。

なお、外観品目とは、自動車の外観を構成する自動車部品、すなわち外観が重要で、顧客から外観品目として指定された製品のことです。外観品目は、一般的に自動車を利用する人が見えるところに使用される製品(自動車部品)に対して、顧客によって指定されます。したがって、例えばボンネットを開けたときに見えるエンジンルーム内のエンジンやバッテリーなどの部品や、外からは見えないカーナビの内部に使われている部品などは、外観が重要ではないというわけではありませんが、一般的には外観品目として指定されません。

[旧規格からの変更点] (旧規格 8.2.4.2) 変更の程度：小

① b)の触覚技術が追加されました。

8.6.4　外部から提供される製品およびサービスの検証および受入れ

［要求事項］　IATF 16949

> 8.6.4　外部から提供される製品およびサービスの検証および受入れ
> ① 次の方法の1つ以上を用いて、外部から提供されるプロセス・製品・サービスの品質を確実にするプロセスをもつ。
>   a)　供給者から組織に提供された統計データの受領・評価
>   b)　受入検査・試験（パフォーマンスにもとづく抜取検査のような）
>   c)　供給者の拠点の第二者・第三者の評価または監査（受入れ可能な納入製品の要求事項への適合の記録を伴う）
>   d)　指定された試験所による部品評価　　e)　顧客と合意した他の方法

［要求事項の解説］

購買製品の受入検査を適切に行うことを意図しています。

購買製品の受入検査に関して、① a）～ e）のいずれかを実施することを求めています（図 8.77 参照）。"出荷検査をした結果、すべて規格の中に入っています" というような、統計的データでない検査成績書は好ましいとはいえません。

［旧規格からの変更点］（旧規格 7.4.3.1）　変更の程度：小

大きな変更はありません。

項番		ポイント
8.6.4 ①	a)	・供給者から統計データを受領し、それを評価する。 ・例えば、供給者から工程能力指数（C_{pk}）などの統計的なデータを受領し評価することによって、製造工程の能力を知ることができる。
	b)	・一般的に行われている、受入検査の方法
	c)	・供給者に対して監査を行う。なお、"受入可能な納入製品の要求事項への適合の記録を伴う" は、供給者から購入している製品（部品）のデータの確認を含めた、供給者の製造工程監査ということ
	d)	・外部試験所を利用して、検査・試験・分析を行う方法 ・この場合、外部試験場は、箇条 7.6.3.2 の要求事項を満たすことが必要
	e)	・その他の顧客と合意した方法

図 8.77　購買製品の検証方法

8.6.5　法令・規制への適合

［要求事項］　IATF 16949

> 8.6.5　法令・規制への適合
> ①　自社の生産フローに外部から提供される製品をリリースする前に、外部から提供されるプロセス・製品・サービスが、製造された国、および（提供された場合）顧客指定の仕向国における最新の法令・規制・他の要求事項に適合していることを確認し、それを証明する証拠を提供できるようにする。

［要求事項の解説］

購買製品の法規制への適合を検証することを意図しています。

外部から提供されるプロセス・製品・サービスの、関係する各国の法令・規制への適合を検証することを求めています。

箇条8.4.2.2では、購買製品の法規制への適合の仕組みを作って、管理することを述べているのに対して、箇条8.6.5では、法規制要求事項に適合していることを確認し、それを証明することを述べています（図8.79参照）。なお、箇条8.4.2.2は、対象が購買製品であるのに対して、この箇条8.6.5は、外部から提供される製品となっており、顧客支給品など、購買製品以外も含まれます。仕向国については、図8.34（p.200）を参照ください。

［旧規格からの変更点］　（旧規格7.4.1.1）　変更の程度：小

大きな変更はありません。

8.6.6　合否判定基準

［要求事項］　IATF 16949

> 8.6.6　合否判定基準
> ①　合否判定基準は、組織によって定められ、顧客の承認を得る（必要に応じて、または要求がある場合）。
> ②　抜取検査における計数データの合否判定水準は、不良ゼロ（ゼロ・ディフェクト）とする。

[要求事項の解説]

検査の合否判定基準を決めて実施することを意図しています。

①は、合否判定基準は、基本的には組織が決めることになりますが、場合によっては、顧客の承認が必要となることを述べています。

合否判定基準には、計数データ(いわゆる○×の合否判定)と計量データ(長さ・重さなど合格範囲を決めて判定)があり、抜取検査における計数データの合否判定水準には、いろいろなレベルのものがありますが、②は、不良ゼロ(ゼロ・ディフェクト)のレベルを採用することを述べています。

[旧規格からの変更点]（旧規格 7.1.2）　変更の程度：小

大きな変更はありません。

項番		ポイント
8.6.3 ①	a)	・目視検査における適切な照度を確保する。 ・照明の強度(何ワットの蛍光灯下)ではなく、検査場所の照度(ルクス)を管理することが必要
	b)	・絞(しぼ)：樹脂製品の表面模様のこと ・風合い：布地などのさわり心地のこと。自動車のシートなどが該当する。 ・イメージの明瞭さ(distinctness of image、DOI)：DOIゲージで測定したもので、つや、研磨痕、凹凸が識別され、鮮明度が評価できる。 ・マスター：DOIゲージを使用する場合の限度見本 ・触覚技術：タッチパネルの反応を評価するもの
	c)	・外観マスターは、目視検査で使用する標準サンプルのこと
	d)	・外観検査員に必要な力量を評価して資格認定する。評価の方法としては、MSA参照マニュアルに記載されている、クロスタブ法がある。

図 8.78　外観品目に対する実施事項(8.6.3)

```
仕組み作り              ・購入製品の、関係各国の法規制への適合を
(箇条 8.4.2.2 "法令・規制要求事項")   確実にするプロセスの文書化
       ↓
検証(リリース)            ・外部から提供される製品の、関係各国の法
(箇条 8.6.5 "法令・規制への適合")    規制への適合の確認の実施
```

図 8.79　購買製品の法規制への適合

8.7 不適合なアウトプットの管理

8.7.1 （一般）、8.7.2 （文書化）

8.7.1.2 不適合の管理－顧客規定のプロセス

［要求事項］　ISO 9001

8.7　不適合なアウトプットの管理 8.7.1　（一般） ① 要求事項に適合しないアウトプットが誤って使用されること、または引き渡されることを防ぐために、それらを識別し、管理することを確実にする。 ② 不適合の性質、およびそれが製品・サービスの適合に与える影響にもとづいて、適切な処置をとる。 　・これは、製品の引渡し後、サービスの提供中または提供後に検出された、不適合な製品・サービスにも適用する。 ③ 次の１つ以上の方法を用いて、不適合なアウトプットを処理する。 　a)　修正 　b)　製品・サービスの分離・散逸防止・返却・提供停止 　c)　顧客への通知 　d)　特別採用による受入れの正式な許可の取得 ④ 不適合なアウトプットに修正を施したときには、要求事項への適合を検証する。 8.7.2　（文書化） ⑤ 次の事項を満たす文書化した情報を保持する（記録）。 　a)　不適合が記載されている。 　b)　とった処置が記載されている。 　c)　取得した特別採用が記載されている。 　d)　不適合の処置について決定する権限をもつ者を特定している。 8.7.1.2　不適合の管理－顧客規定のプロセス ⑥ 不適合製品に対して、顧客指定のプロセスに従う。

［要求事項の解説］

　不適合製品が誤って使用されないように管理することを意図しています。

　不適合なアウトプットとは不適合製品のことです。

　③ a)～ d)は図 8.80 に示すことを述べています。また、不適合製品管理の手順は、図 8.81 のようになります。

第8章 運用

IATF 16949 では、⑥において、不適合製品に対して、顧客指定のプロセスに従うことを述べています。

⑥の、不適合製品に対する顧客指定の手順の例には、次のものがあります。

発　行	参考文献
AIAG	CQI-20　効果的な問題解決法実務ガイド CQI-20　effective problem solving practitioner guide
VDA	市場故障分析 field failures analysis

[旧規格からの変更点]（旧規格 8.3）　変更の程度：中

⑥は、新規要求事項です。

項番		ポイント
8.7.1 ③	a)	・修正は、不適合を除去する処置 ・修正の後には、不適合がなくなったことを確認するために再検査する。
	b)	・各項目は次のようになる。 　－製品・サービスの分離・散逸防止：不適合製品を隔離する。 　－返却：不適合製品を供給者に返却する。 　－提供停止：不適合製品の出荷を停止する。
	c)	・不適合製品が検出したことを、顧客に通知する。
	d)	・不適合製品を、顧客の特別採用承認を得て出荷する。

図 8.80　不適合製品の処理方法

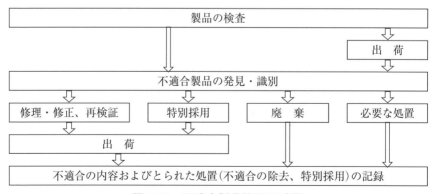

図 8.81　不適合製品管理の手順

8.7.1.1　特別採用に対する顧客の正式許可
［要求事項］　IATF 16949

> 8.7.1.1　特別採用に対する顧客の正式許可
> ①　製品・製造工程が現在承認されているものと異なる場合は、その後の処理の前に顧客の特別採用・逸脱許可を得る。
> ②　不適合製品の"現状での使用"および修理(8.7.1.5 参照)する以降の処理を進める前に顧客の正式認可を受ける。
> ③　構成部品が製造工程で再使用される場合は、その構成部品は、特別採用・逸脱許可によって、明確に顧客に伝達する。
> ④　特別採用によって認可された満了日・数量の記録を維持する。
> ⑤　認可が満了となった場合、元のまたは置き換わった新たな仕様書および要求事項に適合していることを確実にする。
> ⑥　特別採用として出荷される材料は、各出荷容器上で適切に識別する（これは、購入された製品にも適用する）。
> ⑦　供給者からの特別採用の要請に対して、顧客に特別採用を申請する前に、組織として承認する。

［用語の定義］

特別採用 concession	・不適合製品を、顧客の承認を得て出荷すること
逸脱許可 deviation	・製造工程が顧客に承認されているものと異なる製造工程などで製造した製品を、顧客の承認を得て出荷すること

［要求事項の解説］

　不適合製品や、製品や製造工程が現在顧客に承認されているものと異なる製品を出荷する際に、顧客の承認(特別承認)を得ることを意図しています。

　上記①〜⑦は、図 8.84(p.262)のようになります。

　①は、不適合製品だけでなく製造工程が現在承認されているものと異なる場合は、顧客の特別採用(または逸脱許可)が必要であること、また②は、不適合製品の現状での使用(特別採用)および手直し処置の前に、顧客の正式認可が必要であることを述べています。

［旧規格からの変更点］（旧規格 8.3.4)　変更の程度：中
　②、③が追加されています。

第8章　運　用

8.7.1.3　疑わしい製品の管理
［要求事項］　IATF 16949

> 8.7.1.3　疑わしい製品の管理
> ①　未確認または疑わしい状態の製品は、不適合製品として分類し管理することを確実にする。
> ②　すべての適切な製造要員が、疑わしい製品および不適合製品の封じ込めの教育訓練を受けることを確実にする。

［要求事項の解説］

疑わしい製品は、不適合製品として確実に管理することを意図しています。これもリスクへの対応の一つです。

①は、未確認または疑わしい製品(suspect product、良品か不良品かがわからない製品)は、不適合製品と同様の管理を行うことを述べています。

②は、関係するすべての要員が、疑わしい製品と、その処置の方法について、理解していることを述べています。

疑わしい製品としては、図8.82 に示すようなものがあります。

［旧規格からの変更点］（旧規格 8.3.1）　変更の程度：小
②の教育訓練が追加されました。

疑わしい製品 suspect product	・検査終了後に落下させてしまった製品 ・規定の保管期間を超えてしまった製品(箇条 8.5.4.1 参照) ・日常点検・定期点検で異常と判断された設備を用いて製造していた、前回点検以降の製品 ・校正外れが発見された測定器で測定し、合格と判断していた、前回校正日以降の製品(箇条 7.1.5.2 参照) ・始業点検時に、不良サンプルを不良と判断しなかった、自動検査機で測定していた、前回始業点検以降の製品 ・段取り替え検証の初品検査で合格し、終品検査で不合格となった場合の、初品から終品までの間に製造した製品(箇条 8.5.1.3 参照)

図 8.82　疑わしい製品の例

8.7　不適合なアウトプットの管理

8.7.1.4　手直し製品の管理
［要求事項］　IATF 16949

> 8.7.1.4　手直し製品の管理
> ①　製品を手直しする判断の前に、手直し工程におけるリスクを評価するために、リスク分析(FMEA のような)の方法論を活用する。
> ②　製品の手直しを開始する前に、顧客の承認を取得する(顧客から要求される場合)。
> ③　コントロールプラン(または他の関連する文書化した情報)に従って、原仕様への適合を検証する、手直し確認の文書化したプロセスをもつ。
> ④　再検査・トレーサビリティ要求事項を含む、分解・手直し指示書は、適切な要員がアクセスでき、利用できるようにする。
> ⑤　量・処置・処置日・該当するトレーサビリティ情報を含めて、手直しした製品の処置に関する文書化した情報を保持する(記録)。

［用語の定義］

手直し rework	・不適合製品に対して不適合を取り除くために行う処置。したがって、手直しの後は良品となる。
修理 repaire	・不適合製品に対して実際に使用できるようにするために行う処置。したがって、修理によって良品にはならないが、実際には使用できるようになるため、特別採用として出荷することが可能になる。

［要求事項の解説］

　不適合製品を手直しする場合に、適切に処置することを意図しています。リスクへの対応の一つです。

　手直し製品(reworked product)の管理について述べています。

　上記①は、検査で不適合が発生した場合に、ただちに手直しに取りかかるのではなく、手直しを行う前に、FMEA や FTA などのリスク分析技法を利用して、手直しによるリスク分析を行うことを述べています。手直し作業には、副作用などのリスクがあるためです。

　②は、リスク分析の結果、リスクがない、またはリスクの程度が小さいことが判明した場合でも、ただちに手直しに取りかかってはならないことを述べています。顧客から要求されている場合は、手直し前に顧客の承認が必要です。

顧客の承認が得られた場合に、手直しを行うことができます。

③は、手直し後の検証は、コントロールプランなど、文書化したプロセスに従って行うことを述べています。

④の"適切な要員"とは、手直し作業を行う人およびその指導者と考えるとよいでしょう。また"アクセスでき、利用できるようにする"とは、手直し指示書が、手直し作業現場にあること、または作業現場に設置された端末を利用して、すぐに見ることができることと考えるとよいでしょう。⑤は、手直しが行われたことがわかるように、トレーサビリティがとれるようにすることを述べています。

なおIATF 16949規格の日本語訳では、"手直し"となっており、手作業を意味しているようになりますが、英文は"rework"（リワーク、やり直し）です。手作業ではない機械作業のやり直しも"rework"です。"手直し"ではなく、"やり直し"と解釈したほうがよいでしょう。

手直し製品の管理のフローを図8.83に示します。

[旧規格からの変更点]（旧規格 8.3.2）　変更の程度：中

手直し製品の管理の具体的な内容が追加されました。

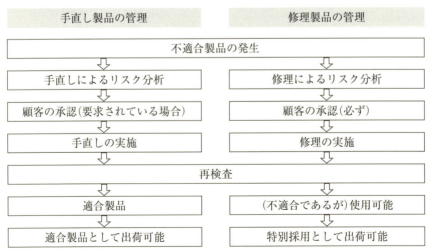

図8.83　手直し製品の管理と修理製品の管理

8.7.1.5　修理製品の管理

[要求事項]　IATF 16949

8.7.1.5　修理製品の管理
① 製品を修理する判断の前に、修理工程におけるリスクを評価するために、リスク分析(**FMEA** のような)の方法論を活用する
② 製品の修理を開始する前に、顧客から承認を取得する。
③ コントロールプラン(または他の関連する文書化した情報)に従って、修理確認の文書化したプロセスをもつ。
④ 再検査・トレーサビリティ要求事項を含む、分解・修理指示書は、適切な要員がアクセスでき、利用できるようにする。
⑤ 修理される製品の特別採用について、文書化した顧客の正式許可を取得する(記録)。
⑥ 量・処置・処置日・該当するトレーサビリティ情報を含めて、修理した製品の処置に関する文書化した情報を保持する(記録)。

[要求事項の解説]

　不適合製品を修理する場合に、適切に処置することを意図しています。これもリスクへの対応です。

　修理製品(repaired product)の管理について述べています。

　上記①は、検査で不適合が発生した場合に、ただちに修理に取りかかるのではなく、修理を行う前に、修理によるリスク分析を行うことを述べています。

　②は、リスク分析の結果、リスクがない、またはリスクの程度が小さいことが判明した場合でも、ただちに修理に取りかかってはならないことを述べています。修理の前に顧客の承認が必要です。③は、修理製品管理の文書化したプロセスを要求しています。⑤は、修理・再検証した製品を出荷する前に、顧客の特別採用が必要であることを述べています。そして⑥は、修理が行われたことがわかるように、トレーサビリティがとれるようにすることを述べています。

　手直しと修理を比較すると、手直しの場合は、顧客から要求されている場合は、手直し前に顧客の承認が必要なのに対して、修理の場合は、必ず顧客の事前承認が必要です(図 8.83 参照)。

[旧規格からの変更点]　変更の程度：大
　新規要求事項です。

8.7.1.6 顧客への通知

[要求事項] IATF 16949

8.7.1.6 顧客への通知
① 不適合製品が出荷された場合には、顧客に対して速やかに通知する。
② 初回の伝達に引き続き、その事象の詳細な文書を提供する。

[要求事項の解説]

不適合製品が出荷された場合は、リコールにつながる可能性があるため、また被害を最少に抑えるため、①、②に示す事項を実施することを求めています。

不適合製品が出荷された場合に、顧客に通知することは当然のことですが、残念ながら、クレーム隠しやデータの改ざんなど、必ずしも適切に行われていないのが現状です。企業責任(箇条 5.1.1.1)の要求事項に適合した、適切で確実な管理が望まれます。ここで不適合製品には、疑わしい製品(箇条 8.7.1.3)も含まれると考えるべきでしょう。

[旧規格からの変更点] (旧規格 8.3.3)　変更の程度：小
②が追加されました。

項番	ポイント
8.7.1.1 ①	・製品または製造工程が、顧客に承認されているものと異なる場合は、顧客の特別採用承認が必要
②	・適合製品の"現状での使用"および"修理"する場合も、事前に顧客の承認が必要
③	・不適合部品が製造工程で再使用される場合も、顧客の承認が必要
④	・特別採用によって認可された満了日・数量の記録を維持する。
⑤	・認可が満了となった場合、元のまたは置き換わった新たな仕様書および要求事項に適合していることを確実にする。
⑥	・特別採用として出荷される材料は、各出荷容器上で識別する。 −これは、購入された製品にも適用する。
⑦	・供給者からの特別採用の要請に対して、顧客に特別採用を申請する前に、組織として承認する。

図 8.84　顧客の特別採用(8.7.1.1)

8.7 不適合なアウトプットの管理

8.7.1.7 不適合製品の廃棄

[要求事項] IATF 16949

> 8.7.1.7 不適合製品の廃棄
> ① 手直しまたは修理できない不適合製品の廃棄に関する文書化したプロセスをもつ。
> ② 要求事項を満たさない製品に対して、スクラップされる製品が廃棄の前に使用不可の状態にされていることを検証する。
> ③ 事前の顧客承認なしで、不適合製品をサービスまたは他の使用に流用しない。

[用語の定義]

スクラップ scrap	・当初の意図していた使用を不可能にするため、不適合となった製品に対してとる処置

[要求事項の解説]

不適合製品を廃棄する場合は、他の用途に使用されないように管理することを意図しています。これもリスクへの対応です。

①は、不適合製品の廃棄プロセスの文書化を求めています。

②は、不適合製品を廃棄（desposition）する場合は、廃棄する前に使用不可の状態にすることを求めています。この要求事項が追加された背景に、不適合製品の横流しの実態があると考えられます。注意が必要です（図 8.85 参照）。

[旧規格からの変更点] 変更の程度：大

新規要求事項です。

図 8.85 不適合製品の廃棄

第 8 章　運　用

[用語の定義]

組込み ソフトウェア embedded software	① 組込みソフトウェアとは、顧客によって規定された、その機能を制御するために、自動車部品(一般的に、コンピュータチップまたは他の不揮発性メモリ)に保存された特定のプログラムである。 ② IATF 16949 認証の適用範囲における、組込みソフトウェアによって制御される部品は、自動車用に開発されたものとする。(例えば、乗用車、小型商用車、トラック、バス、および二輪車など。IATF 認証取得および維持のためのルール、第 5 版、1.0　IATF 16949 認証の適格性参照) ③ 注記　製造工程(例えば、部品や材料を製造する機械など)を制御するソフトウェアは、組込みソフトウェアの定義に含まれない。

図 8.86　組込みソフトウェア

第9章
パフォーマンス評価

　本章では、IATF 16949規格(箇条9)"パフォーマンス評価"の要求事項の詳細について解説しています。

　この章のIATF 16949規格要求事項の項目は、次のようになります。

9.1　　　監視、測定、分析および評価
9.1.1　　一般
9.1.1.1　製造工程の監視および測定
9.1.1.2　統計的ツールの特定
9.1.1.3　統計概念の適用
9.1.2　　顧客満足
9.1.2.1　顧客満足 - 補足
9.1.3　　分析および評価
9.1.3.1　優先順位づけ
9.2　　　内部監査
9.2.1　　(内部監査の目的)
9.2.2　　(内部監査の実施)
9.2.2.1　内部監査プログラム
9.2.2.2　品質マネジメントシステム監査
9.2.2.3　製造工程監査
9.2.2.4　製品監査
9.3　　　マネジメントレビュー
9.3.1　　一般
9.3.1.1　マネジメントレビュー - 補足
9.3.2　　マネジメントレビューへのインプット
9.3.2.1　マネジメントレビューへのインプット - 補足
9.3.3　　マネジメントレビューからのアウトプット
9.3.3.1　マネジメントレビューからのアウトプット - 補足

9.1 監視、測定、分析および評価

9.1.1 一　般

[要求事項]　ISO 9001

> 9.1　監視、測定、分析および評価
> 9.1.1　一般
> ① 監視・測定に関して、次の事項を決定する。
>   a) 監視・測定が必要な対象
>   b) 妥当な結果を確実にするために必要な、監視・測定・分析・評価の方法
>   c) 監視・測定の実施時期
>   d) 監視・測定の結果の分析・評価の時期
> ② 品質マネジメントシステムのパフォーマンスと有効性を評価する。
> ③ この結果の証拠として、適切な文書化した情報を保持する(記録)。

[要求事項の解説]

品質マネジメントシステムのパフォーマンスと有効性を改善することを意図しています。

②は、品質マネジメントシステムのパフォーマンスと有効性を評価すること、そして①は、そのための監視・測定の内容について述べています。プロセスアプローチを運用するうえでの重要な要求事項です。

ISO 9001 および IATF 16949 における監視対象項目を図9.2に示します。

項番		ポイント
9.1.1 ①	a)	・監視・測定が必要な対象には、品質マネジメントシステムの各プロセスや、内部・外部の種々のパフォーマンスなどがある。
	b)	・分析・評価の方法には、管理図や工程能力などの統計的手法、FMEAなどがある。
	c)	・監視は、一般的に日常的に行い、測定は、月次、四半期、半期など時期を決めるのが一般的
	d)	・監視・測定の結果の分析の時期は、上記c)と同様、またはマネジメントレビューの前などの方法がある。
②		・品質マネジメントシステムのパフォーマンスと有効性を評価する。

図9.1　パフォーマンスの監視・測定・分析・評価

9.1　監視、測定、分析および評価

① a)〜 d)は、図9.1のことを述べています。なお、監視(monitoring)と測定(measurement)を区別すると、監視は連続的または定期的に監視すること、測定は数値で測定することとなりますが、あえて区別しなくてよいでしょう。

[旧規格からの変更点]（旧規格8.1）　変更の程度：中

図9.2に示すように、監視対象が多くなっています。

箇条番号	監視項目
4.1	外部・内部の課題に関する情報の監視
4.2	利害関係者とその関連する要求事項に関する情報の監視
4.4.1	品質マネジメントシステムのプロセスの監視
6.2.1	品質目標の監視
7.1.5.1	要求事項に対する製品・サービスの適合を検証するための監視
8.1.1	**製品・製品の合否判定基準に固有の監視**
8.3.3.3	**製品・生産工程の特殊特性に対する監視**
8.3.4.1	**製品・工程の設計・開発中の監視**
8.3.4.3	**試作プログラムにおける性能試験活動の監視**
8.3.5	設計・開発からのアウトプットの監視
8.4.1	外部提供者の評価・選択・パフォーマンスの監視
8.4.2.4	**供給者パフォーマンス指標の監視**
8.4.2.4.1	**供給者の監視**
8.4.2.5	**供給者パフォーマンスの監視**
8.4.3	外部提供者のパフォーマンスの監視
8.5.1	製造・サービス提供の管理の監視
8.5.1.1	**特殊特性に対する管理の監視**
8.5.1.6	**生産治工具ならびに製造・試験・検査治工具・設備の運用管理の作業がアウトソースされた場合の活動の監視**
8.5.2	識別・トレーサビリティの監視
9.1.1	妥当な結果を確実にするための監視
9.1.1.1	**製造工程の監視**
9.1.2	顧客がどのように受けとめているかの情報の監視
9.1.2.1	**顧客満足の監視**
9.1.2.1	**製造工程パフォーマンスの監視**

[備考]　明朝体はISO 9001、ゴシック体はIATF 16949の追加要求事項を示す。

図9.2　監視に関する要求事項

第9章 パフォーマンス評価

品質マネジメントシステムのプロセスの監視・測定指標の例を、図9.3に示します。

区　分	プロセス	プロセスの監視・測定指標	
マネジメントプロセス	方針展開プロセス	・設定品質目標対前年改善度 ・品質目標達成度 ・品質目標実行計画実施度	・品質目標実行計画改善度 ・各プロセスの計画達成度 ・次期目標への繰越し件数
	顧客満足プロセス	・顧客満足度 ・顧客クレーム件数 ・顧客返品率	・マーケットシェア ・顧客補償請求金額 ・納期遅延率
支援プロセス	教育訓練プロセス	・教育訓練計画実施率 ・教育訓練有効性評価結果 ・資格認定試験の合格率	・社内講師力量評価結果 ・外部セミナー受講費用 ・自らの役割の認識度
	設備管理プロセス	・機械チョコ停時間 ・直行率 ・設備稼働率	・設備修理時間 ・設備修理費用 ・段取り時間
製品実現顧客志向プロセス	受注プロセス	・レビュー所要日数 ・受注率 ・受注システム入力ミス件数	・受注金額 ・利益見込率 ・マーケットシェア
	製品設計プロセス	・設計計画期限達成率 ・初回設計成功率 ・試作回数、設計変更回数	・開発コスト ・特殊特性の工程能力指数 ・VA・VE提案件数・金額
	工程設計プロセス	・試作回数、試作コスト ・製造リードタイム ・工程能力指数	・特殊特性工程能力指数 ・製造コスト ・VA・VE提案件数・金額
	購買プロセス	・購買製品受入検査不合格率 ・購買製品の納期達成率 ・購買製品の特別輸送費	・外注先不良発生費用 ・購買先監査の不適合件数 ・供給者QCD評価結果
	製造プロセス	・生産歩留率 ・生産リードタイム ・製造コスト	・特殊特性工程能力指数 ・機械チョコ停時間、直行率 ・設備稼働率
	引渡しプロセス	・納期達成率 ・特別輸送費 ・在庫回転率	・輸送事故件数 ・梱包装置故障回数 ・顧客クレーム件数

［備考］　各監視・測定指標は、対計画達成度または対前年改善度で有効性を評価する。

図9.3　品質マネジメントシステムのプロセスの監視・測定指標の例

9.1 監視、測定、分析および評価

9.1.1.1　製造工程の監視および測定
［要求事項］　IATF 16949

> 9.1.1.1　製造工程の監視および測定
> ①　すべての新規製造工程に対して、工程能力を検証し、工程管理への追加インプット（特殊特性の管理を含む）を提供するために、工程調査を実施する。
> ②　注記　製造工程によって、工程能力を通じて製品適合を実証することができない場合は、それらの製造工程に対して、仕様書に対する一括適合のような代替の方法を採用してもよい。
> ③　顧客の部品承認プロセス要求事項（PPAP）で規定された製造工程能力（C_{pk}）または製造工程性能（P_{pk}）の結果を維持する。
> ④　工程フロー図、PFMEA、およびコントロールプランが実施されることを確実にする。
> ⑤　これには次の事項の順守を含める。
>   a) 測定手法
>   b) 抜取計画
>   c) 合否判定基準
>   d) 変数データに対する実際の測定値・試験結果の記録
>   e) 合否判定基準が満たされない場合の対応計画および上申プロセス
> ⑥　治工具の変更、機械の修理のような工程の重大な出来事は、文書化した情報として記録し保持する。
> ⑦　統計的に能力不足・不安定のいずれかである特性に対して、コントロールプランに記載されている、仕様への適合の影響が評価された対応計画を開始する。対応計画には、製品の封じ込めおよび全数検査を含める（必要に応じて）。
> ⑧　工程が安定し、統計的に能力をもつようになることを確実にするために、特定の処置・時期・担当責任者を規定する是正処置計画を策定し、実施する。
> ⑨　この計画は顧客とともにレビューし、承認を得る（顧客に要求される場合）。
> ⑩　工程変更の実効日付の記録を維持する（記録）。

［要求事項の解説］

　IATF 16949 における最も重要な監視・測定の対象である製造工程を、統計的手法（SPC）を用いて監視・測定することを意図しています。

　上記①〜⑩は、図 9.4 のことを述べています。

　①は、すべての新規製造工程に対して、工程能力（C_{pk}、P_{pk}）評価を行うことを述べています。IATF 16949 では、工程能力の評価結果がよい場合（例えば、

$C_{pk} > 1.67$)は、製品の全数検査は求めていません。②は、工程能力が十分でない場合は、代替方法として、製品規格にもとづく全数検査を行うことを述べています(図9.5参照)。③は、製品承認プロセス(PPAP)で要求されている工程能力(例えば、$C_{pk} > 1.67$)を維持することを述べています。

⑦は上記②と同様、製造工程が統計的に能力不足または不安定の特性に対して、適切な対応計画を実施することを述べています。対応計画には、製品の封じ込めおよび全数検査が考えられます。

製造工程が不安定かどうかは、管理図で評価することができます。また統計的に能力不足かどうかは、工程能力の評価でわかります。工程能力と工程性能の違いについて、工程能力(C_{pk})は安定した製造工程のアウトプット(製品)が規格を満たす能力、工程性能(P_{pk})は安定しているかどうかわからない製造工程のアウトプット(製品)が規格を満たす能力のことです。

項番	ポイント
9.1.1.1 ①	・すべての新規製造工程に対して、工程能力(C_{pk})評価を行う。 ・工程能力評価は、その後も定期的に行う。
②	・工程能力が十分でない場合(例えば、$C_{pk} \leq 1.67$)は、代替方法として、製品規格にもとづく全数選別検査を行ってもよい。 ・あるいは、ロットアウトとする。
③	・顧客の製品承認プロセス(PPAP)で要求されている工程能力(例えば、$C_{pk} > 1.67$)を維持する。
④	・製造工程が、工程フロー図、PFMEA、およびコントロールプランに従って実施する。
⑤	・コントロールプランには、測定手法、抜取計画、合否判定基準、変数データに対する実際の測定値・試験結果の記録、合否判定基準が満たされない場合の対応計画および上申プロセスを含める。 ・d)の変数データ(variable data)は、長さ・重さなどの、連続的に変化する計量値と考えるとよい。
⑥	・治工具の変更、機械の修理のような工程の重大な出来事は、記録する。
⑦	・上記②と同様、製造工程が統計的に能力不足または不安定の特性に対して、封じ込め、全数検査などの対応計画を実施する。
⑧	・製造工程が安定し、統計的に能力をもつようになることを確実にするための是正処置計画を策定し、実施する。
⑨	・この計画は顧客の承認を得る(顧客に要求される場合)。
⑩	・工程変更の実施日を記録する。

図9.4 製造工程の監視・測定における実施事項

9.1 監視、測定、分析および評価

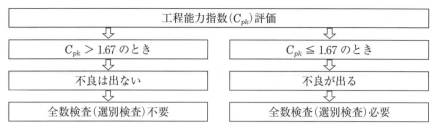

図9.5　工程能力評価と選別検査

	安定した工程	不安定な工程
製造した製品特性のばらつきの中心・ばらつきの幅	製造した時期によって変わらない（いつも同じ結果となる）。	製造した時期によって異なる。
製造した製品の不良率など、製造工程の結果の予測	不良率など、製造工程の結果が予測できる。	不良率など、製造工程の結果は予測できない。
評価方法	管理図では、ランダムな（特徴のない）パターン（点の推移）として表される。	管理図では、特徴のあるパターンとして表される。

図9.6　安定した工程と不安定な工程

（1）　安定した工程と不安定な工程について

安定した工程と不安定な工程は、図9.6に示すように、管理図を描いて評価することによりわかります。

（2）　工程能力（C_{pk}）と工程性能（P_{pk}）について

製造工程が製品規格を満たす程度を工程能力（process capability）といいます。工程能力は、製品規格幅を製品特性データの分布幅で割った値で示されます。

$$工程能力 = \frac{製品規格幅（W）}{製品特性データの分布幅（T）}$$

工程能力を表す指数としては、工程能力指数（C_{pk}）と工程性能指数（P_{pk}）があります。工程能力指数は、安定した状態にある製造工程のアウトプット（製品）が、製品規格を満足する能力を表し、製造工程が安定している量産時の工程能

力指標で、管理図を描いて工程が安定していることがわかっている場合などに利用されます。一方工程性能指数は、ある製造工程のアウトプット(製品サンプル)が、製品規格を満足する能力を表し、製造工程が安定しているかどうかわからない場合、例えば新製品や工程変更を行った場合に利用されます(図9.7および図9.21、p.293参照)。

製品承認プロセス(PPAP)では、工程能力指数は1.67より大きいことを要求しています。これは、不良率0.57ppm(ppmは100万分の1)以下に相当します。

安定した工程と不安定な工程、および工程能力と工程性能の詳細については、拙著『図解 IATF 16949 よくわかるコアツール』を参照ください。

SPCに関する参照マニュアルには、次のものがあります。

発　行	参考文献
AIAG	統計的工程管理 statistical process control、SPC
VDA	VDA 4　プロセス概観における品質保証 quality assurance in the process landscape

	工程能力(C_{pk})	工程性能(P_{pk})
定義	工程能力指数は、安定した状態にある製造工程のアウトプット(製品)が、製品規格を満足させる能力を表す。	工程性能指数は、ある製造工程のアウトプット(製品サンプル)が、製品規格を満足する能力を表す。
用途	製造工程が安定している量産時の工程能力指標、すなわち管理図を描いて、工程が安定していることがわかっている場合などに利用される。	製造工程が安定しているかどうかわからない場合、例えば新製品や工程変更を行った場合などに利用される。
計算式	簡単な計算式でよい。	標準偏差を含む計算式を用いる。

図9.7　工程能力と工程性能

[旧規格からの変更点]（旧規格 8.2.3.1）　変更の程度：小

①の特殊特性の管理、②の代替の方法、④のPFMEA、および⑤ d)、e)が追加されました。

9.1.1.2 統計的ツールの特定、9.1.1.3 統計概念の適用
［要求事項］　IATF 16949

9.1.1.2　統計的ツールの特定
① 　統計的ツールの適切な使い方を決定する。
② 　適切な統計的ツールが、下記に含まれていることを検証する。
　a)　先行製品品質計画（またはそれに相当する）プロセス
　b)　設計リスク分析（DFMEA のような）（該当する場合には必ず）
　c)　工程リスク分析（PFMEA のような）
　d)　コントロールプラン

9.1.1.3　統計概念の適用
③ 　次のような統計概念は、統計データの収集・分析・管理に携わる従業員に理解され、使用されるようにする。
　a)　ばらつき　　b)　管理（安定性）　　c)　工程能力
　d)　過剰調整によって起こる結果

［要求事項の解説］

　製造工程が安定しているかどうかを評価するための管理図や、製造工程の能力があるかどうかを評価するための工程能力（C_{pk}）などの統計的手法を理解し、活用することを意図しています。

　上記①は、製品実現プロセスのどの段階で、どのような統計的ツールを利用するかを決めること、②は、適切な統計的ツールを、APQP（先行製品品質計画）、DFMEA、PFMEA およびコントロールプランに含めることを述べています（図 9.8 参照）。

　③は、ばらつき、統計的管理状態（安定性）、工程能力（C_{pk}）、過剰調整などの統計手法の知識が、関係する従業員に理解されるようにすることを述べています。

　③ d)の過剰調整は、ばらつきの原因が共通原因だけで特別原因が存在しない、いわゆる安定した工程に対して、製造条件の調整（過剰調整、オーバーアジャストメント、間違った調整）を行うことで、その後のばらつきがかえって拡大することがあります。③ a)〜 d)はそれぞれ図 9.9 のようになります。

［旧規格からの変更点］（旧規格 8.1.1）　変更の程度：小
　③の統計的ツールの具体的な内容が追加されました。

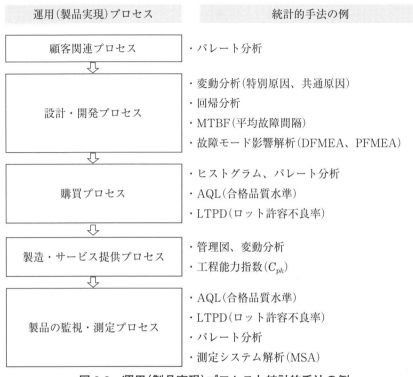

図 9.8 運用(製品実現)プロセスと統計的手法の例

項番		ポイント
9.1.1.3 ③	a)	・"ばらつき"は、製品特性データ分布の幅
	b)	・"管理"は、統計的管理状態にあること、すなわち安定していること
	c)	・"工程能力"は、製品が製品規格を満たす程度(C_{pk})
	d)	・"過剰調整"(over-adjustment)は、ばらつきの原因が共通原因だけで特別原因が存在しない、いわゆる安定した工程に対して、製造条件の調整(間違った調整、過剰調整)を行うこと。タンパリング(tampering)ともいわれる。 ・この場合は、その後のばらつきがかえって拡大することがある。

図 9.9 統計概念の適用

9.1.2 顧客満足

［要求事項］　ISO 9001

> 9.1.2　顧客満足
> ①　顧客のニーズと期待が満たされている程度について、顧客がどのように受け止めているかを監視する。
> ②　この情報の入手・監視・レビューの方法を決定する。
> ③　注記　顧客の受け止め方の監視には、例えば、顧客調査、提供した製品・サービスに関する顧客からのフィードバック、顧客との会合、市場シェアの分析、顧客からの賛辞、補償請求およびディーラ報告が含まれうる。

［用語の定義］

顧客満足 customer satisfaction	・顧客の期待が満たされている程度に関する顧客の受け止め方

［要求事項の解説］

　顧客が満足しているかどうかをの情報を監視し、顧客満足の向上に活用することを意図しています。

　"顧客満足"というと、顧客が満足していなければならないと解釈されがちですが、"顧客の期待が満たされている程度に関する顧客の受け止め方"と定義されています。したがって、顧客満足というよりも"顧客満足度"と考えた方がよいでしょう。

　　顧客満足　→　顧客満足度

　ISO 9000 規格では、顧客満足に関して、"顧客の苦情がないことが、かならずしも顧客満足度が高いことではない"と述べています。顧客のクレーム低減の努力だけでは、顧客満足とはいえません。

［旧規格からの変更点］（旧規格 8.2.1）　変更の程度：小

　大きな変更はありません。

9.1.2.1　顧客満足－補足

［要求事項］　IATF 16949

9.1.2.1　顧客満足－補足
① 製品・プロセスの仕様書および他の顧客要求事項への適合を確実にするために、内部・外部の評価指標の継続的評価を通じて、顧客満足を監視する。
② パフォーマンス指標は、客観的証拠にもとづき、次の事項を含める。
　a）　納入した部品の品質パフォーマンス
　b）　顧客が被った迷惑
　c）　市場で起きた回収・リコール・補償（該当する場合には必ず）
　d）　納期パフォーマンス（特別輸送費が発生する不具合を含む）
　e）　品質・納期問題に関する顧客からの通知（特別状態を含む）
③ 製品品質・プロセス効率に対する顧客要求事項への適合を実証するために、製造工程のパフォーマンスを監視する。
④ 監視には、オンライン顧客ポータル・顧客スコアカードを含む、顧客パフォーマンスデータのレビューを含める（提供される場合）。

［用語の定義］

特別輸送費 premium freight	・契約した輸送費に対する割増しの費用または負担 ・注記　これは、輸送法、量、予定外納入または納入遅延、などによって発生しうる。
特別状態 special status	・著しい品質または納入問題による顧客要求事項が満たされていない場合に組織に課せられる、顧客が特定した区分の通知

［要求事項の解説］

　顧客満足（度）を監視する目的は、製品・プロセスの仕様書および他の顧客要求事項への適合を確実にするためです。

　上記①～④は、図9.10のようになります。

　② a）～ e）は、IATF 16949における顧客満足度の監視指標の例です。ISO 9001では一般的に、アンケート調査などが行われていますが、IATF 16949では、顧客満足度の監視指標として、客観的なデータとしての品質・納期のパ

9.1 監視、測定、分析および評価

フォーマンス、および製造工程のパフォーマンスを監視することを求めています。IATF 16949 はパフォーマンス(実績データ)が重視されています。

③ d)の"納期パフォーマンス"は、品質やコストと同様に顧客満足に直接影響を与えます。納期実績には、納期の再調整の回数などを含めることができます。

特別輸送費(premium freight)の発生を監視する目的は、単に追加の輸送費の発生を削減するためではなく、特別輸送費が発生したということは、製造工程などに問題があり、生産が予定とおりに行われなかったためであり、その原因を究明して改善につなげるためです。特別輸送費を使用しても、納期に間に合ったからよいということではありません(図 9.11 参照)。

③ e)の"顧客からの通知"は、品質問題や納期問題を起こした場合に、顧客から連絡される特別状態の通知です。フォードの Q1 認定や GM の NBH 認定の取り消しも、この特別状態の通知に相当します。この特別状態になると、新規発注停止などの処置がとられることになります。

③は、製品の品質とプロセスの効率が顧客要求事項に適合していることを証明するために、顧客からは見えない製造工程のパフォーマンスを監視することを述べています。これには、製造工程における不良率や生産性に関する指標

項番		ポイント
9.1.2.1 ①		・顧客満足を監視する。 ・内部・外部の評価指標の継続的評価を行う。
②	a)	・品質パフォーマンスには、納入不良率(ppm)、不良件数などがある。
	b)	・顧客が被った迷惑には、品質や納期に関する顧客クレームがある。
	c)	・市場で起きた回収・リコール・補償などがある。
	d)	・納期パフォーマンスには、納期遅延件数、納期遵守率、特別輸送費などがある。
	e)	・特別通知は、品質問題や納期問題を起こした場合に、顧客から連絡される特別状態の通知
③		・製造工程のパフォーマンスを監視する。
④		・オンライン顧客ポータル・顧客スコアカードなど、顧客パフォーマンスデータをレビューする。

図 9.10　IATF 16949 における顧客満足度の監視

が含まれます。②の顧客から見える製品実現プロセスのパフォーマンスの監視指標以外に、③の顧客からは見えない製造工程のパフォーマンスの監視指標が、顧客満足度の監視指標に含まれていることが、IATF 16949の特徴です。製造工程が改善しないと、長期的に品質・納期などの顧客満足度が改善しないからです（図9.12参照）。

［旧規格からの変更点］（旧規格 8.2.11）　変更の程度：小

② c)、④が追加されています。

図9.11　特別輸送費監視の背景

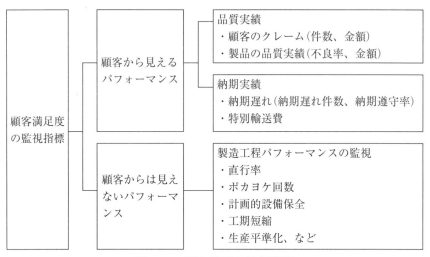

図9.12　顧客満足の監視指標

9.1.3 分析および評価、9.1.3.1 優先順位づけ

[要求事項] ISO 9001 + IATF 16949

> 9.1.3 分析および評価
> ① 監視・測定からの適切なデータおよび情報を分析し、評価する。
> ② 分析の結果は、次の事項を評価するために用いる。
>   a) 製品・サービスの適合
>   b) 顧客満足度
>   c) 品質マネジメントシステムのパフォーマンスと有効性
>   d) 計画が効果的に実施されたかどうか
>   e) リスクおよび機会に取り組むためにとった処置の有効性
>   f) 外部提供者のパフォーマンス
>   g) 品質マネジメントシステムの改善の必要性
>
> 9.1.3.1 優先順位づけ
> ③ 品質・運用パフォーマンスの傾向は、目標への進展と比較し、顧客満足を改善する処置の優先順位づけを支援する処置につなげる。

[要求事項の解説]

監視・測定した種々のデータを分析・評価することによって、改善につなげることを意図しています。

データ分析の目的は、上記② a)〜g)に示すように、製品・サービスの適合、顧客満足度、品質マネジメントシステムのパフォーマンスと有効性、外部提供者(供給者)のパフォーマンスの改善などがあります。

どのようなデータを分析すればよいかについて、①では具体的には述べていませんが、顧客満足、内部監査、品質マネジメントシステムの各プロセスの監視・測定および製品の監視・測定の結果得られたデータなどが、データ分析の対象(インプット)となるでしょう。

IATF 16949 では、③において、データの分析・評価の結果、優先順位づけして、改善につなげることを求めています。

[旧規格からの変更点] (旧規格 8.4、8.4.1)　変更の程度：中

② c)、d)、e)、g)が追加されています。IATF 16949 の要求事項は、旧規格箇条8.4.1 "データ分析および使用" に対して、簡単になっています。

9.2 内部監査

9.2.1 （内部監査の目的）、9.2.2 （内部監査の実施）

[要求事項]　ISO 9001

9.2　内部監査
9.2.1　（内部監査の目的）
① 品質マネジメントシステムが、次の状況にあるか否かに関する情報を提供するために、あらかじめ定めた間隔で内部監査を実施する。
　a) 品質マネジメントシステムは、次の事項に適合しているか。
　　1) 品質マネジメントシステムに関して、組織が規定した要求事項
　　2) ISO 9001 規格の要求事項
　b) 品質マネジメントシステムは、有効に実施され維持されているか。

9.2.2　（内部監査の実施）
② 内部監査に関して、次の事項を行う。
　a) 監査プログラムを計画・確立・実施および維持する。
　　・頻度・方法・責任・計画要求事項および報告を含む。
　　・監査プログラムは、関連するプロセスの重要性、組織に影響を及ぼす変更、および前回までの監査の結果を考慮に入れる。
　b) 各監査について、監査基準と監査範囲を定める。
　c) 監査プロセスの客観性・公平性を確保するために、監査員を選定し、監査を実施する。
　d) 監査の結果を関連する管理層に報告することを確実にする。
　e) 遅滞なく、適切な修正と是正処置を行う。
　f) 監査プログラムの実施および監査結果の証拠として、文書化した情報を保持する(記録)。
③ 注記　手引として ISO 19011 を参照

[用語の定義]

監査プログラム audit programme	・特定の目的に向けた、決められた期間内で実行するように計画された一連の監査
監査計画 audit plan	・監査のための活動および手配事項を示すもの

[要求事項の解説]

　内部監査の目的は、あら探しではなく改善のネタを見つけることであり、そのために、適合性だけでなく有効性についても監査することを意図しています。

9.2 内部監査

　内部監査(internal audit)の目的として、① a)は適合性の確認、b)は有効性の確認について述べています。適合性とは、要求事項(やるべきこと)を確実に行っているかどうか、有効性とは、目標を達成しているかどうかです。

　②は、内部監査プログラムを作成して、実施することを述べています。内部監査における実施項目は、② a)～ f)に規定されています(図9.13参照)。

　内部監査プログラムの詳細および内部監査プログラムと内部監査計画の相違については、本書の第11章を参照ください。

　[旧規格からの変更点]（旧規格8.2.2）　変更の程度：小
　大きな変更はありません。

項番		ポイント
9.2.1 ①		・品質マネジメントシステムが、次のa)、b)状況にあるか否かを判断するために、あらかじめ定めた間隔で内部監査を実施する。
	a)	・品質マネジメントシステムは、次の事項に適合しているか。 －品質マネジメントシステムに関して、組織が規定した要求事項 －ISO 9001/IATF 16949規格の要求事項
	b)	・品質マネジメントシステムは、有効に実施され維持されているか。
9.2.2 ②	a)	・内部監査プログラムを作成することを述べている。 ・IATF 16949では、次項の箇条9.2.2.1にその詳細が規定されている。
	b)	・監査基準には、次のようなものがある。 －品質マネジメントシステム監査：IATF 16949規格要求事項、顧客要求事項、関連する法規制、組織が決めた要求事項(例　品質マニュアル)など －製造工程監査：コントロールプラン、プロセスFMEAなど －製品監査：コントロールプラン、製品図面、製品規格書、包装仕様書など －監査範囲：プロセス、部門、場所、対象時期など
	c)	・自分(監査員)が行った仕事は監査できない。
	d)	・監査結果を、被監査部門の責任者や内部監査責任者に報告する。
	e)	・監査で不適合が発見された場合、被監査部門の責任者は、タイムリーに、修正と是正処置を行う。
	f)	・不適合報告書や監査報告書を作成する。

図9.13　内部監査プログラム

9.2.2.1　内部監査プログラム

［要求事項］　IATF 16949

9.2.2.1　内部監査プログラム
① 文書化した内部監査プロセスをもつ。
② 内部監査プロセスには、下記の3種類の監査を含む、品質マネジメントシステム全体を網羅する、内部監査プログラムの策定・実施を含める。
　a）品質マネジメントシステム監査　b）製造工程監査　c）製品監査
③ 監査プログラムは、リスク、内部・外部パフォーマンスの傾向、およびプロセスの重大性にもとづいて優先順位づけする。
④ プロセス変更、内部・外部の不適合、および顧客苦情にもとづいて、監査頻度をレビューし、（必要に応じて）調整する。
⑤ 組織がソフトウェア開発の責任がある場合、ソフトウェア開発能力評価を監査プログラムに含める。
⑥ 監査プログラムの有効性は、マネジメントレビューの一部としてレビューする。

［要求事項の解説］

①は、内部監査プロセス、すなわち内部監査手順の文書化を求めています。

内部監査プログラムの作成が要求事項になりました。品質マネジメントシステム監査、製造工程監査および製品監査の3種類の内部監査を含めた監査プログラムを作成することになります。内部監査プログラム作成の際には、上記③、④の問題を考慮すること、および⑤のソフトウェアも含めることが必要です。

⑥は、監査プログラムの有効性を、マネジメントレビューでレビューすることを求めています。監査プログラムの有効性とは、監査プログラムの目的を達成したかどうかということです。内部監査を計画どおりに実施したとか、不適合が何件発見されたということではありません。

箇条9.2.2.2では、"各3暦年の期間の間、年次プログラムに従って、すべての品質マネジメントシステムのプロセスを監査すること"を述べています。したがって、内部監査プログラムは、3年間の内部監査プログラムと、年度ごとの内部監査プログラム（内部監査計画）を作成するとよいでしょう。

［旧規格からの変更点］（旧規格 8.2.2.4）　変更の程度：大
内部監査プログラムの具体的な内容が追加されました。

9.2.2.2 品質マネジメントシステム監査
［要求事項］　IATF 16949

> **9.2.2.2　品質マネジメントシステム監査**
> ① IATF 16949規格への適合を検証するために、プロセスアプローチを使用して、<u>3年間の監査サイクル</u>において、年次プログラムに従って、すべての品質マネジメントシステムのプロセスを監査する。
> ・個々のプロセスに対する、<u>品質マネジメントシステム監査の頻度は、内部および外部のパフォーマンスとリスクにもとづく。</u>
> ・<u>各プロセスの監査頻度の正当性を維持する（記録）。</u>
> ・<u>ISO 9001要求事項および顧客固有要求事項を含む、IATF 16949規格のすべての該当する要求事項に対して監査する。</u>
> ② それらの監査に統合させて、顧客固有の品質マネジメントシステム要求事項を、効果的に実施されているかに対してサンプリングを行う。

［要求事項の解説］

　IATF 16949規格の要求事項だけでなく、ISO 9001規格要求事項および顧客固有要求事項を含めて、内部監査を実施することを意図しています。

　品質マネジメントシステム監査（quality management system audit）は、3年ごとのプログラムおよび年次プログラム（annual programme）に従って、品質マネジメントシステムのすべてのプロセスに対して、自動車産業プロセスアプローチ監査方式で行います。リスクの高い（すなわち重要な）プロセスは毎年監査し、リスクの低いプロセスは、3年ごとに監査するとよいでしょう。

　これらの監査に合わせて、顧客固有の品質マネジメントシステム要求事項（CSR）についても、効果的なサンプリングを行って監査します。

　品質マネジメントシステム監査は、各部門ではなく、各プロセスに対して行います。品質マネジメントシステム監査、製造工程監査および製品監査の3種類の内部監査について、それぞれの内部監査の目的、対象および方法をまとめると図9.14（p.286）のようになります。

［旧規格からの変更点］（旧規格 8.2.2.1）　変更の程度：中
　品質マネジメントシステム監査の具体的な内容が明確になりました。

9.2.2.3　製造工程監査
[要求事項]　IATF 16949

> **9.2.2.3　製造工程監査**
> ① 製造工程の有効性と効率を判定するために、各3暦年の期間、工程監査のための顧客固有の要求される方法を使用して、すべての製造工程を監査する。
> ② 各個別の監査計画の中で、各製造工程は、シフト引継ぎの適切なサンプリングを含めて、それが行われているすべての勤務シフトを監査する。
> ③ 製造工程監査には、工程リスク分析(**PFMEA**のような)、コントロールプラン、および関連文書が効果的に実施されているかの監査を含める。

[要求事項の解説]

製造工程の有効性と効率を判定するために、製造工程監査を行うことを意図しています。

①は、製造工程監査(manufacturing process audit)は、3年間ですべての製造工程を監査すること、および顧客指定の監査方法を用いることを述べています。②は、これらの監査に合わせて、シフト引継ぎの適切なサンプリングを行って、それが行われているすべての勤務シフトを監査します。

①で述べているように、製造工程監査は、製造工程の有効性と効率の判定を目的としています。コントロールプランどおりに製造や検査が行われているかという適合性の確認ではなく、計画や目標が達成されているかという有効性や、生産が効果的に行われているかという効率に重点をおいた監査とします。③の、プロセスFMEAやコントロールプランの"効果的な実施"の確認も同様です。有効性の監査の詳細については、本書の第11章を参照ください。

顧客固有の製造工程監査方法の例としては、次のものがあります。

発　行	参考文献	ポイント
AIAG	CQI-8　階層別工程監査 CQI-8　layered process audit	・本書の8.5.6.1.1 参照
VDA	VDA 6.3　プロセス監査 VDA 6.3　process audit	・供給者の監査にも利用できる。

[旧規格からの変更点]　(旧規格 8.2.2.2)　変更の程度：大
製造工程監査の具体的な内容が明確になりました。

9.2.2.4 製品監査

[要求事項] IATF 16949

> 9.2.2.4 製品監査
> ① 要求事項への適合を検証するために、顧客に要求される方法を使用して、生産・引渡しの適切な段階で、製品を監査する。
> ② 製品監査の方法が顧客によって定められていない場合、使用する方法を定める。

[要求事項の解説]

製品要求事項への適合を検証するために、製品監査を実施することを意図しています。

製品監査(product audit)では、製品規格を満たしているかどうかを確認します。製品の機能や特性のほか、通常の製品検査では行われない、包装やラベルなどについても確認することになります。製品監査では、図9.15に示すような項目を含めるとよいでしょう。コントロールプランの管理項目と製品監査の項目の関係の例を、図9.16に示します。

製品監査の時期について、①では、"生産・引渡しの適切な段階で"と述べています。通常は、完成した製品置き場からサンプリングをして検査をしますが、完成品では検査ができない項目については、製造工程の途中で行います。また、包装、梱包、ラベリングの確認は、引渡し段階で行われます。

本書の7.2.3項(p.136)の⑥において、製品監査員に必要な力量として、"製品監査員は、製品の適合性を検証するために、製品要求事項の理解、および測定・試験設備の使用に関する力量を実証する"ことが求められていることを述べました。これは、製品監査は、他の内部監査と同様、検査員ではなく製品監査担当の内部監査員が行うことを意味しています。製品の機能などについて、内部監査員自らが検査するのが望ましいですが、それができない場合は、監査員がサンプリングを行って、監査員の目の前で検査員に測定させて確認する方法なども考えられます。

レイアウト検査(箇条8.6.2)と製品監査の違いは、図9.20(p.293)に示すようになります。なお、製品監査のための顧客固有の要求される方法の例としては、

次のような方法があります。

発　行	参考文献
VDA	VDA 6.5　製品監査 VDA 6.5　product audit

[旧規格からの変更点]（旧規格8.2.2.3）　変更の程度：中
①のように、製品監査は、顧客指定の監査方法を用いることが追加されました。

監査の種類	目　的	対　象	方法・時期
品質マネジメントシステム監査	IATF 16949規格への適合を検証するため	・すべてのプロセス ・顧客固有の品質マネジメントシステム要求事項(サンプリング)	・自動車産業プロセスアプローチ監査方式 ・3年間の監査サイクルの間、年次プログラムに従って
製造工程監査	製造工程の有効性と効率を判定するため	・すべての製造工程 ・すべての勤務シフト(シフト引継ぎのサンプリング)	・顧客指定の方法 ・PFMEA・コントロールプラン・関連文書が効果的に実施されているかの監査を含める。 ・3年間の監査サイクル
製品監査	要求事項への適合を検証するため	・製品	・顧客指定の方法 ・(顧客指定の方法がない場合)使用する方法を定める。 ・生産・引渡しの適切な段階で

図9.14　各内部監査の比較

製品監査の項目	・コントロールプランで規定されている製品の検査・試験項目、とくに特殊特性は重要 ・包装・ラベリングなど、通常の製品検査では行われない項目 ・IATF 16949規格(箇条8.5.1-f)におけるプロセスの妥当性確認が必要な項目、すなわち、製品としては簡単に検査・試験ができない製品特性(いわゆる特殊工程といわれる特性) ・アウトソース先で検査が行われている製品特性 ・ソフトウェアの検証 ・定期検査の項目

図9.15　製品監査に含める項目の例

9.2 内部監査

工程 (プロセスステップ)	コントロールプランにある管理特性		コントロールプランにない製品特性
	製品特性	工程パラメータ	
1　材料受入検査	**材料特性**	−	
2　材料加工(1)	−	加工条件の管理	
3　工程内検査	寸法検査 特性検査	−	
4　材料加工(2)	−	省略(アウトソース先で実施)	
5　工程内検査	省略(アウトソース先で実施)	−	**寸法検査** **特性検査**
6　熱処理	−	熱処理炉の管理 ・温度、時間など	
7　熱処理後の検査	省略(妥当性確認済プロセス)	−	**製品強度試験**
8　製品組立	−	組立機の定期点検	
9　最終検査(1)	寸法検査 特性検査		
10　ソフトウェアインストール	ソフトウェア検証		
11　最終検査(2)	外観検査		
12　包装、ラベリング、出荷	省略(検査後の工程であるため)	包装・ラベリング装置の定期点検	**包装・ラベリング状態の検査**
13　定期検査	レイアウト検査 **機能試験** **信頼性試験**		
製品監査	上記太字の項目		上記太字の項目

［備考］ 太字は製品監査の項目を示す。

図 9.16　コントロールプランの管理項目と製品監査の項目の例

9.3 マネジメントレビュー

9.3.1 一般

［要求事項］　ISO 9001

> 9.3　マネジメントレビュー
> 9.3.1　一般
> ①　トップマネジメントは、品質マネジメントシステムが、引き続き、適切、妥当かつ有効で、さらに組織の戦略的な方向性と一致していることを確実にするために、あらかじめ定めた間隔で、品質マネジメントシステムをレビューする。

［要求事項の解説］

品質マネジメントシステムの見直しが必要かどうかを判断するために、経営者自らによるマネジメントレビューを行うことを意図しています。

［旧規格からの変更点］（旧規格 5.6.1）　変更の程度：小

大きな変更はありません。

9.3.1.1　マネジメントレビュー—補足

［要求事項］　IATF 16949

> 9.3.1.1　マネジメントレビュー—補足
> ②　マネジメントレビューは、少なくとも年次で実施する。
> ③　品質マネジメントシステムおよびパフォーマンスに関係する問題に影響する、内部・外部の変化による顧客要求事項への適合のリスクにもとづいて、マネジメントレビューの頻度を増やす。

［要求事項の解説］

IATF 16949 では、マネジメントレビューは、少なくとも年次で実施すること、および内部・外部の変化による顧客要求事項への適合のリスクにもとづいて、マネジメントレビューの頻度を増やすことを述べています。

［旧規格からの変更点］（旧規格 5.6.1.1）　変更の程度：小

大きな変更はありません。

9.3.2　マネジメントレビューへのインプット

［要求事項］　ISO 9001

> 9.3.2　マネジメントレビューへのインプット
> ①　マネジメントレビューは、次の事項を考慮して計画し、実施する。
>   a)　前回までのマネジメントレビューの結果とった処置の状況
>   b)　品質マネジメントシステムに関連する外部・内部の課題の変化
>   c)　次に示す傾向を含めた、品質マネジメントシステムのパフォーマンスと有効性に関する情報
>   1)　顧客満足および利害関係者からのフィードバック
>   2)　品質目標が満たされている程度
>   3)　プロセスパフォーマンス、および製品・サービスの適合
>   4)　不適合・是正処置
>   5)　監視・測定の結果
>   6)　監査結果
>   7)　外部提供者のパフォーマンス
>   d)　資源の妥当性
>   e)　リスクおよび機会に取り組むためにとった処置の有効性(6.1参照)
>   f)　改善の機会

［要求事項の解説］

マネジメントレビューのインプット、すなわちマネジメントレビューでレビューすべき対象項目が漏れないように明確にすることを意図しています。

① a)～f)は、ISO 9001におけるマネジメントレビューのインプット項目です。旧規格に比べて、b)外部・内部の課題の変化、c-3)プロセスパフォーマンス、c-7)外部提供者のパフォーマンス、e)リスクおよび機会に取り組むためにとった処置の有効性などの項目などが追加されています。

マネジメントレビューのインプットは、各プロセスのアウトプットです。上記各インプット項目に対する、ISO 9001規格要求事項との関係を図9.17 (p.291)に示します。

［旧規格からの変更点］（旧規格 5.6.2）　変更の程度：中

① b)、c-2)、c-5)、c-7)、d)、e)が追加されています。

第 9 章　パフォーマンス評価

9.3.2.1　マネジメントレビューへのインプット―補足
［要求事項］　IATF 16949

9.3.2.1　マネジメントレビューへのインプット―補足
① マネジメントレビューへのインプットには、次の事項を含める。
　a）　品質不良コスト
　　・内部不適合のコスト
　　・外部不適合のコスト
　b）　プロセスの有効性の対策
　c）　製品実現プロセスに対するプロセスの効率の対策(該当する場合)
　d）　製品適合性
　e）　製造フィージビリティ評価(7.1.3.1 参照)
　　・現行の運用の変更に対して
　　・新規施設または新規製品に対して
　f）　顧客満足(9.1.2 参照)
　g）　保全目標に対するパフォーマンスの計画
　h）　補償のパフォーマンス(該当する場合には必ず)
　i）　顧客スコアカードのレビュー(該当する場合には必ず)
　j）　リスク分析(FMEA のような)を通じて明確にされた潜在的市場不具合の特定
　k）　実際の市場不具合およびそれらが安全・環境に与える影響
　l）　製品・プロセスの設計・開発中の規定された段階での測定結果の要約(該当する場合)

［要求事項の解説］

マネジメントレビューのインプットとして、IATF 16949 で追加すべき項目を明確にすることを意図しています。

① a）～ l）は、IATF 16949 におけるマネジメントレビューのインプット項目です。旧規格に比べて、e）、g）、h）、i）、j）、l）などの項目が追加されています。

マネジメントレビューのインプットは、各プロセスのアウトプット、および各要求事項に対する結果です(図 9.18 参照)。

［旧規格からの変更点］　(旧規格 5.6.1.1、5.6.2.1)　変更の程度：中
マネジメントレビューのインプット項目が明確にされました。

9.3　マネジメントレビュー

項　番		マネジメントレビューのインプット	項　番
9.3.2 ①	a)	・前回までのマネジメントレビューにおける、経営者の指示事項と、とられた処置	箇条 9.3.3
	b)	・外部・内部の課題の変化	箇条 4.1
	c-1)	・顧客満足度の監視結果	箇条 9.1.2
	c-2)	・品質目標の達成状況	箇条 6.2
	c-3)	・プロセスの結果、および製品の適合状況	箇条 8.6.1、9.1.1
	c-4)	・発生した不適合と、とった是正処置の内容	箇条 10.2
	c-5)	・各種監視・測定の結果	箇条 9.1.1
	c-6)	・内部監査、認証機関の審査、および顧客による第二者監査の結果	箇条 9.2
	c-7)	・供給者のパフォーマンス	箇条 8.4.1
	d)	・資源の妥当性（人、設備）	箇条 7.1.2、7.1.3
	e)	・リスクおよび機会への取組みの有効性	箇条 6.1
	f)	・改善の機会	箇条 10

図 9.17　マネジメントレビューのインプットと要求事項（ISO 9001）

項　番		マネジメントレビューのインプット	項　番
9.3.2.1 ①	a)	・内部・外部の不適合によるコスト	箇条 8.6.1、9.1.2.1
	b)	・プロセスの有効性指標の結果と対策（measures）	箇条 5.1.1.2
	c)	・プロセスの効率指標の結果と対策	箇条 5.1.1.2
	d)	・不良率、クレーム件数など	箇条 8.6.1、10.2
	e)	・新規施設、新規製品および変更に対する、製造フィージビリティ評価	箇条 7.1.3.1
	f)	・顧客満足情報	箇条 9.1.2　9.1.2.1
	g)	・保全目標に対するパフォーマンス計画と結果	箇条 8.5.1.5-f
	h)	・補償のパフォーマンス	箇条 10.2.5
	i)	・顧客スコアカードの結果	箇条 9.1.2.1
	j)	・リスク分析（FMEA）の結果明確になった潜在的市場不具合	箇条 6.1.2.1
	k)	・市場不具合とそれらが安全・環境に与える影響	箇条 10.2.6
	l)	・製品・プロセスの設計・開発中の測定結果の要約	箇条 8.3.4.1

図 9.18　マネジメントレビューのインプットと要求事項（IATF 16949）

9.3.3　マネジメントレビューからのアウトプット

9.3.3.1　マネジメントレビューからのアウトプット―補足

[要求事項]　ISO 9001 + IATF 16949

> 9.3.3　マネジメントレビューからのアウトプット
> ①　マネジメントレビューからのアウトプットには、次の事項に関する決定と処置を含める。
>   a)　改善の機会
>   b)　品質マネジメントシステムのあらゆる変更の必要性
>   c)　資源の必要性
> ②　マネジメントレビューの結果の証拠として、文書化した情報を保持する（記録）。
>
> 9.3.3.1　マネジメントレビューからのアウトプット―補足
> ③　トップマネジメントは、顧客のパフォーマンス目標が達成されていない場合には、処置計画を文書化し、実施する。

[要求事項の解説]

マネジメントレビューのアウトプット、すなわちマネジメントレビューの結果に含めるべき項目が、漏れのないように明確にすることを意図しています。

マネジメントレビューからのアウトプットに関して、①～③に示す事項を実施することを求めています。

① a)～c)および③は、図9.19に示すようになります。

[旧規格からの変更点]　（旧規格 5.6.3）　変更の程度：小

旧規格の"品質方針および品質目標の変更の必要性"から、① b)の"品質マネジメントシステムのあらゆる変更の必要性"に変更されました。

IATF 16949では、③が追加されています。

項番		ポイント
9.3.3 ①	a)	・改善の機会があるかどうか。
	b)	・品質マネジメントシステムのあらゆる変更の必要性があるかどうか。
	c)	・さらに追加資源が必要かどうか。
③		・顧客のパフォーマンス目標が達成されていない場合は、処置計画を文書化し、実施する。

図9.19　マネジメントレビューからのアウトプット

項　目	レイアウト検査	製品監査
検査基準	製品規格	製品規格
検査項目	製品規格のすべて	製品規格のサンプリング
実施責任者	検査員	内部監査員
方法	組織が決めた方法	顧客指定の方法
頻度	顧客が指定	組織が決定
実施時期	生産の適切な段階	生産・引渡しの適切な段階
コントロールプランへの記載	コントロールプランに記載される。	コントロールプランには記載されない。

図 9.20　レイアウト検査と製品監査(8.6.2)

サブグループ内変動標準偏差　σ	$\sigma = \overline{R} / d_2$	(注1)
全工程変動標準偏差　s	$s = \sqrt{\sum \dfrac{(X-\overline{X})^2}{n-1}}$	(注2)
工程能力指数　C_{pk}	$C_{pk} = \min(\dfrac{USL-\overline{\overline{X}}}{3\sigma},\ \dfrac{\overline{\overline{X}}-LSL}{3\sigma})$	(注3)
工程性能指数　P_{pk}	$P_{pk} = \min(\dfrac{USL-\overline{\overline{X}}}{3s},\ \dfrac{\overline{\overline{X}}-LSL}{3s})$	

(注1)　$\overline{R}$ はサブグループ内サンプルデータの範囲 R の平均値、d_2 は定数
(注2)　X は各サンプルのデータ、$\overline{X}$ は X の平均値、n はサンプル数
(注3)　USL は上方規格限界、LSL は下方規格限界
　　　　$\overline{\overline{X}}$ はサブグループ内サンプルのデータの平均値 $\overline{X}$ の平均値

図 9.21　工程能力指数と工程性能指数の計算式(9.1.1.1)

第10章
改　善

　本章では、IATF 16949規格（箇条10）"改善"の要求事項の詳細について解説しています。

　この章のIATF 16949規格要求事項の項目は、次のようになります。

　　　　10.1　　　一般
　　　　10.2　　　不適合および是正処置
　　　　10.2.1　　（一般）
　　　　10.2.2　　（文書化）
　　　　10.2.3　　問題解決
　　　　10.2.4　　ポカヨケ
　　　　10.2.5　　補償管理システム
　　　　10.2.6　　顧客苦情および市場不具合の試験・分析
　　　　10.3　　　継続的改善
　　　　10.3.1　　継続的改善－補足

第10章 改　善

10.1 一　般

[要求事項]　ISO 9001

10.1　一般
① 顧客要求事項を満たし、顧客満足を向上させるために、次の事項を実施する。
　a)　改善の機会を明確にする。　　b)　必要な処置を実施する。
② 改善の機会には、次の事項を含める。
　a)　次のための製品・サービスの改善
　　1)　要求事項を満たすため　　2)　将来のニーズと期待に取り組むため
　b)　望ましくない影響の修正・防止・低減
　c)　品質マネジメントシステムのパフォーマンスと有効性の改善
③ 注記　改善には、例えば、修正・是正処置・継続的改善・現状を打破する変更・革新・組織再編を含めることができる。

[要求事項の解説]

顧客要求事項を満たし、顧客満足を向上させるために、改善に取り組むことを意図しています。

上記①は、改善の機会を明確にし、必要な処置を実施することを述べています。②では、改善の機会に含めるべき事項として、a)製品・サービスの改善だけでなく、b)望ましくない影響の修正・防止・低減、すなわちリスクへの対応、そしてc)では、品質マネジメントシステムのパフォーマンスと有効性の改善について述べています（図10.1参照）。このように、ISO 9001では、現状よりもよくすることが改善です。しかし、IATF 16949における改善の意味は、ISO 9001とは少し異なります。詳細は10.3.1項で説明します。

[旧規格からの変更点]　変更の程度：中

新規要求事項です。

項　番		ポイント
10.1 ②	a)	・製品そのものを改善する。
	b)	・リスク分析の結果、リスクを修正・防止・低減させる。
	c)	・パフォーマンス（結果）と有効性（目標に対する達成度）を改善させる。

図10.1　改善の機会に含める事項

10.2 不適合および是正処置

10.2.1 （一般）、10.2.2 （文書化）

[要求事項]　ISO 9001

10.2　不適合および是正処置
10.2.1　（一般）、10.2.2　（文書化）
① 不適合が発生した場合、次の事項を行う（顧客苦情を含む）。
　a) その不適合に対処し、次の事項を行う（該当する場合には必ず）。
　　1) その不適合を管理し、修正するための処置をとる。
　　2) その不適合によって起こった結果に対処する。
　b) その不適合が再発または他のところで発生しないようにするため、次の事項によって、その不適合の原因を除去するための処置をとる必要性を評価する。
　　1) その不適合をレビューし、分析する。
　　2) その不適合の原因を明確にする。
　　3) 類似の不適合の有無、またはそれが発生する可能性を明確にする。
　c) 必要な処置を実施する。
　d) とったすべての是正処置の有効性をレビューする。
　e) 計画の策定段階で決定したリスクおよび機会を更新する（必要な場合）。
　f) 品質マネジメントシステムの変更を行う（必要な場合）。
② 是正処置は、検出された不適合のもつ影響に応じたものとする。

10.2.2　（文書化）
③ 次に示す事項の証拠として、文書化した情報を保持する（記録）。
　a) 不適合の性質およびそれに対してとった処置
　b) 是正処置の結果

[用語の定義]

不適合 nonconformity	・要求事項を満たしていないこと。
修正 correction	・検出された不適合を除去するための処置 ・修正として、例えば、手直しまたは再格付けがある。
是正処置 corrective action	・検出された不適合またはその他の検出された望ましくない状況の原因を除去するための処置 ・修正と是正処置とは異なる。

第10章 改善

[要求事項の解説]

不適合が発生した場合には、修正だけでなく是正処置(再発防止)も行うことが必要です。

修正と是正処置は異なります。用語の定義にあるように、是正処置は、ISO 9001では不適合の原因を除去すること、すなわち再発防止策のことです。不適合そのものの除去は修正であって、是正処置ではありません。しかし一般的には、是正処置ではなく、再発防止という言葉が使われています。誤解を避けるために、是正処置というよりも、再発防止策と考えるとよいかもしれません。是正処置の情報源には、顧客の苦情、社内で発見された不適合、内部監査の結果、マネジメントレビューの結果、プロセスの監視・測定の結果、データ分析の結果、顧客満足度情報、供給者の不適合などがあります。

なお、是正処置の有効性の確認は、是正処置前後の変化を見ることが必要です。是正処置によって、何がどのように変わったのかを確認することが必要です。

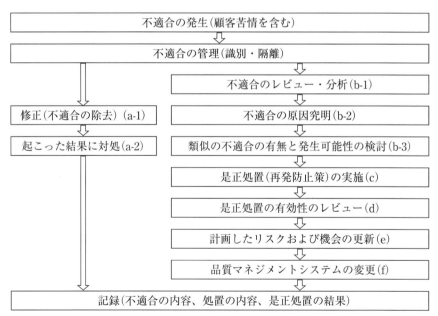

[備考] a-1)〜a-f)は、ISO 9001規格要求事項①の項目を示す。

図10.2　是正処置のフロー

10.2 不適合および是正処置

このことは、内部監査所見に対する是正処置や、教育訓練の有効性の評価にもあてはまることになります。変化を見るためには、FMEA（故障モード影響解析）やSPC（統計的工程管理）などの技法を使うと効果的です。

是正処置の有効性の確認方法については、本書の11.1.2(4)"是正処置の有効性の確認方法"（p.316）を参照ください。

是正処置のフローを図10.2に示します。

[旧規格からの変更点]（旧規格 8.3、8.5.2）　変更の程度：小

① b-3)、e)、f)が追加されました。

項　番		ポイント
10.2.3 ①	a)	・新製品開発・製造問題・市場不具合・監査結果などの、種々の問題に対する是正処置の手法
	b)	・不適合製品の管理に必要な、封じ込め・暫定処置などの活動
	c)	・不適合の原因分析の方法。特性要因図、故障の木解析（FTA）、なぜなぜ分析など
	d)	・体系的是正処置の実施。8Dレポートなど
	e)	・是正処置の有効性の検証（是正処置後の変化を見る）。
	f)	・文書化した情報のレビュー・更新 ・プロセスFMEA、コントロールプランなど

図10.3　問題解決の文書化したプロセスに含める事項（10.2.3）

ステップ	実施事項
0	計画、前提条件、スケジュールの作成
1	チーム編成
2	問題の客観的事実の詳述（5W2H、5Whyなどを用いて説明）
3	修正・封じ込め（顧客への影響を最少にする応急処置）の実施
4	根本原因の特定
5	根本原因を除去する処置の決定（是正処置）
6	対策の実施
7	適用した処置の標準化（文書化）
8	チームの貢献の明文化

図10.4　8Dレポートのステップ

10.2.3　問題解決

[要求事項]　IATF 16949

> 10.2.3　問題解決
> ①　次の事項を含む問題解決(<u>再発防止</u>)の方法を文書化したプロセスをもつ。
>   a)　問題の種々のタイプ・規模に対する、定められたアプローチの仕方
>   　・例　新製品開発、現行製造問題、市場不具合、監査所見
>   b)　不適合なアウトプット(8.7 参照)の管理に必要な、封じ込め・暫定処置・関係する活動
>   c)　根本原因分析・使用される方法論・分析・結果
>   d)　体系的是正処置の実施
>   　・類似のプロセス・製品への影響を考慮することを含む。
>   e)　実施された是正処置の有効性の検証
>   f)　適切な文書化した情報(例：PFMEA、コントロールプラン)のレビューおよび必要に応じた更新
> ②　顧客がプロセス・ツール・問題解決のシステムをもっている場合、そのプロセス、ツール、またはシステムを使用する(顧客によって他に承認がない限り)。

[要求事項の解説]

　不適合に対する是正処置(問題解決)を確実に行うことを意図しています。

　ISO 9001における是正処置に相当することを、IATF 16949では問題解決(problem solving)と呼んでいます。上記① a)～f)を含む、問題解決の方法を文書化したプロセスをもつことを求めています(図 10.3 参照)。

　① a)は、新製品開発・製造問題・市場不具合・監査結果などの問題に対する、是正処置の手法を用いることを述べています。c)の不適合の原因分析方法には、特性要因図、故障の木解析(FTA)、なぜなぜ分析などがあります。

　d)の体系的是正処置の例としては、8Dレポートなどがあります。8Dレポートは、フォードによって開発されたもので、現在では自動車産業で広く使用されており、図 10.4 に示す 8 ステップで問題解決が行われます。

　②の顧客の問題解決の手順には、本書の 8.7.1.2 項(p.256)に示すものがあります。

[旧規格からの変更点]　(旧規格 8.5.2.1)　変更の程度：中
問題解決の具体的な内容が追加されました。

10.2.4　ポカヨケ

[要求事項]　IATF 16949

> 10.2.4　ポカヨケ
> ① ポカヨケ手法の活用を決定する文書化したプロセスをもつ。
> ② 採用された手法の詳細は、プロセスリスク分析(**PFMEA のような**)に文書化し、試験頻度はコントロールプランに文書化する。
> ③ そのプロセスには、ポカヨケ装置の故障または模擬故障のテストを含める。記録は維持する。
> ④ チャレンジ部品が使用される場合、識別・管理・検証・校正する(実現可能な場合)。
> ⑤ ポカヨケ装置の故障には、対応計画を作成する。

[用語の定義]

ポカヨケ error proofing	・不適合製品の製造を予防するための、製品および製造工程の設計・開発
チャレンジ部品(マスター部品) challenge part, master part	・ポカヨケ装置の機能または点検治具(例　通止ゲージ(Go/No-Go ゲージ)、OK マスター、NG マスターなど)の妥当性確認に使用する、既知の仕様、校正されたおよび標準に紐づけできる、期待された結果(OK または NG)をもつ部品

[要求事項の解説]

　人は、いくら訓練しても、また注意しても、ミス(human error)を完全になくすことはできません。人がミスをしたとしても、その後のプロセスや顧客に影響が及ばないようにすることが、ポカヨケ(error-proofing)です。ISO 9001 のヒューマンエラー対策(箇条 8.5.1-g)に相当するものです。

　上記①は、ポカヨケ手法の活用について決定する文書化したプロセスをもつことを求めています。

　②は、ポカヨケ手法は、プロセス FMEA やコントロールプランに記載すること、③は、ポカヨケ装置の故障または模擬故障のテスト、すなわち、ポカヨケ装置が故障していないかどうかの確認テストを行うことを述べています。

　④は、ポカヨケ装置にチャレンジ部品が使用される場合の管理について述べています。チャレンジ部品は、ポカヨケ装置に使用される基準(master)のことで、標準器や外観検査の基準となる限度見本なども、チャレンジ部品です。

⑤は、ポカヨケ装置が故障した場合の対応計画を作成しておくことを述べています。例えば、自動化ラインや自動検査装置の故障などが考えられます(図10.5参照)。ポカヨケの例には、図10.6に示すように、注意式ポカヨケと強制式ポカヨケがあります。完全なポカヨケのためには、強制式ポカヨケが望ましいといえます。

[旧規格からの変更点]（旧規格 8.5.2.2）　変更の程度：中

ポカヨケの具体的な内容が追加されました。

項　番	ポイント
10.2.4 ①	・ポカヨケ手法の活用を決定する文書化したプロセスを文書化する。 ・例えば、「ポカヨケ活用規定」など
②	・採用されたポカヨケ手法の詳細は、プロセスFMEAに文書化し、試験頻度はコントロールプランに記載する。
③	・上記①のプロセスには、ポカヨケ装置の故障または模擬故障のテスト、すなわちポカヨケ装置が故障していないかどうかの確認テストを含める。
④	・ポカヨケ装置にチャレンジ(マスター)部品が使用される場合は、それを識別・管理・検証・校正する。測定機器の基準器と同様の管理
⑤	・ポカヨケ装置が故障した場合の対応計画を作成する。

図10.5　ポカヨケ装置の管理

注意式ポカヨケ	強制式ポカヨケ
・自動車のライトをつけっぱなしでエンジンを止めた場合に、警告音が鳴る。	・車のライトをつけっぱなしでエンジンを止めた場合に、自動的にライトが消える。
・自動車のドアが半ドアの場合に、警告音が鳴る。	・自動車のドアが半ドアの場合に、エンジンがかからない。
・シートベルトを締めていないと、警告音が鳴る。	・シートベルトを締めていないと、エンジンがかからない。
・自動車の燃料の残量がわかるように、燃料計を設置する。	・作業者のデータ入力ミスをなくすために、バーコードを使用する。
・外観検査の基準に、限度見本(チャレンジ部品)を準備する。	・外観検査を、作業者による目視検査から、外観検査装置に変える。

図10.6　ポカヨケの例

10.2.5 補償管理システム

［要求事項］　IATF 16949

> 10.2.5　補償管理システム
> ① （製品に対して補償を要求される場合）補償管理プロセスを実施する。
> ② NTF を含めて、そのプロセスに補償部品分析の方法を含める。
> ③ 顧客に規定されている場合、その要求される補償管理プロセスを実施する。

［用語の定義］

NTF no trouble found	・サービス案件が発生したときに交換され、車両または部品の製造業者によって分析された際に、すべての良品の要求事項を満たす部品に適用される呼称。 ・故障なし（no fault found）または不具合発見なし（trouble not found）とも呼ばれる。

［要求事項の解説］

　問題が発生した場合の補償の方法を明確にすることを意図しています。

　補償（warranty）は、補うこと、弁償することと考えるとよいでしょう。上記①、②は、補償管理の手順を決めておくこと、③は、補償管理は顧客の手順に従うことを述べています。新車の補償期間内に発生した不具合に対して、顧客には無償で修理や部品交換が行われますが、これも補償です。

　自動車には、補償期間が3年、5年などと決められていて、その間は、無償修理に応じています。自動車メーカー（OEM）は、その際責任分担に応じて、ティア1（tier 1）供給者に対して補償を要求しています。ティア2以下の場合は、その直接顧客からの要求または契約に従って、補償が行われます。

　②の NTF（no trouble found）は、例えば顧客で故障と言われた製品が返却され、組織で評価したところ、不適合が再現しなかったというものです。"故障なし"というよりも、"不具合再現せず"と考えるとよいでしょう。

　③の顧客の補償管理プロセスの例としては、図 10.7 に示すものがあります。

［旧規格からの変更点］　変更の程度：中

新規要求事項です。

10.2.6　顧客苦情および市場不具合の試験・分析

[要求事項]　IATF 16949

> 10.2.6　顧客苦情および市場不具合の試験・分析
> ①　顧客苦情・市場不具合に対して、回収された部品を含めて、分析する。
> ・そして、再発防止のために問題解決・是正処置を開始する。
> ②　顧客の最終製品内での、製品の組込みソフトウェアの相互作用の分析を含める(顧客に要求された場合)。
> ③　試験・分析の結果を、顧客組織内にも伝達する。

[要求事項の解説]

　顧客苦情や市場不具合が発生した場合に、返品された部品を分析することを意図しています。

　日本の商習慣では、顧客クレームや市場不具合が発生した場合、その製品の販売者や製造メーカーが、調査・分析を行い、その結果や対策を顧客に連絡することは一般的です。しかし契約社会である欧米では、購買契約書や注文書の契約事項に含まれない限り、製品の販売者や製造メーカーには、無償で調査・分析を行い、是正処置をとり、顧客に報告しなければならないという責任はありません。市場不具合の試験・分析には、時間と費用がかかります。そこで、この要求事項が、IATF 16949 に含まれることになったと考えられます。

[旧規格からの変更点]　(旧規格 8.5.2.4)　変更の程度：中

　②のソフトウェアの管理が追加されました。

　なお、旧規格にあった、"受入拒絶製品の試験・分析のサイクルタイムを最少にする"はなくなりました。

発　行	参考文書
AIAG	CQI-14　自動車補償マネジメントガイドライン CQI-14　automotive warranty management guideline

図 10.7　顧客の補償管理プロセスの例

10.3 継続的改善

[要求事項]　ISO 9001

10.3　継続的改善
① 品質マネジメントシステムの適切性・妥当性・有効性を継続的に改善する。
② 継続的改善の一環として取り組まなければならない必要性・機会があるかどうかを明確にするために、分析・評価の結果およびマネジメントレビューからのアウトプットを検討する。

[用語の定義]

継続的改善 continual improvement	・パフォーマンスを向上させるために繰り返し行われる活動

[要求事項の解説]

品質マネジメントシステムを継続的に改善することを意図しています。

①では、品質マネジメントシステムの適切性・妥当性・有効性を継続的に改善することを述べています。すなわち ISO 9001 では、IATF 16949 で要求事項となっている効率やパフォーマンス(結果)の改善は、要求事項とはなっていません。

②は、分析・評価の結果(箇条 9.1.3)およびマネジメントレビューからのアウトプットを検討して、継続的改善につなげることを述べています。

[旧規格からの変更点]（旧規格 8.5.1）　変更の程度：中

①の適切性・妥当性、および②が追加されています。

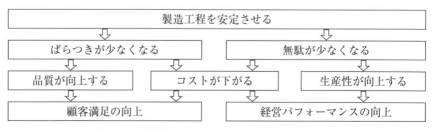

図 10.8　品質向上とコスト低減の両立(10.3.1)

第10章 改　善

10.3.1　継続的改善－補足

［要求事項］　IATF 16949

> 10.3.1　継続的改善－補足
> ① 継続的改善の文書化したプロセスをもつ。
> ② 継続的改善のプロセスに次の事項を含める。
>   a) 使用される方法論・目標・評価指標・有効性・文書化した情報の明確化
>   b) 製造工程のばらつきと無駄の削減に重点を置いた、製造工程の改善計画
>   c) リスク分析（FMEA のような）
> ③ 注記　継続的改善は、製造工程が統計的に能力をもち安定してから、または製品特性が予測可能で顧客要求事項を満たしてから、実施される。

［要求事項の解説］

　IATF 16949 では、製造工程のばらつきと無駄の削減、およびリスクの継続的な低減を意図しています。
　上記①は、継続的改善プロセスの文書化を求めています。
　② a)は、継続的改善の方法を明確にすることを、そして b)と c)は、継続的改善の対象について述べています。
　b)では、継続的改善のプロセスの対象として、"製造工程のばらつきと無駄の削減に重点を置いた製造工程の改善"について述べています。これは、適合性や有効性ではなく、工程のばらつきや無駄（不良品）という、製造工程の"パフォーマンス（結果）"を改善するというものです。
　c)は、b)と同様、継続的改善の対象について述べています。b)は、旧規格からのねらいですが、c)は、IATF 16949 で追加されたものです。リスク分析（FMEA など）が継続的改善の対象に含まれることを述べています。すなわち、FMEA の RPN がある値まで下がったら、それ以上改善しなくてもよいということではありません。リスクは、継続的な低減が必要です。
　③では、"継続的改善は、製造工程が統計的に能力をもち安定してから、ま

たは製品特性が予測可能で顧客要求事項を満たしてから実施される"と述べています。一般的には、現状のレベルよりも高いレベルにすることはすべて改善ですが、IATF 16949における改善は、製造工程が統計的に能力をもち安定してから、または製品特性が予測可能で顧客要求事項を満たしてから実施される、すなわち製造工程が統計的に能力不足または不安定な状態を一段よくする活動は、改善ではなく是正処置であるということになります。これは、製造工程が統計的に能力をもち、かつ安定していることが、IATF 16949における顧客の要求であるため、それを満たさないレベルは不適合という考え方です。このように IATF 16949の改善の解釈は、ISO 9001の解釈とは異なります。

・品質向上とコスト低減の両立

ところで、"品質とコストはトレードオフ(trade-off、二律背反)である"といわれることがあります。これは、"品質のよいものはコスト(原価)が高くなる"という意味です。しかしこの言葉は、IATF 16949では通用しません。たしかに、品質のよい製品は高い価格で売れるでしょう。IATF 16949のねらいは、欲張っていますが、品質向上とコスト低減の両立です。製造工程を安定させることによって、製造工程のばらつきと無駄をなくし、その結果として品質が向上するだけでなく、生産性が向上し、コストが下がり、顧客満足と組織のパフォーマンスの向上の両方に寄与するというものです(図10.8、p.305参照)。

すなわち IATF 16949のねらいは、製品検査で不良品を検出することによって、顧客に出荷する製品の品質を保証するというものではなく、不良品そのものの発生を予防し、そのパフォーマンスを継続的に改善すること、そして、製造工程を安定させ、工程能力を向上させ、すなわち製造工程のレベルを向上させることによって、品質向上、生産性向上およびコスト低減のいずれも達成し、その結果として顧客満足と組織のパフォーマンスの改善につなげるというものです。このことは、ISO 9001認証組織にもあてはめることができます。

[旧規格からの変更点]（旧規格 8.5.1.1、8.5.1.2）　変更の程度：中

② c)が追加されています。

第 11 章
自動車産業プロセスアプローチ内部監査

　本章では、IATF 16949 で求められている、内部監査プログラムおよび自動車産業のプロセスアプローチ内部監査について解説します。

　なお、内部監査プログラムの詳細については、ISO 19011「マネジメントシステム監査のための指針」を参照ください。

　この章の項目は、次のようになります。

- 11.1 　　監査プログラム
- 11.1.1 　内部監査プログラム
- 11.1.2 　内部監査の実施
- 11.2 　　プロセスアプローチ内部監査
- 11.2.1 　適合性の監査と有効性の監査
- 11.2.2 　自動車産業プロセスアプローチ内部監査

第 11 章　自動車産業プロセスアプローチ内部監査

11.1　監査プログラム

11.1.1　内部監査プログラム

IATF 16949 規格（箇条 9.2.2、9.2.2.1）では、内部監査に関して監査プログラムを作成すること、そして内部監査についての詳細は、マネジメントシステム監査のための指針 ISO 19011 規格を参照することを述べています。

ISO 19011 規格（箇条 5）で述べている監査プログラムのマネジメントのフローを図 11.2 に示します。このフローの各ステップが、PDCA サイクルに対応しています。ISO 19011 規格で規定されている監査プログラムに含める項目を含めた「内部監査プログラム」の例を、図 11.3 に示します。

図 11.2 からわかるように、内部監査プログラムのマネジメントのフローにおける監査プログラムの実施（箇条 5.5）に対応する機能として、監査員の力量・評価（箇条 7）とともに、監査の実施（箇条 6）があります。これは監査の実施手順に相当します。その詳細については、本書の 11.1.2 項で説明します。

図 11.2 の監査プログラムのリスク・機会の決定・評価（箇条 5.3）は、IATF 16949 規格箇条 9.2.2 および箇条 9.2.2.1 の内部監査プログラムで述べている、内部監査におけるリスクを考慮することを述べています。

また、監査プログラムの実施（箇条 5.5）の後に、監査プログラムの監視（箇条 5.6）と監査プログラムのレビュー・改善（箇条 5.7）があります。監査プログラムの監視の目的には、図 11.1 の左側に示すものがあります。内部監査の結果が、例えば図 11.1 の右側に示すような場合は、内部監査が有効でなかったことになります。この監査プログラムの監視・レビュー・改善は、11.1.2 項に述べる監査のフォローアップとは異なります。

監査プログラムの監視の目的	内部監査が有効でなかった場合
a)　内部監査プログラムの目的が達成されたかどうかの評価 b)　内部監査チームのパフォーマンスの評価	・監査所見は、"決めたとおりに仕事を行っていない"というものが多い。 ・顧客クレームが多いにもかかわらず、内部監査での指摘（所見）がない。

図 11.1　監査プログラム監視の目的

11.1.2　内部監査の実施

ISO 19011規格(箇条6)で述べている、内部監査の実施のフローを図11.4に示します。監査の開始、監査活動の準備、監査活動の実施、監査報告書の作成・配付、監査の完了、および監査のフォローアップの実施のそれぞれのステップからなります。

(1)　内部監査の計画

内部監査計画は、内部監査プログラムにもとづいた、個々の内部監査の計画です。内部監査計画に含める項目は、ISO 19011規格に規定されています。「内部監査計画書」の例を図11.5に示します。

内部監査プログラムと内部監査計画は異なります。内部監査プログラムは3年間(または1年間)のプログラム、内部監査計画は個々の監査の計画です。

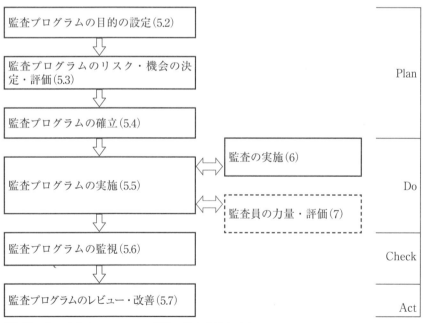

［備考］　(　)内は、ISO 19011規格の箇条番号を示す。

図11.2　監査プログラムのマネジメントのフロー

第11章　自動車産業プロセスアプローチ内部監査

内部監査プログラム				
対象期間	20xx 年度～20xx 年度(3 年間)	発行日	20xx 年 xx 月 xx 日	
^	^	作成者	管理責任者　〇〇〇〇	

内部監査の種類・目的・範囲・方法・サンプリング・基準

監査種類	■品質マネジメントシステム監査　　■製造工程監査　　■製品監査
監査目的	・IATF 16949 規格要求事項への適合性および有効性の確認 ・顧客要求事項への適合性の確認 ・前回内部監査結果のフォロー
監査範囲	・全プロセス・全部門　　　　　　　・全製造工程、全製品 ・監査対象顧客：全顧客　　　　　　・全勤務シフト(引継ぎを含む)
監査方法	・品質マネジメントシステム監査：プロセスアプローチ監査 ・製造工程監査・製品監査：顧客指定の監査方式
サンプリング	下記の年度ごとのサンプリングは、各年度の監査計画策定時に決定する。 ・監査員、対象顧客、対象製品、対象勤務シフト(引継ぎを含む)
監査基準	・IATF 16949：2016 規格　　　　・品質マニュアル ・顧客固有要求事項　　　　　　　・コントロールプラン ・関連法規制　　　　　　　　　　・製品規格および検査規格

内部監査年間スケジュール

ステップ	項目	実施予定月												実施日
^	^	4	5	6	7	8	9	10	11	12	1	2	3	
品質目標設定・プロセスの運用	年度品質目標設定	○												
^	プロセス評価指標設定	○												
^	プロセス評価指標監視	○	○	○	○	○	○	○	○	○	○	○	○	
^	品質目標達成度評価			○		○		○		○				
監査実施	年度内部監査計画作成			○										
^	内部監査員力量評価		○											
^	内部監査実施				○									
^	内部監査のフォローアップ						○							
監視・レビュー	内部監査員力量再評価							○						
^	内部監査結果レビュー							○						
改善	マネジメントレビュー*									○				
備考	*：マネジメントレビューにおいて、内部監査プログラムの有効性を評価													

図 11.3　内部監査プログラムの例

(2) 監査所見、監査結論および監査報告書

監査で見つかったことを監査所見(audit findings)といいます。監査所見は、監査基準に対して適合(conformity)または不適合(non-conformity)のいずれかを判定します。不適合が検出された場合は、「不適合報告書」(non-conformity report、NCR)を発行します。不適合の内容については、被監査部門の了解を得るようにします。

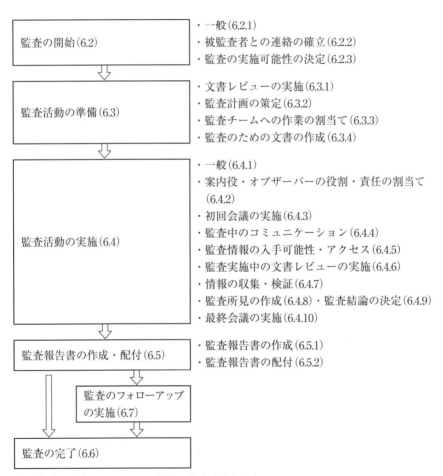

［備考］(　)内は、ISO 19011 規格の箇条番号を示す。

図 11.4　監査の実施のフロー

第 11 章　自動車産業プロセスアプローチ内部監査

内部監査計画書			
対象年度	20xx 年度	発行日	20xx 年 xx 月 xx 日
^	^	作成者	○○○○
監査の名称	20xx 年度定期内部監査		
監査プログラム	内部監査プログラム XXXX		
監査の種類	■品質マネジメントシステム監査　　■製造工程監査　　■製品監査		
監査実施日	20xx 年 xx 月 xx 日～ xx 月 xx 日		
監査の目的	IATF 16949 要求事項への適合性および有効性の確認		
監査の範囲	・全プロセス、全関連部門　　・全製造工程、全製品 ・監査対象顧客：A 社、B 社　　・全勤務シフト 1、2 (引継ぎを含む)		
監査の方法	・品質マネジメントシステム監査：プロセスアプローチ監査 ・製造工程監査・製品監査：顧客指定の監査方式		
監査の基準	・IATF 16949：2016 規格　　　・品質マニュアル ・顧客固有の要求事項　　　　・コントロールプラン ・関連法規　　　　　　　　　・製品規格および検査規格		
監査チーム	チーム 1	監査員 A (監査チームリーダー)、監査員 B	
^	チーム 2	監査員 C (サブチームリーダー)、監査員 D	
月日	時　間	チーム 1	チーム 2
xx 月 xx 日	9:00～ 9:30	初回会議 (経営者、各プロセスオーナー)	
^	9:30～10:00	前回内部監査結果のフォロー (管理責任者他)	
^	10:00～11:00	方針展開 P (経営者他)	マーケティング P (営業部他)
^	11:00～12:00	資源の提供 P (経営他者)	受注 P (営業部他)
^	12:00～12:45	(休　憩)	
^	12:45～14:00	顧客満足 P (営業部他)	法規制管理 P (総務部他)
^	14:00～16:00	製品設計 P (設計部他)	工程設計 P (生産技術部他)
^	16:00～16:30	監査チームミーティング	
^	16:30～17:00	レビューミーティング (管理責任者、各プロセスオーナー)	
^	21:00～23:00	**製造工程監査－夜勤**(引継ぎを含む) (製造他)	
xx 月 xx 日	9:00～10:30	製造 P (製造部他)	製品検査 P (品質保証部他)
^	10:30～12:00	**製造工程監査** (製造部他)	**製品監査** (品質保証部他)
^	12:00～12:45	(休　憩)	
^	12:45～13:45	引渡し P (物流センター他)	フィードバック P (品質保証部他)
^	13:45～15:00	内部監査 P (管理責任者他)	継続的改善 P (品質保証部他)
^	15:00～16:00	監査チーム打合せ、監査結果のまとめ	
^	16:00～16:30	レビューミーティング (管理責任者、各プロセスオーナー)	
^	16:30～17:00	最終会議 (経営者、各プロセスオーナー)	
参考文書	「プロセス－部門関連図」、「プロセス－要求事項関連図」、「タートル図」		

図 11.5　内部監査計画書の例

監査所見には、改善の機会を含めることができます。IATF 16949 の第三者認証審査における所見の等級の例を図 12.6(p.340)に、また、内部監査所見の等級の例を、図 11.6 に示します。内部監査における等級については、それぞれの組織で決めることになります。なお、サンプリング監査で"たまたま"見つかったという理由で、不適合を改善の機会にしてはいけません。

等　級	不適合の範囲の大きさによる分類	不適合の影響の大きさによる分類
重大な不適合	・品質マネジメントシステム全体において、ある要求事項を満たさない不適合	・法規制への違反または顧客への不適合製品出荷の恐れがある不適合
軽微な不適合	・品質マネジメントシステムの一部の部門またはプロセスで、ある要求事項を満たさない不適合	・法規制への違反または顧客への不適合製品出荷の恐れがない不適合
改善の機会	・不適合ではないが、改善の余地がある場合	

図 11.6　内部監査における監査所見の等級の例

不適合が検出された場合は「不適合報告書」を発行します。「不適合報告書」は、第三者や次回の監査員が読んでわかるように、具体的・客観的な事実を記載します。「不適合報告書」では、図 11.7 に示す不適合の 3 要素を明確にします。

内部監査で検出された監査所見をもとに、監査チームで検討して、監査の結論をまとめます。監査結論とは、内部監査の目的を達成したかどうかの、監査チームの見解です。

内部監査が終了すると「内部監査報告書」を発行します。ISO 19011 規格に規定されている内部監査報告書に含める項目を含めた、「内部監査報告書」の例を図 11.8(p.318)に示します。

(3)　内部監査のフォローアップ

不適合が検出された場合、被監査部門の責任者は、不適合に対する修正(correction)と是正処置(corrective action)を実施する責任があります。そして内部監査員は、是正処置の内容と完了および有効性の検証を行います。

内部監査員は、フォローアップ(follow-up)において、是正処置の内容が再

発防止策になっているかどうか、そして是正処置の有効性の確認が適切に行われているかどうかを確認することが必要です。

3要素	内容
① 監査基準 （要求事項）	・IATF 16949 規格、品質マニュアル、コントロールプラン、顧客要求事項、関連法規制、その他組織が決めた要求事項など
② 監査証拠 （事実、客観的証拠）	・監査で見つかった、要求事項を満たしていない事実の内容・客観的証拠（文書・記録など）
③ 監査所見	・適合、不適合、改善の機会の区分

図 11.7　不適合成立の 3 要素

（4）　是正処置の有効性の確認方法

　製造工程や市場で不適合が発生したり、内部監査で不適合が発見された場合は、再発防止策としての是正処置をとることが必要です。そして、とった是正処置が有効であったのかどうかの、有効性の確認を行うことになります。この有効性の確認は、どのように行えばよいでしょうか。

　是正処置の有効性の確認については、本書の 10.2.1 項でも解説しましたが、あらためて述べます。例えば、ある製品の製造開始から 5 年経って、今まで一度も発生したことのない内容の品質クレームが発生したとしましょう。この場合に、"ある是正処置をとって、その後 6 カ月間様子を見た結果、同様の問題は発生しなかった。したがって、とった是正処置は有効である" と記載してある「是正処置報告書」を見ることがあります。是正処置の有効性の確認の方法はこれでよいのでしょうか。同様の品質クレームが、例えば毎月数件発生しており、是正処置後にクレームの発生がなくなったのであれば、とった是正処置は有効であったといえるでしょう。しかし、製造開始から 5 年後に初めて、すなわち過去 5 年間で 1 回発生した品質問題が、その後 6 カ月間同様の問題が発生しなかったからということで、とった是正処置が効果的すなわち有効であったといえるでしょうか。これでは是正処置の有効性の確認になっていません。是正処置の有効性の確認は、是正処置前後の "変化" を見ることが必要です。是正処置によって、何がどのように変わったのかを確認することです。

このことは、内部監査所見や顧客クレームに対する是正処置だけでなく、教育訓練の有効性の評価にもあてはまります。力量向上のために教育訓練を行い、教育訓練後に試験を行った結果、合格基準の80点以上であったから有効であったと、「教育訓練記録」に記載されているのを見ることがあります。この場合は例えば、ある仕事をできなかった作業者に対して訓練を行った結果、その仕事ができるようになったとか、教育訓練前後の試験の結果が、40点から80点に向上したというように、教育訓練前後の"変化"を確認することが必要です。そのためには、例えばリスク分析技法としてのFMEA(故障モード影響解析)やSPC(統計的工程管理)などの技法を使って、処置前後の変化を見ると効果的です(図11.9参照)。

1) 適合性、有効性および効率について

ここで、適合性、有効性および効率について考えてみましょう。有効性(effectiveness)は、ISO 9000では、"計画した活動が実行され、計画した結果が達成された程度"と定義されています。すなわち、有効性とは、組織の目標を達成した程度です。ISO 9001が品質マネジメントシステムの有効性を求めているのに対して、IATF 16949では、有効性と効率の両方を求めています。効率(efficiency)とは、投入した資源(設備・要員・資金)に対する結果の程度を表します。適合性、有効性および効率を式で表すと、図11.11のようになり、またそれらの関係を図示すると、図11.12のようになります。有効性と効率の指標としては、図11.10に示すようなものがあります。有効性指標は顧客に直接影響のある指標、効率指標は社内指標と考えることもできます。

2) 目標未達は不適合？

要求事項を満たしていない場合は不適合ですが、目標未達の場合は、それだけで不適合とはいえません。目標未達ということは、要求事項を満たしていない可能性が高いため、その原因を見つけて不適合とします(図11.13参照)。

内部監査報告書			
監査の名称	20xx 年度内部監査	報告書番号	QMSxxxx
監査プログラム	品質マネジメントシステム監査、製造工程監査、製品監査	報告書発行日	20xx 年 xx 月 xx 日
		監査実施日	20xx 年 xx 月 xx 日～xx 月 xx 日
監査の目的	・IATF 16949 要求事項への適合性および有効性の確認 ・品質目標の達成状況の確認	監査計画	内部監査計画書参照
		被監査領域	全プロセス、全部門、全製造工程
監査の範囲	・全 COP、SP、MP ・全対象製品、全関連部門 ・全対象顧客	監査対象期間	20xx 年 xx 月 xx 日～xx 月 xx 日
		監査員チーム	監査員 A（リーダー） 監査員 B、監査員 C、監査員 D
監査の基準	・IATF 16949：2016 規格 ・顧客固有の要求事項 ・品質マニュアル	監査チームリーダー署名	監査員 A

監査結論（総括報告）
① 全般的にプロセスの監視指標が計画未達成の場合の処置が不十分である。コアツールの活用もまだ十分でない。
② 下記のとおり軽微な不適合 3 件、改善の機会 5 件が検出された。

監査所見
肯定的事項：
品質マネジメントシステムのプロセスが適切に定義され、プロセスの監視指標が設定され、その達成度が毎月監視されている。

不適合事項：
不適合 3 件が検出された。詳細は、別紙「不適合報告書」参照
・No.1　7.2　教育・訓練の有効性の評価（教育・訓練プロセス、総務部）
・No.2　8.4.1　供給者の評価（購買プロセス、資材部）
・No.3　7.1.5.1.1　測定システム解析（測定器管理プロセス、品質保証部）

改善の機会：
・改善の機会 5 件が検出された。詳細は、別紙「改善の機会報告書」参照

フォローアップ計画
不適合（計 3 件）に対する是正処置の完了予定日（20xx-xx-xx）から 1 週間以内に完了確認を行い、その 3 カ月後に有効性の確認を行う予定

本報告書に対するコメントおよび承認	
・内部監査は、監査計画書どおりに実施され、監査の目的を満たしている。 ・監査所見の内容も適切であると判断する。 ・フォローアップの後、内部監査プログラムの評価を行う。	**管理責任者** ○○○○ **日付** 20xx-xx-xx

配付先
社長、管理責任者、総務部長、営業部長、設計部長、資材部長、製造部長、品質保証部長

添付資料
「内部監査計画書」、プロセス－要求事項関連図、「不適合報告書」3 件、「改善の機会報告書」5 件

図 11.8　内部監査報告書の例

11.1 監査プログラム

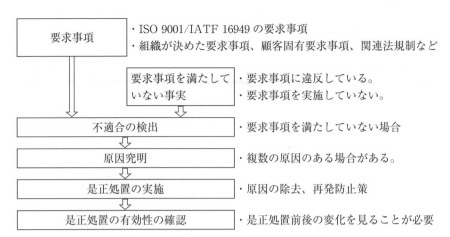

図 11.9　是正処置の有効性の確認方法

区　分	指標の例	備　考
有効性	・工程能力指数、流出不良率、納期達成率、クレーム件数、など	・顧客に直接影響のある指標
効　率	・設備稼働率、不良率、歩留り、品質ロスコスト、設計変更回数、など	・社内指標

図 11.10　有効性および効率の例

図 11.11　適合性、有効性および効率（1）

319

第11章　自動車産業プロセスアプローチ内部監査

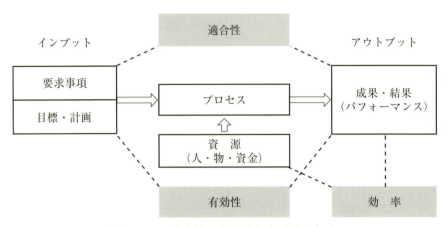

図11.12　適合性、有効性および効率（2）

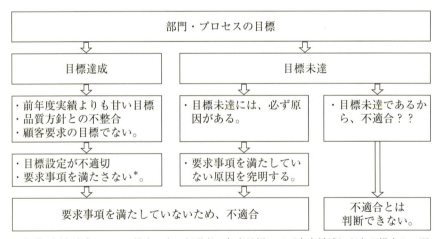

＊品質目標を達成している場合でも、経営者の年度目標に"不良率低減"がある場合や、顧客から"流出不良低減"の要求が出ている場合は、前年度実績よりも甘い目標設定は、不適合となる。

図11.13　目標未達と不適合

11.2 プロセスアプローチ内部監査

11.2.1 適合性の監査と有効性の監査

9.2.1項(p.280)に述べたように、IATF 16949(ISO 9001)では、内部監査の目的として、適合性の確認と有効性の確認の両方を要求しています(図11.14参照)。従来から行われている内部監査の方法として、部門別監査があります。部門別監査は、組織の部門ごとに行われる監査で、それぞれの部門に関係するISO 9001やIATF 16949の規格要求事項、およびその部門の業務に対して行われます。

この監査方法は、主として要求事項または業務手順に適合しているかどうかを確認するもので、適合性の監査に相当します。この従来方式の監査に対して、要求事項への適合性よりも、プロセスの目標と計画の達成状況に視点を当てた監査方法があります。これがIATF 16949で要求しているプロセスアプローチ監査です(図11.15参照)。

これらの内部監査の方法に関して、次のように述べることができます。

① 経営者と組織にとって重要なことは、手順どおりに仕事を行うことではなく、仕事の実施した結果が目標を達成しているかどうかである。

② そのための監査は、要求事項への適合性ではなく、プロセスの結果、すなわち有効性を確認するプロセスアプローチ監査が有効である。

a) 次の事項に適合しているか？ ・組織が規定した要求事項 ・IATF 16949(ISO 9001)規格要求事項 ・顧客要求事項 ・関連法規制	b) 有効に実施され、維持されているか？
⇩	⇩
a)の要求事項で行うべき事項が行われているかどうかを確認する。	結果に関連して、a)の要求事項を達成しているかどうかを確認する。
⇩	⇩
適合性の監査	有効性の監査

図 11.14　適合性の監査と有効性の監査

11.2.2　自動車産業プロセスアプローチ内部監査

(1)　プロセスアプローチ監査の方法

　従来方式の部門別監査では、手順どおりに実施しているかどうかをチェックすることに監査の視点がおかれているのに対して、プロセスアプローチ監査では、プロセスの結果が目標や計画を達成しているかどうかに視点をおきます。適合性の監査である部門別監査よりも、有効性の監査であるプロセスアプローチ監査のほうが、結果につながる監査となり、監査の効果と効率がよいといえます。プロセスアプローチ監査によって、プロセスの有効性と効率性を評価することができます(図 11.15 参照)。部門別監査とプロセスアプローチ監査における質問の例を図 11.16 に示します。

	部門別監査	プロセスアプローチ監査
監査対象	・部門ごとに実施する。	・プロセスごとに実施する。
目　的	・IATF 16949(ISO 9001)規格要求事項および業務の手順への適合性を確認する。	・プロセスの成果の達成状況、システムの有効性を確認する。
不適合となる場合	・IATF 16949(ISO 9001)規格要求事項を満たしていない場合 ・業務の手順が守られていない場合	・プロセスの目標・計画を設定していない場合 ・プロセスの実施状況を監視していない場合 ・プロセスの結果、品質マネジメントシステムの有効性(目標の達成状況)を改善していない場合 ・プロセスアプローチ監査で、要求事項に対する不適合が発見された場合
メリット	・各部門に関係する要求事項への適合性をチェックできる。 ・各部門に関係する業務フローに従って確認できる。 ・標準的なチェックリストが利用できる。	・結果を確認することができ、有効性を判定することができるため、組織に役に立つ監査となる。 ・顧客満足重視の監査ができる。 ・有効性と効率性を監査できる。 ・部門間のつながりを監査できる。

図 11.15　部門別監査とプロセスアプローチ監査

11.2 プロセスアプローチ内部監査

部門別監査での質問	プロセスアプローチ監査での質問
① あなたの仕事の内容を説明してください。	① プロセスの目標と計画は決まっていますか？
② その仕事の手順は決まっていますか？ 手順書はありますか？	② プロセスをどのように実行していますか？
③ 手順どおりに仕事が行われていますか？	③ プロセスが計画どおりに実行されていること、および目標が達成されることは、どのようにしてわかりますか？
④ 手順どおりに仕事が行われたことを、どのようにして確認していますか？	④ プロセスが計画どおりに実行されましたか、目標が達成されましたか？
⑤ 手順どおりに仕事が行われたという証拠（記録）を見せてください。	⑤ 目標が達成されないことがわかった場合、どのような処置をとりましたか？
⑥ 手順どおりに仕事が行われなかった場合、どのような処置をとりましたか？	⑥ プロセスの目標と計画は適切でしたか？
⇩	⇩
手順どおりに仕事を行うようになる。	目標が達成できるようになる。

図 11.16　部門別監査とプロセスアプローチ監査における質問の例

（2）　プロセスアプローチ監査のチェックリスト

　プロセスアプローチ監査では、タートル図をチェックリストとして使用することができます。しかしタートル図は、要求事項の箇条番号がわかりにくいのが欠点かもしれません。そこで、プロセスのタートル図を各プロセスオーナーに作成してもらい、内部監査員がタートル図に IATF 16949 の要求事項を記載したものを作成し、これを内部監査のチェックリストとして使用することができます。

　もう一つの方法として、本書の第 2 章では、プロセスマップ（図 2.10、p.36 参照）、プロセスオーナー表（図 2.11、p.37 参照）、プロセス－要求事項関連図（図 2.12、p.38 参照）、タートル図（図 2.16、p.42 参照）、およびプロセスフロー図（図 2.17、p.43 参照）の例について説明してきました。これらの各文書にもとづいて作成した「内部監査チェックリスト」の例を図 11.17 に示します。

第 11 章　自動車産業プロセスアプローチ内部監査

内部監査チェックリスト

監査対象プロセス	顧客満足プロセス	監査日	20xx- xx - xx
プロセスオーナー	営業部長	監査員	監査員 A、監査員 B
面接者	営業部長、品質保証部長	監査基準	IATF 16949：2016

	確認する文書・記録等	要求事項	監査結果
品質目標	・プロセスの目標 ・部門の目標 ・製品の目標	6.2 8.3.3	
アウトプット	・顧客アンケート結果 ・マーケットシェア率 ・顧客クレーム件数 ・顧客の受入検査不良率 ・顧客スコアカード、顧客ポータル	8.2.1 8.7 9.1.2 9.1.3 10.2	
インプット	・前年度顧客満足度データ ・市場動向、同業他社状況 ・製造返品実績データ ・顧客要求事項 ・顧客満足度改善目標 ・上記各アウトプットの目標値	4.2 4.3.2 6.2.1 8.2.1 8.2.2	
物的資源（設備・システム・情報）	・データ分析用パソコン ・顧客とのデータ交換システム	7.1.3 8.2.1	
人的資源 （要員・力量）	・営業部長、品質保証部長 ・顧客折衝能力	7.2 7.3	
運用方法 （手順・技法）	・顧客満足規定 ・顧客満足プロセスフロー図 ・顧客満足タートル図 ・顧客アンケート用紙	9.1.2 9.1.3 10.2	
評価指標（監視測定指標と目標値） ・目標・計画 ・実績 ・改善処置	・顧客満足度改善目標達成度 ・顧客アンケート結果 ・マーケットシェア ・顧客クレーム件数度 ・顧客の受入検査不良率 ・顧客補償請求金額	9.1.1 9.1.2 9.1.3 10.2	
関連支援プロセス	・製品実現プロセス（受注～出荷） ・教育訓練プロセス	8.1～8.7	
関連マネジメントプロセス	・方針展開プロセス ・製造プロセス ・内部監査プロセス	5.1 5.2 9.2	

図 11.17　内部監査チェックリストの例

（3） 自動車産業プロセスアプローチ監査の進め方

品質マネジメントシステムのプロセスの運用は、PDCA（Plan – Do – Check – Act）の順に行いますが、自動車産業プロセスアプローチ監査は、図2.16（p.42）にその例を示したプロセスのタートル図を用いて、PDCAの順ではなく、図11.18に示すCAPDoロジックといわれるCAPD（Check – Act – Plan – Do）の順に従って実施します。また、この方法によるプロセスアプローチ監査の一般的な監査のフローは、図11.19に示すようになります。

プロセスアプローチ監査は、CAPDの順に行うことにより、有効性だけでなく、適合性の不適合についても、より効率的に問題点を見つけることができます。

CAPDo方式とPDCA方式の比較を図11.20に、タートル図を用いたCAPDo方式による不適合検出のフローを図11.22に、タートル図を用いたプロセスアプローチ監査への活用の例を、図11.21および図11.23に示します。

すなわち、プロセスの運用はPDCAで行い、プロセスアプローチ監査は、CAPDで行うことになります（図11.24、p.330参照）。

（4） プロセス監査とプロセスアプローチ監査の相違

プロセス監査とプロセスアプローチ監査の相違について考えてみましょう。一般的にいわれているプロセス監査は、プロセスすなわち業務ごとに行われる監査で、プロセスフロー図、業務手順書、QC工程図などの業務手順に従って業務が行われているかどうかを確認するものです。これに対して、本書で述べるプロセスアプローチ監査は、プロセス（業務）の目的・目標・計画が達成されたかどうかを確認するものです。

いずれの監査も、プロセスフロー図などの業務手順書を使用しますが、プロセスアプローチ監査で使用する文書には、プロセスの目的・目標・計画が明確になっていることが特徴です。プロセス監査では、プロセスフロー図や業務手順書に従って、業務が行われていない場合に不適合となり、プロセスアプローチ監査では、プロセスの目標が達成されていない場合で、適切な処置がとられていない場合に不適合となります。

プロセス監査は、品質保証には役立ちますが、経営にはあまり役立ちません。

第11章　自動車産業プロセスアプローチ内部監査

一方プロセスアプローチ監査は、パフォーマンスの改善に寄与し、経営に役立つ監査となります。プロセス監査は、業務手順への適合性の監査で、プロセスアプローチ監査は、プロセスの有効性の監査ということになります（図11.25、p.330参照）。

ステップ	確認事項
C（Check）	・パフォーマンスに対する質問から始める。 ・期待される指標とその目標値はなにか？ ・実際のパフォーマンス（結果）はどうか？
A（Act）	・パフォーマンス改善のために、どのような活動が展開されたか？
P（Plan）	・計画は目標を達成できるようなものになっているか？ ・以前の活動結果は考慮されているか？ ・計画はIATF 16949規格の要求事項を満足するか？ ・確実な手順・計画となっているか？
Do（Do）	・計画どおり実行されているか？ ・現場で適用されているか（現場確認）？

図11.18　プロセスアプローチ監査におけるCAPDoロジック

ステップ	質問内容
ステップ1	・目標とする結果（アウトプット）はなにか？
ステップ2	・その結果（有効性と効率）をどのような指標で管理しているか？
ステップ3	・有効性と効率の目標はなにか？
ステップ4	・目標の達成度はどのように監視するか？
ステップ5	・達成度はどうか？
ステップ6	・目標未達の原因または過達の原因はないか？
ステップ7	・目標達成のためにどのような人材が必要か？ ・そのためにどのような訓練の仕組みが必要か？
ステップ8	・目標達成のために必要なインフラストラクチャはなにか？ ・そのためにどのような管理の仕組みが必要か？
ステップ9	・目標達成のために必要な基準・手順・標準・計画はなにか？ ・そのためにどのような標準化・文書化が必要か？ ・その文書類の管理の仕組みはどのようになっているか？
ステップ10	・どのような改善計画、是正処置が展開されたか？
ステップ11	・是正処置や改善計画はどのようにフォローされているか？

図11.19　プロセスアプローチ監査の監査フローの例

11.2 プロセスアプローチ内部監査

監査方式	CAPDo 方式	PDCA 方式
使われているケース	自動車産業のプロセスアプローチ監査	一般に行われている監査
有効性不適合の検出	有効性の不適合を見つけることができる。	有効性の不適合を見つけることができない。
適合性不適合の検出	適合性の不適合を見つけることができる。	適合性の不適合を見つけることができる。
適合性不適合検出の感度	感度(検出力)はよい。 ・短時間で不適合を見つけることができる。	感度(検出力)はよくない。 ・不適合を見つけるのに時間がかかる。

図 11.20　CAPDo 方式と PDCA 方式

［備考］（　）内は、タートル図の各要素を示す。

図 11.21　タートル図のプロセスアプローチ監査への活用の例（1）

第11章 自動車産業プロセスアプローチ内部監査

| （タートル図の評価指標に関して）
プロセスの目標未達の評価指標を見つける。|

| プロセスの目標未達には、必ず原因があるはず。 |

| 目標未達の原因を調査する。
・被監査部門から聞く。 |

| 目標未達の原因は、タートル図のいずれかの要素にある。
・インプット（プロセスの目標）、運用手順、物的資源、人的資源など |

| 目標未達の原因を特定する。 |

| 原因に関連する要求事項を調査する。
・ISO 9001/IATF 16949の要求事項の項目（箇条）を特定する。 |

| 要求事項を満たしていないから、目標を達成できなかったことを説明する。 |

| 要求事項を満たしていないということは、その要求事項に対する不適合となる。 |

| CAPDo方式によって、適合性の不適合を検出することができる。 |

| その検出の感度は、PDCA方式における感度に比べて、はるかに高い。 |

| PDCA方式の監査によって、有効性の不適合だけでなく、適合性の不適合を効率よく見つけることができる。 |

図 11.22　タートル図を用いた CAPDo による不適合検出のフロー

11.2 プロセスアプローチ内部監査

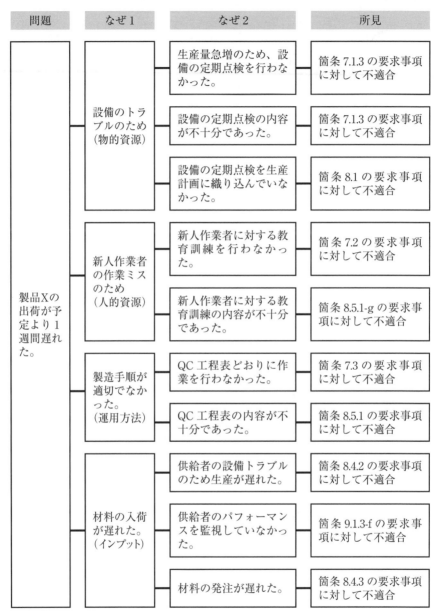

[備考] （ ）内は、タートル図の各要素を示す。
図 11.23　タートル図のプロセスアプローチ監査への活用の例（2）

プロセスの運用(PDCA)	プロセス監査の手順(PDCA)	プロセスアプローチ監査の手順(CAPD)
プロセスの計画の作成(Plan)	プロセスの計画の確認(Plan)	プロセスの評価指標・目標・結果の確認(Check)
プロセスの計画の実行(Do)	プロセスの実施状況の確認(Do)	プロセスの改善状況の確認(Act)
プロセスの実施の確認(Check)	プロセスの実施結果の確認(Check)	プロセスの計画の確認(Plan)
改善(Act)	改善状況の確認(Act)	プロセスの実施状況の確認(Do)

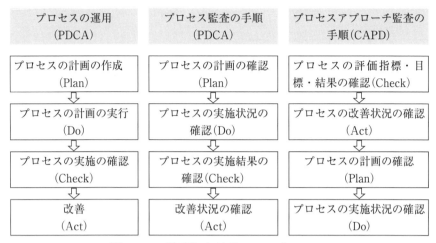

図 11.24　監査における PDCA と CAPD

	一般的にいわれている**プロセス監査**(業務別監査)	本書でいう**プロセスアプローチ監査**
監査基準	プロセス(業務)の進め方	プロセスの目標と評価指標
監査の方法	業務手順書に従って、業務が行われているかをチェック	プロセスの目標が達成されているかどうかをチェック
不適合となる場合	業務手順書に従って、業務が行われていない場合	プロセスの目標達成のための処置がとられていない場合
監査の成果	品質保証には役立つが、経営には役立たない。	パフォーマンスが改善し、経営に役立つ。
監査の種類	業務手順への**適合性の監査**	プロセスの**有効性の監査**

図 11.25　プロセス監査とプロセスアプローチ監査の相違

(5) 監査報告書の記載方法

不適合の記述は客観的証拠とよく混同されることがあります。人の行動や起こっている現象は客観的証拠です。不適合の記述はシステムの問題として表現することが重要です。そのようにしないと、不適合に対する処置にとどまり、組織の問題解決は効果的なものにならない可能性があるからです。したがって、効果的な監査報告とするために、内部監査報告書を作成する際には、図11.26に記載した事項に留意することが必要です。内部監査所見(不適合報告書)の記載例を図11.27に示します。

内部監査における留意点	内部監査報告書を作成する際の留意点
① 監査する対象は、人ではなくシステムである。 ② 内部監査は、システム(仕組み)の監査であり、人の行動や記録だけを見て判断し、現象のみを指摘することに留まる監査は適切ではない。 ③ システム(仕組み)の問題点まで掘り下げて指摘することが重要である。	・(監査で見つかった個々の問題に限定した)現象報告ではなく、システムの改善点に言及した不適合の記述とする。 ・不適合としてクローズできないものも懸念事項として漏れなく報告し、改善の必要性を検討する機会を与える。 ・監査所見には、不適合の記述(監査所見)、要求事項(監査基準)、および客観的証拠(監査証拠)の3項目を明記する。

図11.26　IATF 16949の内部監査における留意点

内部監査所見	
不適合の記述 (監査所見)	・測定機器の校正システムが有効に機能していない。
要求事項 (監査基準)	・IATF 16949規格箇条7.1.5.2では、測定機器は定められた間隔または使用前に校正または検証し、校正状態を識別することを要求している。 ・品質マニュアルでは、測定機器は毎年3月に校正すると規定している。
客観的証拠 (監査証拠)	・製造課のNo.007のマイクロメータは、校正期限切れであった。 ・今年6月に実施された内部監査で確認したところ、このマイクロメータに貼られていた校正ラベルの有効期限は、今年3月末となっていた。

図11.27　内部監査所見の記述の例

第12章
IATF 16949 の認証プロセス

本章では、IATF 16949 の認証プロセスについて解説します。
この章の項目は、次のようになります。

- 12.1 　認証申請から第一段階審査まで
- 12.1.1　事前準備
- 12.1.2　予備審査
- 12.1.3　第一段階審査
- 12.2 　第二段階審査から認証取得まで
- 12.2.1　第二段階審査
- 12.2.2　支援部門の審査
- 12.2.3　審査所見および審査報告書
- 12.2.4　不適合のマネジメント
- 12.2.5　認証可否の判定
- 12.2.6　適合書簡（適合証明書）
- 12.2.7　コーポレート審査スキーム（全社認証制度）

12.1 認証申請から第一段階審査まで

12.1.1 事前準備

　IATF 16949 の認証申請から認証取得までのフローは、図 12.2 のようになります。IATF 16949 認証取得を希望する組織から、認証機関(審査会社)への認証申請の際に、図 12.1 に示す情報を提出します。ここで、"製品設計責任"とは、製品の設計を顧客が行っているかどうかということです。

12.1.2 予備審査

　ISO 9001 では、現在は予備審査(pre-audit)は認められていませんが、IATF 16949 では組織の希望で予備審査を受けることができます。予備審査は次のように行われます。

項目	内容
a) 希望する認証適用範囲	・対象顧客、対象製品など
b) 希望する認証構造 (申請依頼者の概要)	・サイト(製造工場)の名称・住所 ・追加の拡張製造サイト、遠隔地支援事業所の住所 ・プロセスマップ、品質マニュアル、製品、関連法規制など
c) アウトソースの情報	・アウトソースプロセスに関する情報
d) コンサルティングに関する情報	・コンサルティング利用の有無
e) 製品設計責任に関する情報*	・製品設計は顧客責任か？ ・製品設計は依頼者責任か？(アウトソースを含む)
f) 顧客の情報	・自動車産業顧客の情報(IATF OEM のサプライヤーコードを含む)
g) 従業員数	・常勤、パートタイム、臨時、契約社員を含む。
h) IATF 16949 認証の情報	・現行または以前の IATF 16949 認証の情報

＊製品設計を顧客が行っていない場合は、すべて組織の責任となる。

図 12.1　認証機関への申請時提出情報

12.1 認証申請から第一段階審査まで

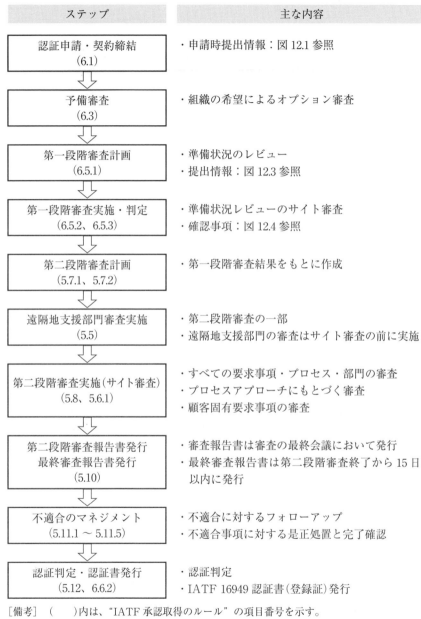

図 12.2　IATF 16949 初回認証審査のフロー

① 予備審査は、第一段階審査の前に、原則として各サイト(生産事業所)で1回行うことができる。
② 予備審査の審査工数(審査時間)は、第二段階審査工数の80%未満となる。
③ 予備審査に割り当てられた審査員は、初回認証審査に参加できない。
④ 予備審査の審査所見(audit findings)は拘束力がない。すなわち審査員は、予備審査の所見に対して、是正処置を要求してはいけない。

12.1.3 第一段階審査

IATF 16949の初回認証審査は、ISO 9001と同様、第一段階審査(stage 1 audit、ステージ1準備状況のレビュー)と第二段階審査(stage 2 audit、ステージ2審査)の2段階で、次のように行われます。

項　目	内　容
a) 支援事業所の情報	・遠隔地支援事業所およびその提供する支援の情報
b) 品質マネジメントシステムのプロセス	・品質マネジメントシステムのプロセスの順序と相互作用 ・遠隔地支援部門およびアウトソースプロセスを含む。
c) 主要指標およびパフォーマンスの傾向	・直近12カ月間の主要指標およびパフォーマンスの傾向
d) IATF 16949の要求事項への対応	・プロセスとIATF 16949要求事項との対応状況
e) 品質マニュアル	・各生産事業所(サイト)のもの ・生産事業所内または遠隔地支援部門との相互作用を含む。
f) 内部監査およびマネジメントレビュー	・IATF 16949に対する完全な1サイクル分の内部監査、およびそれに続くマネジメントレビューの証拠
g) 内部監査員のリスト	・適格性確認された内部監査員のリストおよび適格性確認基準
h) 顧客および顧客固有要求事項のリスト	・自動車産業顧客およびその顧客固有要求事項のリスト(該当する場合)
i) 顧客満足度情報	・顧客苦情の概要と対応状況 ・スコアカードおよび特別状態(該当する場合)

図12.3　認証機関への認証審査のための提出情報

① 品質マニュアルや第一段階審査前に提出した資料の確認を含めて、適用範囲の決定と第二段階審査に進んでよいかどうかの判断が行われる。
② 第一段階審査は、原則として製造サイトで 1 ～ 2 日間行われる。遠隔地支援部門も含まれる。
③ 第一段階審査前に認証機関に提出する主な情報を図 12.3 に示す。
④ 第一段階審査における実施事項(確認事項)を図 12.4 に示す。
⑤ 第一段階審査報告書には、第二段階審査で不適合となる可能性のある懸念事項と第一段階審査の結果が含まれる。「不適合報告書」は発行されない。
⑥ 第二段階審査に進むための"準備ができていない"と、審査チームが判断した場合は、再度第一段階審査を受けることになる。

項　目	内　容
a) マネジメントシステム文書の評価	・遠隔地支援部門およびアウトソースプロセスとの関係を含む。
b) 第二段階審査の準備状況の確認	・第二段階審査の準備状況を判定するために依頼者と協議する。
c) 主要パフォーマンスの評価	・マネジメントシステムの主要なパフォーマンスまたは重要な側面、プロセス、目的および運用の特定に関して評価する。
d) マネジメントシステムに関する情報の収集	・マネジメントシステムの適用範囲、プロセス、所在地および関連法規制などに関して、必要な情報を収集する。
e) 第二段階審査の詳細について依頼者と合意	・第二段階審査のための資源の割当てをレビューし、第二段階審査の詳細について依頼者と合意する。
f) 第二段階審査を計画するうえでの焦点の明確化	・依頼者のマネジメントシステムおよびサイトの運用を理解することによって、第二段階審査計画の焦点を明確にする。
g) 内部監査・マネジメントレビューの計画・実施状況の評価	・内部監査およびマネジメントレビューが計画され実施されているかどうかについて評価する。 ・マネジメントシステム実施の程度が第二段階審査のための準備が整っていることを実証するものであることを評価する。
h) 設計・開発能力の検証	・依頼者および設計のアウトソースが、箇条 8.3 "設計・開発"の実現能力をもっていることを検証する。

［備考］　依頼者＝組織

図 12.4　第一段階審査における確認事項

12.2　第二段階審査から認証取得まで

12.2.1　第二段階審査

第二段階審査は次のように行われます。
① 第二段階審査は、第一段階準備状況のレビュー・承認から90暦日以内に開始される。
② 第二段階審査の目的は、有効性を含む、依頼者のマネジメントシステムの実施を、プロセスベースで評価することである。
③ 第二段階審査では、すべてのサイト（生産事業所）、すべての支援部門、およびシフト（交代勤務）が審査の対象となる。
　第二段階審査はまた、すべてのプロセス、すべてのIATF 16949要求事項および顧客固有要求事項（CSR）を含めて行われる。
④ 第二段階審査は、自動車産業プロセスアプローチにもとづき、組織の各プロセスに対して実施される。部門ごとの審査ではなく各プロセスに対する審査となる。
・自動車産業プロセスアプローチ監査については、本書の第11章参照。

12.2.2　支援部門の審査

第二段階審査では、遠隔地の支援部門の審査は、サイト（生産事業所）よりも先に実施されます。

なお、遠隔地の支援部門が、他の認証機関からIATF 16949認証を取得しているサイトの支援部門に含まれている場合は、認証機関の判断で、他の認証機関による遠隔地の支援部門の審査が受け入れられることがあります。

12.2.3　審査所見および審査報告書

審査所見では、審査基準に対する適合または不適合のいずれかが示され、不適合は、メジャー不適合（major non-conformity、重大な不適合）とマイナー不適合（minor non-conformity、軽微な不適合）に区分されます（図12.6参照）。最終審査報告書は、第二段階審査から15日以内に発行されます。

12.2.4 不適合のマネジメント

　第二段階審査で不適合が検出された場合、組織は不適合に対する是正処置を行い、審査員がその内容と完了の確認を行います。不適合の修正と原因究明は、20日以内に行うことが必要です。

　第二段階審査の結果、メジャー不適合や多くのマイナー不適合が発見された場合は、現地特別審査（フォローアップ審査）が行われます。不適合事項に対する是正処置が完了すると、認証機関において認証可否の判定が行われ、認証が決定されると認証証（登録証）が発行されます。

　メジャー不適合は、90日以内に現地での検証が必要となります。また、マイナー不適合の現地検証については、認証機関によって判断されます。

12.2.5 認証可否の判定

　認証機関による認証判定は、第二段階審査の最終日から120日以内に行われます。認証書（登録証、certificate）は、要求事項に100％適合し、審査中に発見された不適合が100％解決している場合に発行されます。なお、IATF 16949の審査に関しては、図12.5に示すような期限が設けられています。

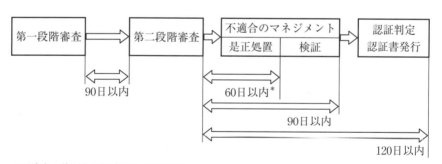

＊不適合の修正と原因究明は20日以内

図12.5　IATF 16949 初回認証審査のスケジュール

12.2.6　適合書簡（適合証明書）

次のような場合には、認証証は発行されませんが、認証機関から適合書簡（適合証明書、letter of conformance）が発行されます。

a) 組織は、第一段階審査に必要な情報を提供している。この情報には内部・外部パフォーマンスデータ、ならびに完全な1サイクルの内部監査およびマネジメントレビューが含まれるが、内部監査およびパフォーマンスデータが12カ月分に満たない。

b) 該当するサイトは、初回認証審査（第一段階準備状況レビューおよび第二段階）を完了し、不適合は100%解決されている。

等　級	基　準
メジャー不適合 （重大な不適合）	次のいずれかの不適合： ① IATF 16949の要求事項に対する不適合で、次のいずれかの場合： 　a) システム（仕組み）ができていない場合 　b) 仕組みはあるが、ほとんど機能していない場合 　c) ある要求事項に対する軽微な不適合が多数あり、仕組みが機能していない場合 ② 不適合製品が出荷される可能性があり、製品・サービスの目的を達成できない場合 ③ 審査員の経験から判断される不適合で、次のいずれかの場合： 　a) 品質マネジメントシステムの失敗となる場合 　b) プロセス・製品の管理能力が大きく低下する場合
マイナー不適合 （軽微な不適合）	① 審査員の経験から判断される、IATF 16949の要求事項に対する不適合で、次のいずれかの場合： 　a) 品質マネジメントシステムの失敗にはならない場合 　b) プロセス・製品の管理能力が大きく低下しない場合 ② 上記の例 　a) IATF 16949規格要求事項に対する、品質マネジメントシステムの部分的な失敗 　b) 品質マネジメントシステムの1項目に対する単独の遵守違反
改善の機会	① 要求事項に対する不適合ではないが、審査員の経験・知識から判断して、手順などを変えることによって、システムの有効性の向上が期待できる場合

図12.6　IATF 16949の審査所見の区分

12.2.7　コーポレート審査スキーム(全社認証制度)

　複数の製造サイトが、図 12.7 に示すコーポレート審査スキーム(corporate certification scheme、全社認証制度)の条件を満たしている場合は、複数のサイトが共通の支援部門とともに審査を受け、コーポレート審査スキームを適用することができます。その場合は、各サイトごとに審査を受ける場合に比べて、合計審査工数(審査日数)が削減されます。なお、コーポレート審査の場合でも、審査計画書や審査報告書は、サイトごとに発行されます。

項　目	詳　細
a)　品質マネジメントが中央集権的に構築・管理	・品質マネジメントシステムは中央集権的に構築し、運営管理されている。 ・すべてのサイトで正規の IATF 16949 の内部監査が行われている。
b)　IATF 16949 要求事項に適合	・品質マネジメントシステムは、IATF 16949 要求事項に適合している。
c)　中央集権的運営管理活動に含まれる事項(該当する場合には必ず)	・次の事項が全社で統一して行われている。 　1)　戦略企画および方針策定 　2)　契約内容の確認 　3)　供給者の承認 　4)　教育訓練ニーズの評価 　5)　同じ品質マネジメントシステム文書 　6)　マネジメントレビュー 　7)　是正処置の評価 　8)　内部監査の計画策定および結果の評価 　9)　品質計画および継続的改善活動 　10)　設計活動

図 12.7　コーポレート審査スキーム(全社認証制度)

参考文献

[1] 『対訳 IATF 16949：2016 自動車産業品質マネジメントシステム規格－自動車産業の生産部品及び関連するサービス部品の組織に対する品質マネジメントシステム要求事項』、日本規格協会、2016 年

[2] 『自動車産業認証スキーム IATF 16949 – IATF 承認取得及び維持のためのルール 第 5 版』、日本規格協会、2016 年

[3] ISO 9001：2015（JIS Q 9001：2015）『品質マネジメントシステム－要求事項』、日本規格協会、2015 年

[4] ISO 9000：2015（JIS Q 9000：2015）『品質マネジメントシステム－基本および用語』、日本規格協会、2015 年

[5] ISO 19011：2018（JIS Q 19011：2019）『マネジメントシステム監査のための指針』、日本規格協会、2019 年

[6] 「IATF 16949：2016 Sanctioned Interpretations（SIs）」、IATF、2017 年 10 月、2018 年 4 月、6 月、11 月、2019 年 10 月、2020 年 8 月、12 月、2021 年 4 月、7 月

[7] 岩波好夫著：『図解 IATF 16949 － 自動車産業の要求事項からプロセスアプローチまで』、日科技連出版社、2017 年

[8] 岩波好夫著：『図解 IATF 16949 よくわかるコアツール － APQP・PPAP・FMEA・SPC・MSA』、日科技連出版社、2017 年

[9] 岩波好夫著：『図解 新 ISO 9001 － リスクベースのプロセスアプローチから要求事項まで』、日科技連出版社、2017 年

[10] 岩波好夫著：『図解 ISO 9001/IATF 16949 プロセスアプローチ内部監査の実践－パフォーマンス改善・適合性の監査から有効性の監査へ』、日科技連出版社、2017 年

[11] 岩波好夫著：「IATF 16949 要求事項の詳細解説」、『アイソス』、No.245～No.250、システム規格社、2018 年

索　引

[A－Z]

AIAG	13、16、123
APQP	16、165
CAPDo	325
COP	34
CSR	16、74、283
FMEA	187、190、191
IAOB	13、14
IATF	12、13、14、51
IATF 16949 規格	14、15
IATF 16949 承認取得ルール	15
ISO 9001	46
MSA	122
OJT	135
PPAP	16、182
SI	14、15、74
TPM	226
VDA	16、123、166

[あ行]

アクセサリー部品	21、23
アフターマーケット部品	23
インフラストラクチャ	116
疑わしい製品	258
運用	152
エンパワーメント	140
オクトパス図	35

[か行]

改善	295
外観品目	251
外部試験所	130
監査員の力量	136、139
監査計画	311
監査プログラム	282、310
機会	100
企業責任	88
技術仕様書	149
機能試験	250
機密保持	155
供給者選定プロセス	196
供給者の開発	208
供給者の監視	205
供給者の品質マネジメントシステム開発	201
記録の保管	148
緊急事態対応計画	107
組込みソフトウェア	169、204
計画	99
継続的改善	305
コアツール	16、136、139
公式解釈集	14、15
工程管理の一時的変更	245
合否判定基準	253
効率	89、319、320
顧客とのコミュニケーション	156

345

索　引

顧客固有要求事項	16、74、283
顧客志向プロセス	35、36
顧客指定の供給者	197
顧客満足	275、276
コミュニケーション	142、156
コントロールプラン	216、219

[さ行]

サービス	195、239、241
サービス契約	240
サービス部品	21
サイト	21
作業環境	120
仕上げサービス	21
支援	115
支援プロセス	35
支援部門	21、338
識別	230
試験所	128
資源	116
試作プログラム	181
シャットダウン	107、224
修理製品	261
上申プロセス	80、88
初回認証審査	335
審査所見	338、340
生産計画	229
生産部品	21、182
製造工程監査	284
製造工程の監視・測定	269
製造フィージビリティ	117、161

製品安全	80
製品監査	285
製品設計の技能	169
是正処置	297、316
設計・開発	164
測定システム解析	122
ソフトウェア	169、204、282

[た行]

タートル図	33、39、42
第一段階審査	336
第二者監査	206
第二者監査員の力量	139
第二段階審査	338
妥当性確認	178、180
段取り替え	222
知識	132
チャレンジ部品	301
適合書簡	340
適合性	317、319、321
適用範囲	21、71
手直し製品	259
特殊特性	160、176
特別採用	257
特別承認	80
トレーサビリティ	124、230、245

[な行]

内部監査	280、309
内部監査員の力量	136
内部監査プログラム	282、310

内部試験所	128	補償管理システム	303
認証プロセス	333	保存	236
認識	140		

［ま行］

		マネジメントプロセス	35

［は行］

パフォーマンス評価	265	マネジメントレビュー	288
品質マニュアル	145	問題解決	300
品質マネジメントシステム監査	283		
品質マネジメントの原則	19		

［や行］

品質方針	92	有効性	89、284、317
品質目標	110	予知保全	226
不適合製品の廃棄	263	予備審査	334
不適合なアウトプット	255	予防処置	105
プロセス	26、35、76	予防保全	226
プロセスアプローチ	26、34、76		

［ら行］

プロセスアプローチ監査	321		
プロセスオーナー	37、90	リーダーシップ	86
プロセスマップ	36	力量	90、133、135、136、139、169
プロセスフロー図	43	リスク	31、100
文書化	143	リスクおよび機会	31、100
変更管理	242、243	リスク分析	104
法令・規制への適合	253	リリース	248
法令・規制要求事項	79、172、200	リーン生産	117
ポカヨケ	301	レイアウト検査	250

著者紹介

岩波 好夫(いわなみ よしお)

経　歴　名古屋工業大学 大学院 修士課程修了(電子工学専攻)
　　　　株式会社東芝入社
　　　　米国フォード社開発プロジェクトメンバー、半導体LSI開発部長、米国デザインセンター長、品質保証部長などを歴任

現　在　岩波マネジメントシステム代表
　　　　JRCA 登録 ISO 9000 主任審査員(A01128)
　　　　IRCA 登録 ISO 9000 リードオーディター(A008745)
　　　　AIAG 登録 QS-9000 オーディター(CR05-0396、～ 2006 年)
　　　　現住所：東京都町田市

著　書　『ISO 9000 実践的活用』(オーム社)、『図解よくわかる IATF 16949 －自動車産業の要求事項からプロセスアプローチまで』、『図解 IATF 16949 の完全理解－自動車産業の要求事項からコアツールまで』、『図解 IATF 16949 よくわかるコアツール－ APQP・PPAP・FMEA・SPC・MSA』、『図解 新 ISO 9001 －リスクベースのプロセスアプローチから要求事項まで』、『図解 ISO 9001/IATF 16949 プロセスアプローチ内部監査の実践－パフォーマンス改善・適合性の監査から有効性の監査へ』(いずれも日科技連出版社)など

趣　味　卓球

図解 IATF 16949 要求事項の詳細解説
―これでわかる自動車産業品質マネジメントシステム規格―

2018 年 11 月 4 日　第 1 刷発行
2023 年 1 月 16 日　第 7 刷発行

著　者　岩　波　好　夫
発行人　戸　羽　節　文

検印省略

発行所　株式会社　日科技連出版社
〒 151-0051　東京都渋谷区千駄ヶ谷 5-15-5
　　　　　　DS ビル
　　　　　　電話　出版　03-5379-1244
　　　　　　　　　営業　03-5379-1238

印刷・製本　河北印刷株式会社

Printed in Japan

© Yoshio Iwanami 2018
URL http://www.juse-p.co.jp/

ISBN 978-4-8171-9655-2

本書の全部または一部を無断でコピー、スキャン、デジタル化などの複製をすることは著作権法上での例外を除き禁じられています。本書を代行業者等の第三者に依頼してスキャンやデジタル化することは、たとえ個人や家庭内での利用でも著作権法違反です。

日科技連出版社の書籍案内

ISO 9001/IATF 16949 図解シリーズ
岩波 好夫 著

- ■ 図解よくわかる IATF 16949
  ―自動車産業の要求事項からプロセスアプローチまで―
- ■ 図解 IATF 16949　よくわかるコアツール【第2版】
  ―APQP・PPAP・AIAG & VDA・FMEA・SPC・MSA―
- ■ 図解 IATF 16949 の完全理解
  ―自動車産業の要求事項からコアツールまで―
- ■ 図解 新 ISO 9001
  ―リスクベースのプロセスアプローチから要求事項まで―
- ■ 図解 ISO 9001/IATF 16949　プロセスアプローチ内部監査の実践
  ―パフォーマンス改善・適合性の監査から有効性の監査へ―
- ■ 図解 IATF 16949　よくわかる FMEA
  ―AIAG & VDA FMEA・FMEA-MSR・ISO 26262―

★日科技連出版社の図書案内は，ホームページでご覧いただけます．　●日科技連出版社
　URL　http://www.juse-p.co.jp/